全国环境监测培训系列教材

环境空气质量监测技术

中国环境监测总站　编

中国环境出版社・北京

图书在版编目（CIP）数据

环境空气质量监测技术/中国环境监测总站编．—北京：中国环境出版社，2013.12（2016.8 重印）
全国环境监测培训系列教材
ISBN 978-7-5111-1625-3

Ⅰ．①环…　Ⅱ．①中…　Ⅲ．①环境空气质量—空气污染监测—技术培训—教材　Ⅳ．①X-651

中国版本图书馆 CIP 数据核字（2013）第 259286 号

出 版 人　王新程
责任编辑　曲　婷
责任校对　尹　芳
封面设计　陈　莹

出版发行　中国环境出版社
（100062　北京市东城区广渠门内大街 16 号）
网　　址：http://www.cesp.com.cn
电子邮箱：bjgl@cesp.com.cn
联系电话：010-67112765（编辑管理部）
发行热线：010-67125803，010-67113405（传真）

印　　刷　北京中科印刷有限公司
经　　销　各地新华书店
版　　次　2013 年 12 月第 1 版
印　　次　2016 年 8 月第 2 次印刷
开　　本　787×1092　1/16
印　　张　13.25
字　　数　300 千字
定　　价　39.00 元

《全国环境监测培训系列教材》

编写指导委员会

《全国环境监测培训系列教材》

编审委员会

《环境空气质量监测技术》
编写委员会

主　　编：王瑞斌　李健军

副 主 编：孟晓艳　杜　丽　王　帅　王晓彦

编　　委：（以姓氏笔画为序）

丁俊男　马一方　孔令军　区宇波　王　玮　王晓利
田一平　石　峰　付　寅　叶春霞　史晓慧　刘兰忠
刘　冰　刘　筱　任　杰　向运荣　许　杨　齐炜红
朱　健　吕　波　陈　佳　陈建文　李　伟　李　钢
李　亮　李　彦　邹　强　张灵芝　张志刚　张　欣
张祥志　汪　巍　佘家燕　杜明涛　杨　彬　杨　坪
郑皓皓　孟小星　郁建桥　林　宏　金　鑫　段玉森
赵熠琳　夏俊荣　徐　晋　高　峰　袁　鸾　谢东海
谢品华　解淑艳　鲍　雷　翟崇治　廖乾邑　潘本锋
潘　旭　魏海萍　魏　桢

序

党的十八大把生态文明建设纳入中国特色社会主义事业总体布局，提出建设美丽中国的宏伟目标。环境保护作为生态文明建设的主阵地和根本措施，迎来了难得的发展机遇。环境监测是环保事业发展的基础性工作，“基础不牢，地动山摇”。环境监测要成为探索环保新路的先锋队和排头兵，必须建设一支业务素质强、技术水平高、工作作风硬的环境监测队伍。

我国各级环境监测队伍现有人员近6万人，肩负着“三个说清”的重任，奋战在环保工作的最前沿。我部高度重视监测队伍建设和人员培训工作，先后印发了《关于加强环境监测培训工作的意见》、《国家环境监测培训三年规划(2013—2015年)》，并启动实施了环境监测大培训。

为进一步提升环境监测培训教材的水平，环境监测司会同中国环境监测总站组织全国环境监测系统的部分专家，编写了全国环境监测培训系列教材。这套教材深入总结了30多年来全国环境监测工作的理论与实践经验，紧密结合当前环境监测工作实际需要，对环境监测各业务领域的基础知识、基本技能进行了全面阐述，对法律法规、规章制度和标准规范做了系统论述，对在监测管理和技术工作中遇到的重点和难点问题进行了详细解答，具有很强的科学性、针对性和指导性。

相信这套教材的编辑出版，将会更好地指导全国环境监测培训工作，进一步提高环境监测人员的管理和业务技术能力，促进全国环境监测工作整体水平的提升。希望全国环境监测战线的同志们认真学习，刻苦钻研，不断提高自身能力素质，为推进环境监测事业科学发展、建设生态文明做出新的更大的贡献！

吴晓青

2013年9月9日

前　言

《环境空气质量监测技术》分册是全国环境监测培训系列教材之一。近年来，我国空气中 SO_2 和颗粒物等污染防治工作取得积极进展，但是随着社会经济的快速发展和工业化、城市化进程的加速，全国整体的环境空气污染形势依然十分严峻，呈现出煤烟型与氧化型污染共存、局地污染和区域污染相叠加、污染物之间相互耦合的复合型大气污染特征。在我国京津冀、长三角、珠三角为代表的经济快速发展的重点地区均出现了不同程度的区域性大气复合污染问题，以臭氧（O_3）为特征的区域光化学烟雾时有出现，以大气细颗粒物（$PM_{2.5}$）污染为特征的灰霾天气频发，严重威胁人民群众的身体健康和生态安全，已成为社会各界高度关注和亟待解决的重大环境问题。

“十二五”期间，我国城市环境空气监测网络将覆盖 338 个地级以上城市，共计 1 436 个点位，监测指标包括二氧化硫（SO_2）、二氧化氮（NO_2）、可吸入颗粒物（PM_{10}）、一氧化碳（CO）、臭氧（O_3）和细颗粒物（$PM_{2.5}$），同时还包括气象五参数（温度、相对湿度、风速、风向、气压）、能见度、环境摄影等；同时为了说清整体空气质量，说清区域间输送问题，继续完善和新增区域环境空气质量监测站和背景空气质量监测站，共计将建成 96 个区域环境空气质量监测站和 15 个背景空气质量监测站。

2012 年 2 月 29 日，国务院总理温家宝主持召开国务院常务会议，同意发布新修订的《环境空气质量标准》（GB 3095—2012），同时，《环境空气质量指数（AQI）技术规范（试行）》同期发布。在新标准实施“三步走”方案和污染物全项目监测的要求下，完善国家环境空气质量监测网监测能力建设势在必行，而环境空气质量监测网络设计、手工与自动监测、空气质量发布及评价、环境空气监测站运行维护等问题成为环境空气质量监测工作人员关注的热点。中国环境监测总站作为全国环境监测的技术中心、网络中心、数据中心、质控中心和培训中心，在收集资料和从事实际工作的基础上，每年都会召开环境监测系统技术人员的培训工作，对监测技术人员业务技能的提高起到了良好的促进作用。为此，中国环境监测总站提出完成《全国环境监测技术培训系列教材》，共计十八分册。本书由王瑞斌和李健军策划，负责全书的总体构思，设计篇章结构，确定各章节的重点内容及内在逻辑联系，并对全书的编写质量进行把关，由孟晓艳和杜丽统稿。第一章由王帅、王瑞斌、张欣、李健军、丁俊男、鲍雷、魏桢编著；第二章由丁俊男、王瑞斌、李健军、林宏、杨彬编著；第三章由潘本锋、李健军、李亮、袁鸾、李钢、汪巍、赵熠琳编著；第四章由杜丽、王晓彦、李钢、孟晓艳、解淑艳、汪巍、齐炜红、王玮、史晓慧、吕波编著；第五章由李健军、杜丽、李钢、翟崇治、魏海萍、郁建桥、邹强、金鑫、刘兰忠、刘筱、任杰、张灵芝、向运荣、余家燕、杨坪、田一平、王晓利、高峰、叶春霞编著；第六章由孟晓艳、王瑞斌、王帅、陈佳、段玉森、刘冰编著；第七章由解淑艳、王帅、孟晓艳、王瑞斌、丁俊男编著；第八章由郑皓皓、解淑艳、孟小星、朱健编著；第九章由赵熠琳、潘本锋、李健军、李亮、夏俊荣、汪巍、石峰编著；第十章由汪巍、刘冰、谢品华、徐晋编著；第十一章由刘冰、李健军、杜丽、李钢、丁俊男、王晓彦、区宇波、许杨、谢东海、马一方、张志刚、潘旭、杜明涛、廖乾邑、李彦编著；第十二章由王晓彦、李健军、孟晓艳、王帅、丁俊男、翟崇治、张祥志、区宇波、邹强、李伟、孔令军、付寅编著。

本书旨在规范全国环境空气质量监测培训工作，满足“十二五”期间技术培训工作的需求。

本书的主要读者对象为：全国各级环境监测管理人员、技术人员、环境监测研究人员和高等院校环境监测相关专业的师生，以及关心环保监测事业的公众。

本书在写作过程中得到了许多领导和同行的关心指导，在此对他们及无私提供资料的人士表示衷心的感谢！尽管在编写过程中力求在内容编排上做到具备系统性、专业性、实用性和创新性，但由于作者水平有限，错误和不足之处在所难免，敬请广大读者和同行专家批评指正。

编　者

2013 年 7 月于北京

目 录

第一章　城市环境空气质量监测网络设计与点位布设技术

环境空气质量监测网络设计以及监测点位的布设是环境空气质量监测的基础工作，监测网络和监测点位的设置是否科学直接决定了监测结果的可信度。本章旨在阐述环境空气质量监测网络设计与点位布设工作的基本知识。

一、环境空气质量监测网络概述

（一）环境空气质量监测网络基本概念

环境空气质量监测网络是指依据一定的监测目的而建立的由多个环境空气质量监测点位组成并在统一的技术规则框架下运行的系统。环境空气质量监测网络是掌握环境空气质量状况的重要手段，是政府制定大气环境管理决策的重要基础，也是满足公众环境知情权和监督权的主要途径，同时可为大气领域的科学研究和有关国际合作提供技术支持。

环境空气质量监测网络按照级别不同分为地方环境空气质量监测网络和国家环境空气质量监测网络。其中，地方监测网络是指地方环境保护主管部门在辖区内选取具有代表性的监测点位组成的网络，可进一步分为省级监测网和市级监测网。国家环境空气质量监测网络由国家环境保护主管部门组建，地理范围涵盖了全国不同的省、自治区和直辖市。国家环境空气质量监测网中的点位同时也属于所在地区的地方监测网络。

按照监测要素和监测目的不同，环境空气质量监测网络可分为不同的专项监测网络，无论是国家环境空气质量监测网络还是地方环境空气质量监测网络都包括了多种性质不同的监测点位，这些监测点位分属于不同的专项监测网。根据监测要素不同，空气监测网络可分为监测多指标的综合性空气质量监测网络和监测特定污染物项目的专项监测网。常见的综合性监测网络包括城市空气质量监测网络、区域空气质量监测网络、国家大气背景监测网络；专项监测网络包括沙尘天气影响空气质量监测网络、重金属监测网络以及有毒化学物监测网络等（图 1.1）。

不同国家的环境空气质量监测网络的分类不尽相同，但无论是哪种专项监测网络，都有其明确的监测目的。监测目的决定了监测网络的属性，是确定点位设置方案、优化监测网络以及选取监测指标的根本依据，也是不同监测网络间的区别所在。

为使空间上相互独立的监测点位构成协调统一的有机整体，网络管理者需要给出统一的技术规则框架，使得所有监测点位按照统一的原则开展监测，这是空气质量监测网络与分散监测点位的重要区别。统一的技术规则框架包括点位选址要求、站房建设要求、监测设备指标要求、安装调试要求、监测方法要求、质量保障和质量控制措施要求等一系列技术规范。

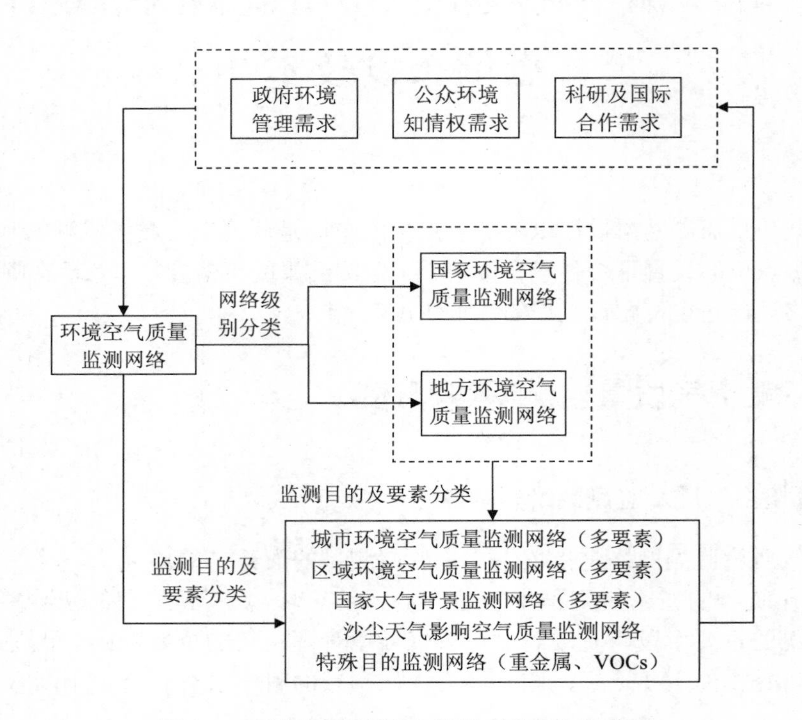

图 1.1 环境空气质量监测网络结构框架示意图

（二）我国环境空气质量监测网概况

经过几十年的不断努力和探索，我国的环境空气质量监测网络从无到有，监测网络的覆盖面和功能不断提高，目前已经形成了目标明确、层次分明、功能齐全的国家和地方空气监测网络体系，并制定了相应的标准、技术规范和指导文件。我国的国家环境空气质量监测网络框架主要包括：国家城市环境空气质量监测网络、国家区域空气质量监测网络、国家大气背景监测网络、沙尘天气影响空气质量监测网络以及其他特殊目的监测网络等。

1. 国家城市环境空气质量监测网络

国家城市环境空气质量监测网络用于监测城市建成区范围或不同功能区内的综合环境空气质量状况，其主要目的是用于评价城市建成区内的整体空气质量状况和空气质量达标情况，反映人口密集地区的污染物暴露情况，为环境管理和公众信息服务提供技术支持。是我国环境空气质量监测网络的主体，目前已有几十年的发展历史。

20 世纪 70 年代中期，北京、沈阳等一些技术水平较好的城市最早开展了空气监测工作，建立了自身的地方监测网，此时国家监测网尚未成形。到 80 年代，随着全国城市监测站的发展壮大，国家以各城市监测站为基础，建立了最早的国家城市环境空气质量监测网络，监测项目主要是 SO_2、NO_x 和 TSP。当时大部分城市采用的还是采样—实验室分析的手工监测方法，只有少部分大城市建立了空气自动监测系统。90 年代，经过大规模建设及二次调整和优化后，各城市加大了空气质量自动监测系统的建设力度，初步建立了一个由 103 个城市空气监测站组成的全国城市空气质量监测网络。

从 2000 年开始，我国的环境空气质量监测技术逐步向自动监测技术发展，进一步促进了国家和地方空气质量监测网络的建设，监测项目逐步转变为 SO_2、NO_2 和 PM_{10}，并实现了 42 个环境保护重点城市的日报。从 2005 年开始，国家环境空气质量监测网涵盖了全国 113 个环保重点城市的 661 个监测点位，并实现了空气质量日报的全年发布。同时，全国 300 多个地级以上城市建立了各自的地方空气质量监测网络。

2011 年开始，为进一步拓宽国家城市环境空气质量监测网络的覆盖范围，环境保护部组织了"十二五"城市环境空气质量监测点位调整工作，使得国家城市环境空气质量监测网络涵盖全国 338 个地级以上城市（含部分州、盟首府所在地的县级市）的 1 436 个监测点位。在监测项目方面，根据《环境空气质量标准》（GB 3095—2012）的有关要求，到 2015 年底，所有国家网点位将全部开展 SO_2、NO_2、PM_{10}、$PM_{2.5}$、CO 和 O_3 等六项监测指标的监测并向公众发布空气质量指数信息。

2．国家区域空气质量监测网络

近几年来，我国多个大城市群频频发生区域性污染问题，表现为能见度下降、光化学烟雾污染等，给人民群众的生产生活带来严重的影响。国务院高度重视日益严重的空气污染问题，要求环保部联合发改委等有关部门制定重点区域的大气污染防治规划。根据国务院有关批复意见，在"十二五"期间，我国将有针对性地加强重点区域和城市群的空气质量监测能力，除进一步完善重点区域内城市空气质量监测点位的监测能力外，还将加大区域站的建设力度，从而更好地为区域联防联控提供技术支撑，详情见后续章节。

3．国家大气背景监测网络

国家大气背景监测网络在国家环境空气质量监测体系中具有重要的战略意义：一方面，背景站能够反映出我国大尺度区域的空气质量状况，弥补城市点位和区域点位的不足；并能够了解我国污染物的本底浓度和变化趋势，为评估大气污染防治的成效提供技术支撑。另一方面，大气背景监测具有重要的科研价值，有利于促进我国与其他国家的环境国际合作，提升我国环境监测工作的国际地位，详情见后续章节。

4．沙尘天气影响空气质量监测网络

为了监测和报告沙尘天气对空气质量状况的影响，2000 年开始我国在沙尘源地、传输路径及影响区域组建了沙尘天气影响空气质量监测网络，专项监测每年 1—6 月沙尘天气的来源、趋势和影响范围，监测项目主要为颗粒物（PM_{10}、TSP），是我国第一个专项监测网络。目前，沙尘天气影响环境空气监测网涵盖了 82 个监测点位并实现了自动监测数据的实时联网与传输，并日益受到各级政府、公众的关注与重视。作为国家环境空气监测网络的有机组成部分之一，在沙尘天气发生时，该监测网络能够及时地提供各站点的监测数据，对准确地掌握沙尘天气的传输过程，分析其来源和影响范围发挥了重要作用，详情见后续章节。

5. 其他特殊目的监测网络

随着空气中污染物排放量和种类的增多，空气污染的特征和发生机理有了较大变化，对于一些特定地区，常规监测因子无法全面反映真实的空气质量状况和污染危害，因此有必要对其他有害物开展监测，包括重金属以及有毒有害化学品等。例如，在我国的环境空气质量标准中制定了铅和苯并[*a*]芘的标准浓度限值。由于监测成本和监测技术的限制，我国尚未建立重金属和其他有毒有害化学品的监测网络，但已在个别城市进行了一定的试点监测。根据试点监测的结果，未来应考虑在有必要的地区组建这些项目的专项监测网络。

（三）美国环境空气质量监测网概况

美国的空气监测大约开始于 20 世纪初。1943 年，洛杉矶烟雾事件发生后，公众日益关注空气污染给环境和人体健康造成的危害，使得美国的空气监测技术取得了突飞猛进的发展。50 年代，美国在一些大城市先后建立了 15 个空气监测中心站，这些中心站成为日后在全国范围内建立空气监测网的支撑点。美国从 20 世纪 70 年代初颁布《清洁空气法》开始，就将建立完整的空气质量监测网络作为保护环境和评估空气质量的重要手段，经过几十年的发展，逐步建立了涵盖整个国家的、性质不同、级别和目的不同的空气质量监测网络。

美国目前已有的环境空气质量监测网络主要包括：1）各州及地方监测网络（State and Local Air Monitoring Stations，SLAMS）；2）国家空气监测网络（National Air Monitoring Network，NAMS）；3）国家核心综合监测网络（National Core Multipollutant Monitoring Network，NCore）；4）光化学评估监测网络（Photochemical Assessment Monitoring Stations，PAMS）；5）国家有毒空气污染物变化趋势监测网（National Air Toxics Trends Station（NATTS）Network）；6）清洁空气状态和趋势监测网（Clear Air State and Trends Network，CASTNET）；7）国家公园和野生自然保护区保护可视环境联合监测网络（Interagency Monitoring of Protected Visual Environments，IMPROVE）；8）特殊项目监测点（Special Purpose Monitoring Stations，SPMS）。

SLAMS 监测网是美国规模最大的空气监测网络系统，目前包括了大约 4 000 个监测点位，由美国各州和地方环保局运维，其主要监测目的包含三个方面：1）及时向公众提供空气污染数据和信息，判定空气质量达标情况；2）为制定减排措施提供支撑；3）为空气污染科学研究提供支持。SLAMS 监测网的监测项目为美国国家环境空气质量标准中的标准污染物项目，包括 O_3、CO、SO_2、NO_2、$PM_{2.5}$、PM_{10} 和 Pb。由于 SLAMS 监测网的监测数据用于空气质量达标情况判定，所以美国国家环境保护局（EPA）对其采用的监测方法和质控措施均提出了明确的要求。SLAMS 监测网中站点的类型多样，涵盖了 NAMS、NCore、PAMS、NATTS 类型站点，但不包括 SPMS 站点。

NAMS 监测网络包含 1 080 个监测点位，NAMS 监测网实际上是 SLAMS 监测网的子集，其监测点位是 SLAMS 监测网点位中的一些重要点位，这些点位主要关注城市地区与排放源密集区，侧重于监测区域内污染物最高浓度和人口密集地区浓度。NAMS 监测网的监测项目同样涵盖了全部七项标准污染物项目。

NCore 监测网络是美国新组建的监测网络，2011 年 1 月 1 日开始运行，目前包括近

80 个站点，其中 60 多个站点位于城市地区，其余站点位于农村地区。NCore 监测网络是一种新型的多种污染物监测网络，主要目的包括七个方面：1）向公众发布空气质量信息（所在地区的空气质量日报、预报等），2）与空气质量模型相结合为大气污染防治提供技术支持，3）跟踪各种污染物或其前体物的长期变化趋势从而评估污染减排成效，4）为长期慢性健康风险评价提供支持从而服务于空气质量标准的不断审议，5）判断所在地区达标情况，6）支持相关科学研究，7）为生态系统评价提供支持。由于 NCore 网络的重要性，因此站点使用了较为先进的监测技术，监测内容涵盖了气象、颗粒物以及各种气态污染物等，具体项目包括 $PM_{2.5}$ 成分分析（元素碳/有机碳、主要离子、痕量元素）、$PM_{2.5}$ 浓度、$PM_{2.5\text{-}10}$ 浓度、臭氧、CO、SO_2、NO、NO_y 以及地表气象参数（风向、风速、温度、湿度）。NCore 监测网是对现有监测网络的重新设置和增强，这种重置体现在该网络将具有多种功能，对复合污染物进行监测，通过优选站点，集成多种先进的测量系统，对颗粒物、气态污染物及气象条件进行监测。NCore 可作为一个信息主干道，具有更高的效率，因此 NCore 网络最大的特征是综合监测能力。

PAMS 监测网络是美国为获得更多关于臭氧和其前体物污染浓度数据而设立的专项监测网络，美国联邦法规文件要求污染程度严重的臭氧非达标区必须建立 PAMS 监测点位。PAMS 监测网络的主要目标是通过对臭氧的加强观测，帮助环保局更好地理解臭氧污染的根本原因，评估和跟踪污染防治措施的效果，还可用于评估光化学模型性能。PAMS 网的监测指标包括 O_3 及其前体物（56 种 VOCs、NO_x、NO_y）以及地面气象参数（风向、风速、温度、大气压、湿度、降雨量、太阳辐射、紫外辐射）。PAMS 监测网络可理解为 SLAMS 监测网络中搭建起来的专项监测网络。

NATTS 监测网络用于监测美国联邦法规规定的空气中有毒污染物的变化趋势，其目前包括近 30 个站点，其中大多数站点位于城市地区，少部分站点位于农村地区。NATTS 的目的主要包括：评估有毒污染物的变化趋势和减排措施的成效，评估和验证空气质量模型，用于源-受体模型分析。NATTS 监测的污染物项目多达 100 多项，各站点根据各自情况有针对性地确定监测项目，其中 19 项为必测项目，包括 VOCs、羰基化合物、重金属、六价铬和多环芳烃类。

CASTNET 站点均位于受城市影响较小的农村地区和环境敏感地区，主要面向区域酸沉降监测、测算干湿沉降所需的气象参数的监测、地面臭氧长期浓度水平和趋势、评价氮氧化物等酸性污染物减排控制效果以及酸沉降对区域生态的影响。其目的是：1）跟踪全国和区域尺度排放控制策略的成效；2）获得有关空气质量和大气沉降的时空分布规律及变化趋势的数据，并向社会公布；3）为了解和掌握大气污染对陆生和水生生态系统的影响提供必要的信息。CASTNET 监测污染物浓度、气象参数以及其他指标，通过推理模型方法估算干沉降量，其前身是国家干沉降监测网络。CASTNET 目前包含 80 多个点位，与国家公园管理局合作运维。CASTNET 监测内容包括空气中硫酸盐、硝酸盐、铵盐、SO_2、硝酸和金属阳离子等，以及逐小时的臭氧浓度和气象参数。

IMPROVE 监测网是由联邦和各州共同管辖的合作监测网络，1985 年开始建立。目的是保护美国 156 个国家公园和野生动物保护区的空气能见度。IMPROVE 的主要目标是：在一类区建立能见度和气溶胶的观测能力、查明人为导致能见度下降的化学物成分和排放源、记录国家能见度的变化趋势以及为指定区域霾法规提供决策依据。IMPROVE 目前站点总数为 110 个，全部位于一类区，另外有 33 个站点位于乡村地区但按照 IMPROVE 的协议开展监测。IMPROVE 的监测项目包括能见度、消光系数、光散射系数、环境摄像系统、$PM_{2.5}$ 浓度及特征（无机金属元素、氢元素含量、吸光系数、主要离子含量、元素碳/有机碳）以及 PM_{10} 等。

SPMS 监测点主要用于应对突发性空气污染事件或其他应急管理需要。这类监测点位并不是例行监测点位，监测位置灵活而不固定，可根据需要进行调整以补充固定监测点位的不足，监测项目根据需要确定。

除以上监测网络外，美国还设立了颗粒物监测超级站，主要面向与细颗粒物有关的科学研究，如大气科学、人体健康研究以及人体暴露研究等。

（四）欧洲环境空气质量监测网概况

欧洲国家开展空气质量监测网络研究的时间也比较早，欧洲各国大都建立了覆盖本国的空气质量监测网络，由于欧盟范围内国家很多，各国空气环境状况差距比较大，为使监测数据更具可比性，欧盟出台了一些指导性文件，将各国满足一定要求、一定级别以上的监测站点组成涵盖欧洲大部分地区，包括城市、乡村、工业区的跨国区域监测网络。

其中，欧洲监测和评价网络（European Monitoring and Evaluation Program，EMEP）主要面向区域酸沉降以及与其相关的区域污染物（SO_2、NO_2、O_3、VOCs 等）扩散和传输的监测和研究。随着形势的发展，EMEP 监测网的监测目标已由常规污染物转向对持久性有机污染物和重金属的监测和研究，更加关注对乡村和背景区域的监测，以进一步分析和研究区域污染的迁移及转化特征。目前 EMEP 监测网在欧洲 28 个国家拥有 126 个监测站，其主要目的包括：提供污染物浓度、沉积、扩散和区域传输的观测和模拟数据，并及时反映它们的趋势；确认污染物浓度和沉积的来源，分析污染物的扩散和迁移以及对区域空气质量的影响；深入了解空气污染对生态系统和人类健康的影响以及对相关化学、物理过程的认识；探究和关注新型空气污染物及其环境浓度。

欧洲大气监测网（Euro Airnet）是欧盟环保署组织各成员国的监测网络，有超过 6 000 个监测点位，点位根据功能可分为交通点（traffic stations）、工业点（industry stations）、背景点（backgroud stations）三种类型，其中背景点根据所代表区域的不同，还可划分为城市背景点（urban/suburban background stations）、近郊背景点（near city background stations）、区域背景点（regional background stations）和偏远地区背景点（remote stations），分别代表 0.1～1 km、1～5 km、25～150 km 和 200～500 km 范围尺度。

二、我国城市环境空气质量监测网络设计

（一）网络设计原则和程序

我国城市空气质量监测网络的设计过程通常包括以下内容：明确监测目的、现状调查、网格实测或模拟、确定监测点位数量、确定监测项目和监测点位位置、网络试运行及评估。

监测网络设计程序如图 1.2 所示，设计监测网络时首先要根据监测目的确定监测网络的覆盖范围，并对监测范围进行现状调查，包括区域地形地貌、气象条件、人口分布特点、城市发展规划以及排放源的分布与调查等。根据上述现状调查的结果，采用网格实测或模型计算的方法，确定为满足监测目的所需的监测点位数量以及监测点位的设置位置，最后进行网络的试运行和评估。

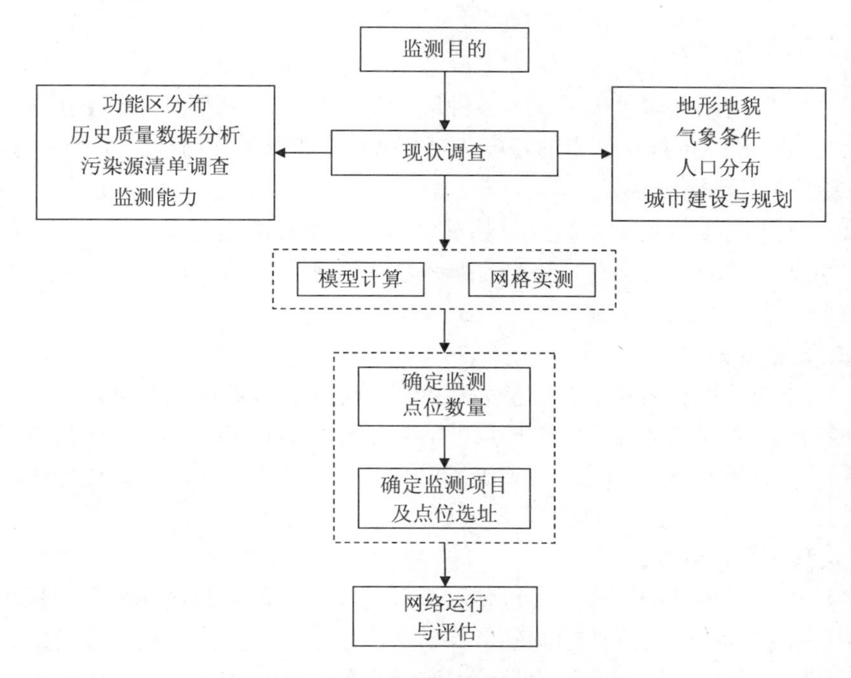

图 1.2　空气质量监测网络设计程序图

（二）监测网络目的

开展环境空气质量监测，首先要明确监测目的，监测目的不同，对点位的选址要求也有很大区别，包括点位数量要求和点位的地理空间分布等。我国《环境空气质量监测规范（试行）》（国家环境保护总局公告 2007 年第 4 号文）和《环境空气质量监测点位布设技术规范》（HJ 664—2013）对国家空气网和地方空气网的建设以及点位设置均提出了具体要求，是我国空气监测网络建设和点位设置的技术依据。

《环境空气质量监测规范（试行）》中提出国家环境空气质量监测网络的监测目的主要包括四个方面：1）反映全国城市区域空气质量变化趋势；2）反映区域尺度和背景水平空气质量；3）判定全国空气质量达标情况；4）为制定大气污染防治规划和对策提供依据。可以看出，我国目前的监测网络结构框架能够满足国家网建设的目标要求。

地方环境空气质量监测网络的监测目的与国家网有所差别，主要包括：1）反映监测范围内最高污染浓度值；2）反映不同功能区的代表浓度和达标情况；3）反映空气质量状况的长期变化趋势；4）反映主要污染源对环境空气质量的影响；5）反映所在地区的背景空气质量状况；6）为城市大气污染防治规划和对策提供依据。

国家环境空气质量监测网的设置主要是从国家大方面的需求考虑的，与地方的监测网络设置目的有些不同。对于国家城市监测网而言，其监测点位主要是从所在城市的地方监测点位中进行优化和筛选而确定的，但对于各城市来讲，为了实现地方空气质量监测网络的目标，仅设置国家网点位是不够的，还需要根据自身实际情况补充其他功能监测点位，包括交通监测点、工业区监测点位、敏感位置的信息发布点位等。

（三）现状调查方法

现状调查是监测网络设计的基础，各种现状基本资料的精度和可靠性在很大程度上决定了监测网络设计和点位优化结果的精度和可靠性。在现状调查阶段，主要考虑以下因素。

1. 区域面积及地形地貌

区域面积大小直接决定了监测点位数量要求，一般来说城市建成区的面积越大，所需要的监测点位的数量越多。另外，区域地形地貌也会对监测点位的布设产生明显的影响，如山地城市的布点与平原有很大区别。

2. 人口数量及分布

空气质量监测的最主要目的是保护人体健康，因此大多数监测点位都是位于人口聚集区附近。在一定的地域范围内，监测点位的需求量与人口密度呈正比。这是由于人口密度越大表明经济活动强度越大，污染物排放量也较高，需要更多的监测点位以代表空间分布的非均匀性。

3. 污染源分布及排放特征

调查区域内外污染源的分布和排放量对于环境空气监测点位布设有重要影响，摸清排放源是掌握污染物时空分布规律的基础条件，是布设空气监测点位的重要考虑因素。一般来说为保证监测点位有较广的空间代表性，监测点位应离开污染源一定的距离，而一些污染监控点则必须位于受污染源影响的位置，距离排放源不能过远。

4. 气象条件

气象条件调查主要关注调查区内的气候环流特征和季节性主导风向，由于大气运动是污染物传输的动力条件，因而气象条件调查是分析污染物浓度分布特征的先决条件。在布设监测点位时必须要考虑调查区的主导风向和大气环流特征。

5. 空气质量及污染物浓度空间分布特征

监测点位的布设除了需要考虑人口密度等因素外，还需要考虑污染物空间分布特征，特别是当监测点位用于捕捉区域内污染物浓度峰值或人群暴露峰值浓度时。污染物空间分布特征有利于确定监测点位的空间分布格局，一般来说污染物浓度变化剧烈的地方如排放源附近地区的测点的代表性较小，而浓度分布较为均匀的地区监测点位的代表性较大。污染物浓度的空间分布特征可通过模型模拟或网格实测方法获得，可参考《空气和废气监测分析方法指南（上册）》的有关内容。

6. 城市功能区划及未来建设规划

在设计空气质量监测网络和监测点位时，应尽量保证监测点位的长期稳定运行，这有利于监测网络的延续性和监测数据的可比性。因此应根据城市建设规划，在土地使用状况较稳定的地区开展监测，并同时考虑监测网络的未来规划和布局。

（四）监测点位功能分类

监测目的的多目标性决定了监测网络的多元化和设置不同功能监测点位的必要性。在我国《环境空气质量监测规范（试行）》中，将环境空气质量监测点位分为 4 类：空气质量评价点、空气质量对照点、空气质量背景点和污染监控点。在新编制的《环境空气质量监测点位布设技术规范（试行）》中，将监测点位分为空气质量评价城市点、空气质量评价区域点、空气质量评价背景点、污染监控点和路边交通点。1）空气质量评价城市点用于评价城市建成区的空气质量状况和变化趋势，其空间代表尺度为半径500 m～4 km范围，有时也可扩大到几十千米。反映这一空间范围内污染物的整体水平。2）空气质量评价区域点用于监测城市建成区以外的近郊地区的空气质量状况或城市群间的区域输送影响分析，代表尺度为半径几十千米范围。3）空气质量评价背景点是以监测国家或大区域范围的环境空气质量本底水平为目的而设置的监测点，其代表尺度为半径 100 km 以上范围。4）污染监控点用于监控污染源及工业园区中污染聚集区对当地环境空气质量影响而设置的监测点，常常是污染物高浓度地区，其代表尺度约为半径几百米范围。5）路边交通点是为监测道路交通移动污染源对环境空气质量影响而设置的监测点，用于监测人体受交通污染物暴露而受到的影响。

我国的监测点位功能划分与美国、欧盟的监测点位功能划分基本一致。例如美国国家环境保护局根据 SLAMS 网监测目的的要求，设置了六类监测点位类型：区域内污染物最大浓度点位、高人口密度区典型浓度监测点位、重点污染源对环境空气质量影响监控点位、背景对照地区浓度监测点位、城市群间区域性污染物输送监控点以及监测空气污染对能见度、植被和其他社会公共福利影响的点位等六类。欧盟的空气监测点位功能划分主要包括：监控聚集区内最大浓度点位、聚集区内一般暴露水平点位、交通点位、工业点位、城市背景点位、农村背景点位等。

一个完整的环境空气质量监测网络应涵盖各类功能的监测点位，从而达到监测网络建设的多目标要求。以城市空气质量监测网络为例，完善的监测网络应既能够用于客观评估城市环境空气质量的整体平均水平和长期变化趋势，又能够有针对性地对污染源和敏感地区进行监控，还能够兼顾背景地区的监测。缺少某一类监测点位必然带来一定的监测盲区，无法较好地满足公众的需求。每个环境空气质量监测点位在满足其主要功能需求的前提下可尽量兼顾其他功能。例如反映功能区代表浓度的同时也可用于评价空气质量的变化趋势。

环境空气质量监测网络布设简单来说就是确定不同功能的监测点位所需数量以及每类监测点位在空间上应如何分布。合理的监测点位布设既要符合监测目的，又要兼顾监测点位的空间代表尺度。在实际布点时必须要保证该点位的实际代表尺度与其理论设计代表尺度相吻合，这是检验监测点位设置是否合理的依据。

美国 EPA 将空气质量监测点位的空间代表尺度分为 6 类：1）微尺度（Microscale），代表监测区域内局部范围内的空气质量浓度，其范围在几米到 100 m；2）中尺度（Middle scale），代表城市街区典型浓度，范围在 100～500 m；3）邻近尺度（Neighborhood scale），代表城市功能区或土地利用基本相同范围内空气质量，范围在 500 m～4 km；4）城市尺度（Urban scale），代表城市尺度范围内的空气质量，范围在 4～50 km，有时由于排放源的分布而找不到合适的监测点位；5）区域尺度（Regional scale），代表无较大污染源的均一地理特征的广大农村地区，范围为几十到几百千米；6）国家及全球尺度（National and global scale），表征一个国家或全球的空气质量特征。美国 EPA 给出了不同功能监测点位与其适宜的代表尺度之间的相关关系，见表 1.1，其与我国监测点位和点位代表尺度间的关系基本一致。

表 1.1 美国 EPA 确定的监测点位功能与点位代表尺度关系

监测点位功能	点位代表尺度
最高浓度点位	微尺度、中尺度、邻近尺度（对二次生成污染物，可以为城市尺度和区域尺度）
人口暴露水平	邻近尺度、城市尺度
排放源影响	微尺度、中尺度、邻近尺度
整体情况、背景或区域传输	城市尺度、区域尺度
监控对公共财富影响	城市尺度、区域尺度

（五）监测点位数量要求

确定监测点位的数量是监测网络设计的重要环节，直接决定了监测网络的规模和建设投入。为便于监测网络的设计，国内外往往依据建成区面积和人口数量规定最少的点位数量要求，实际的监测点位数量可能会超出许多。

例如美国在确定监测点位数量时，按照污染程度不同对各类污染物分别规定了最少点位数量要求（表 1.2、表 1.3、表 1.4）。其中美国人口统计区内的臭氧点位要求至少有一个点位用于监测最大浓度，适宜的空间代表尺度是邻近尺度、城市尺度和区域尺度；PM_{10} 监测点位的建议代表尺度是中尺度和邻近尺度，中尺度 PM_{10} 点位可用于短期或长期的健康效应评价，邻近尺度 PM_{10} 点位可用于提供空气质量趋势分析和达标评价，因为它通常代表了人们长时间工作和生活的地方，还可用于城市间比较；$PM_{2.5}$ 监测点位的设置主要用于保护人体健康，建议代表尺度是邻近尺度或城市尺度，但如果微尺度点位所代表的空间范围在城市内存在多个类似的位置，也应布设微尺度监测点位。至少设置一个 $PM_{2.5}$ 监测点位用于监控人群可能暴露的最大浓度。区域尺度 $PM_{2.5}$ 监测点位可用于考察区域输送过程，但大多数城市 $PM_{2.5}$ 监测点位应是邻近尺度的，可用于达标评价和趋势分析。更多有关美国环境空气质量监测点位的设置原则可参考美国 EPA 关于环境空气质量监测网络设计的法规文件。

表 1.2 美国 EPA 确定的 PM_{10} 最少点位数量要求

人口/万人	最少点位数量		
	高浓度	中浓度	低浓度
＞100	6～10	4～8	2～4
50～100	4～8	2～4	1～2
25～50	3～4	1～2	0～1
10～25	1～2	0～1	0

注：高浓度——浓度超过美国国家标准（NAAQS）的 20%以上；
中浓度——浓度高于美国国家标准（NAAQS）的 80%；
低浓度——浓度低于美国国家标准（NAAQS）的 80%。

表 1.3　美国 EPA 确定的 $PM_{2.5}$ 最少点位数量要求

人口/万人	最少点位数量	
	高浓度	低浓度
＞100	6～10	2～4
50～100	4～8	1～2
25～50	3～4	0～1
10～25	1～2	0

注：高浓度——最近 3 年平均浓度大于等于美国国家标准（NAAQS）浓度限值的 85%；
低浓度——最近 3 年平均浓度小于美国国家标准（NAAQS）浓度限值的 85%。

表 1.4　美国 SLAMS 监测网中臭氧最少点位数量要求

统计区人口/万人	最少点位数量	
	高浓度	低浓度
＞1 000	4	2
400～1 000	3	1
35～400	2	1
5～35	1	0

注：高浓度——最近 3 年平均浓度大于等于美国国家标准（NAAQS）浓度限值的 85%；
低浓度——最近 3 年平均浓度小于美国国家标准（NAAQS）浓度限值的 85%。

欧盟根据聚集区人口数量规模来确定用于保护人体健康的固定监测点位的最少数量要求，见表 1.5、表 1.6。对于 NO_2、$PM_{2.5}$、PM_{10}、苯和 CO，每个聚集区内应包括至少 1 个城市背景监测点位和 1 个交通监测点位。对于 O_3，按照不同监测范围来规定监测点位数量要求，其中人口聚集区内应至少有 1 个监测最高浓度的点位，代表尺度为几十平方千米。

表 1.5　欧盟保护人体健康的最少点位数量要求

人口/万人	最少点位数量			
	高浓度		低浓度	
	颗粒物（PM_{10}、$PM_{2.5}$）	其他污染物	颗粒物（PM_{10}、$PM_{2.5}$）	其他污染物
＜25	2	1	1	1
25～50	3	2	2	1
50～75	3	2	2	1
75～100	4	3	2	1
100～150	6	4	3	2
150～200	7	5	3	2
200～275	8	6	4	3
275～375	10	7	4	3
375～475	11	8	6	3
475～600	13	9	6	4
＞600	15	10	7	4

注：高浓度——该污染物的最大浓度超过评价上限值；
低浓度——该污染物的最大浓度在评价上限值和评价下限值之间；
颗粒物（PM_{10}、$PM_{2.5}$）——同一监测点位上的 PM_{10} 和 $PM_{2.5}$ 记为 2 个点位；
其他污染物——SO_2、NO_2/NO_x、Pb、苯和 CO。

表 1.6 欧盟确定的臭氧最少点位数量要求

人口/万人	最少点位数量		
	人口聚集区	农村和郊区	背景地区
＜25	1	1	平均每 5 万 km^2 设置 1 个监测点位
25～50	1	2	
50～100	2	2	
100～150	3	3	
150～200	3	4	
200～275	4	5	
275～375	5	6	
＞375	每增加 200 万人口新增 1 个监测点位		

我国的环境空气监测技术规范根据建成区面积和人口对环境空气质量评价点位的最少数量进行了规定，见表 1.7。空气质量评价点是目前我国最主要的监测点位类型，与国外相比，我国并未制定其他类型监测点位（如交通点、污染监控点）的最少数量要求，未来有必要对这类监测点位的数量也进行规范。

表 1.7 我国环境空气质量评价点位设置数量要求

建成区城市人口/万人	建成区面积/km^2	监测点数
＜10	＜20	1
10～50	20～50	2
50～100	50～100	4
100～200	100～150	6
200～300	150～200	8
＞300	＞200	按每 50～60 km^2 建成区面积设 1 个监测点，并且不少于 8 个监测点

监测点位的数量越多，反映的空气质量信息越准确，但由于自动监测站的建设、运行和维护管理需要耗费大量的人力和物力，因此各地应根据环境管理和公众信息发布需要，在满足最少数量要求的前提下确定适宜的监测点位数量。在条件允许的情况下，地方空气质量监测网络中，应该积极设立交通点和污染监控点，在公众关心的敏感点布设空气质量信息发布点，从而满足监测网络建设的目标要求。

（六）监测点位布设要求

城市环境空气质量监测点位布设方案不是一个确定性问题，不存在唯一解，在满足监测目的和监测点位数量设置要求的前提下，通常有多个布设方案可供选择。为了使不同城市间的监测网络和监测数据具有可比性，需要制定统一的点位布设规则。我国的《环境空气质量监测规范（试行）》和《环境空气质量监测点位布设技术规范（试行）》对环境空气质量评价城市点位设置提出以下要求：

1）位于各城市的建成区内，并相对均匀分布，覆盖全部建成区。

2）全部空气质量评价点的污染物浓度计算出的算术平均值应代表所在城市建成区污染物浓度的区域总体平均值。区域总体平均值可用该区域加密网格点（单个网格应不大于2 km×2 km）实测或模拟计算的算术平均值作为其估计值，用全部空气质量评价点在同一时期的污染物浓度计算出的平均值与该估计值的相对误差应在10%以内。

3）用该区域加密网格点（单个网格应不大于2 km×2 km）实测或模拟计算的算术平均值作为区域总体平均值计算出30、50、80和90百分位数的估计值；用全部空气质量评价点在同一时期的污染物浓度平均值计算出的30、50、80和90百分位数与这些估计值比较时，各百分位数的相对误差在15%以内。

对于环境空气质量评价区域点和背景点，应满足以下要求：

1）区域点和背景点应远离城市建成区和主要污染源，以反映区域及国家尺度空气质量本底水平。区域点原则上应离开主要污染源及城市建成区20 km以上；背景点原则上应离开主要污染源及城市建成区50 km以上。

2）区域点应根据我国的大气环流特征设置在区域大气污染传输的主要通道上，反映区域间和区域内污染物输送的相互影响。

3）区域点和背景点的海拔高度应合适。在山区应位于局部高点，避免受到局地空气污染物的干扰和近地面逆温层等局地气象条件的影响；在平缓地区应保持在开阔地点的相对高地，避免空气沉积的凹地。

对于污染监控点，应满足以下要求：

1）原则上应设在可能对人体健康造成影响的污染物高浓度区域以及主要固定污染源和移动污染源对环境空气质量产生明显影响的区域。

2）污染监控点依据排放源的强度和主要污染项目而定，固定污染源应设置在源的主导风向和第二主导风向的下风向的最大落地浓度区内，一般在上风向布设1或2个点，下风向采用同心圆布点法或扇形布点法布设。

3）对于线性污染源，一般应在行车道的下风侧，根据车流量的大小、车道两侧的地形、建筑物的分布情况等确定交通点的位置。

4）地方环境保护行政主管部门可根据监测目的确定点位布设原则增设污染监控点，并实时发布监测信息。

三、监测点位周围环境要求

监测点位周围环境要求是指监测点位大体位置和空间代表尺度确定后，要对其周边环境提出要求，监测点位周边环境因素会影响监测点位功能的实现。国内外的监测技术规范中对不同功能的监测点位的选址均提出了要求。

（一）我国监测点位周围环境要求

在我国的《环境空气质量监测规范（试行）》和《环境空气质量监测点位布设技术规范（试行）》中对监测点位周围环境及采样口位置具体要求如下。

1．监测点周围环境要求

1）应采取措施保证监测点附近 1 000 m 内的土地使用状况相对稳定。

2）点式监测仪器采样口周围，监测光束附近或开放光程监测仪器发射光源到监测光束接收端之间不能有阻碍环境空气流通的高大建筑物、树木或其他障碍物。从采样口或监测光束到附近最高障碍物之间的水平距离，应为该障碍物与采样口或监测光束高度差的 2 倍以上，或从采样器至障碍物顶部与地平线夹角应小于 30°。

3）采样口周围水平面应保证 270°以上的捕集空间，如果采样口一边靠近建筑物，采样口周围水平面应有 180°以上的自由空间。

4）监测点周围环境状况相对稳定，所在地点地质条件需长期稳定和足够坚实，应避免受山洪、雪崩、山林火灾和泥石流等局地灾害影响，且安全和防火措施有保障。

5）监测点附近无强大的电磁干扰，周围有稳定可靠的电力供应，通信线路容易安装和检修。

6）区域点周边向外的大视野需 360°开阔，1～10 km 方圆距离内应没有明显的视野阻断。

7）监测点位设置在机关单位及其他公共场所时，应能保证通畅、便利的出入通道及条件，在出现突发状况时，可及时赶到现场进行处理。

2．采样口位置要求

1）对于手工采样，其采样口离地面的高度应在 1.5～15 m 范围内。

2）对于自动监测，其采样口或监测光束离地面的高度应在 3～20 m 范围内。

3）针对道路交通的污染监控点，其采样口离地面的高度应在 2～5 m 范围内。

4）在保证监测点具有空间代表性的前提下，若所选点位周围半径 300～500 m 范围内建筑物平均高度在 250 m 以上，无法按满足 1）、2）条的高度要求设置时，其采样口高度可以在 20～30 m 范围内选取。

5）在建筑物上安装监测仪器时，监测仪器的采样口离建筑物墙壁、屋顶等支撑物表面的距离应大于 1 m。

6）使用开放光程监测仪器进行空气质量监测时，在监测光束能完全通过的情况下，允许监测光束从日平均机动车流量少于 10 000 辆的道路上空、对监测结果影响不大的小污染源和少量未达到间隔距离要求的树木或建筑物上空穿过，穿过的合计距离不能超过监测光束总光程长度的 10%。

7）当某监测点需设置多个采样口时，为防止其他采样口干扰颗粒物样品的采集，颗粒物采样口与其他采样口之间的直线距离应大于 1 m。若使用大流量总悬浮颗粒物（TSP）采样装置进行并行监测，其他采样口与颗粒物采样口的直线距离应大于 2 m。

8）对于环境空气质量城市评价点，应避免车辆尾气或其他污染源直接对监测结果产生干扰，采样口周围至少 50 m 范围内无明显固定污染源，仪器采样口与道路之间最小间隔距离应按表 1.8 的要求确定。

9）开放光程监测仪器的监测光程长度的测绘误差应在±3 m 内（当监测光程长度小于 200 m 时，光程长度的测绘误差应小于实际光程的±1.5%）。

10）开放光程监测仪器发射端到接收端之间的监测光束仰角不应超过 15°。

表 1.8　仪器采样口与交通道路之间最小间隔距离

道路日平均机动车流量（日平均车辆数）	采样口与交通道路边缘之间最小距离/m	
	PM_{10}、$PM_{2.5}$	SO_2、NO_2、CO 和 O_3
≤3 000	25	10
3 000～6 000	30	20
6 000～15 000	45	30
15 000～40 000	80	60
＞40 000	150	100

（二）美国监测点位周围环境要求

美国在其联邦法规文件中对不同类型监测点位周围环境及安装要求提出了一些必需的要求和建议的要求，包括采样口水平和垂直高度，与主要/次要污染源、障碍物、树木和交通主干道的距离等。由于美国的监测点位是按照不同污染物项目分别布设的，所以对不同污染物监测点位的要求有所区别，主要要求如下。

1. 监测点位水平位置和垂直位置要求

对于所有类型的臭氧和 SO_2 监测点位，以及邻近尺度和更大尺度的 Pb、PM_{10}、$PM_{10\text{-}2.5}$、$PM_{2.5}$、NO_2 和 CO 监测点位，采样头和长光程监测仪器 80%的测量光程应位于地面上 2～15 m 范围内。对于中尺度 $PM_{10\text{-}2.5}$ 监测点位，采样口位于地面以上 2～7 m 范围。小尺度 Pb、PM_{10}、$PM_{10\text{-}2.5}$ 和 $PM_{2.5}$ 监测点位的采样口也位于地面以上 2～7 m 范围。小尺度 NO_2 交通监测点位的采样口也位于地面以上 2～7 m 范围。用于监测道路附近浓度的小尺度 CO 监测点位的采样口必须距离地面 3.5 m 以上。

采样口和长光程监测仪器 90%的测量光程与周围建筑物、墙体、护栏和棚子的垂直高度距离和水平距离应至少在 1 m 以上，且不能位于尘土较多或较脏的位置。如果采样口或测量光程的一大部分在建筑物或墙附近，那么采样点应位于建筑物附近该地区高污染季节时主导风向的迎风面。

2. 与附近小污染源的距离

这项规定必须与该位置监测点位的监测目的相对应。由于局地小的一次排放源可能会引起附近污染物浓度的显著升高，如果监测点位的设置目的是为了调查局地一次污染物排放情况，那点位应位于附近位置。这类型点位通常为小尺度监测点位。如果监测点位的目的是用于确定较大空间范围的空气质量，例如邻近尺度或城市尺度监测点位，就应确保避免将监测点位或测量光程距离排放源过近。颗粒物监测点位周边的路面应做固化，或者常年有植被覆盖，从而将风吹扬尘的影响降到最低。

由于 NO 排放源或其他可与臭氧反应的碳氢化合物会对臭氧具有清除作用，会导致监测点位附近的臭氧浓度较低而缺少代表性，因此臭氧采样口和测量光程的 90%应远离焚烧炉、烟囱等 SO_2 和 NO 排放源。

3. 与障碍物的距离

建筑物或其他障碍物有可能会清除空气中的 SO_2、O_3 或 NO_2，并且会限制空气的气流。采样口与建筑物的距离应大于障碍物高出采样口和水平光程距离的 2 倍。如果是用于监测街区或监控排放源的小尺度监测点位，此要求可以例外。

采样口或监测路径不应靠近或沿着垂直墙体而设置，采样口或监测路径必须保证有至少180°弧形范围内空气的自由流动，且该弧形必须涵盖该地区高浓度污染季节时的主导风向。对于颗粒物采样点来说，位于屋顶的采样点距离墙体、护栏和建筑物至少应 2 m 以上。

对于长光程监测仪器点位的位置，除注意建筑物影响外，还要注意附近的树枝、尘、羽毛等光线障碍物的影响以及其他临时的光学障碍物（如降雨、雪、雾等），这些临时障碍物都可能会影响长光程设备的连续监测。当光程较长时，在遇到特定的气象条件如大雾、强降雨/雪或气溶胶浓度过高时，可能会发生瞬态的光传输失败情况。如果在此期间没有采取一些补偿措施（如缩短光程长度、提高光源信号），那么在高污染时期的监测数据可能会大打折扣。例如在大雾或高浓度气溶胶污染时期，所得到的监测数据即使捕获率较高，也无法有效代表最大污染浓度。

对于监测交通源的 NO_2 监测点位，采样点应位于没有受阻的气流中，采样口高度以上空间没有障碍物，且采样口与目标路段车道边缘的距离间也没有障碍物。

4．与树木的距离

树木表面积上会发生 SO_2、O_3 或 NO_2 的吸附或化学反应，或颗粒物的沉降等。另外，采样口附近的树木也会阻挡气流的流动，为减少树木的干扰，采样口或 90%的测量光程应距离树木的滴水线至少 10 m。

由于树木对 O_3 的消除作用比其他污染物更为明显，因此在布设抽样监测点位时必须注意与树木的距离以避免其消除作用。对于各种污染物的小尺度监测点位，如交通点和污染监控点等，在监测点位和排放源间不能有树木或灌木。

5．与公路的距离

1）O_3 监测点位或光程的距离要求。对于 O_3 监测点位来说，需要特别注意 NO 排放源的干扰，表 1.9 为邻近尺度或城市尺度 O_3 监测点位或测量光程与公路的最小距离要求。当点位的距离小于上述要求时，该点位将被归为微尺度或中尺度。使用长光程仪器时，测量光程一定不能横穿车流量大于 10 000 辆/d 的公路，当穿过车流量小于 10 000 辆/d 的公路时，则必须要考虑其对整个测量光程的影响，即穿过道路的宽度加上两侧的最小距离要求（见表 1.9）之和，不能超过测量光程总长度的 10%。

表 1.9　美国邻近尺度及以上 O_3、NO_2 采样点或光程与公路的最小距离

道路日平均机动车流量/（辆/d）	最小距离/m
10 000	10
15 000	20
20 000	30
40 000	50
70 000	100
110 000	250

注：1．距离是从公路边缘算起；

2．实际流量处于中间值时，应用插值法计算最小距离。

2）CO 监测点位或光程的距离要求。监测街区或交通走廊的微尺度 CO 监测点位，用于评估排放源对人群暴露的影响，为保证微尺度监测结果的一致性和可比性，CO 监测点位距离最近的车道边缘的距离应在 2～10 m 之间。微尺度 CO 监测点位与交通道口的距离应至少在 10 m 以上，优先设置在街区或走廊的中段位置，因为中段的空气质量代表范围更普遍些，且行人主要在中段活动而不是路口。

对于邻近尺度的 CO 监测点位，应确保不受到交通排放源的明显影响，表 1.10 为其与公路的最小距离要求。当监测点位与公路的距离小于上述要求时，则不能作为邻近尺度点位，而只能作为中尺度监测点位。

表 1.10　美国邻近尺度 CO 采样点或光程与公路的最小距离

道路日平均机动车流量/（辆/d）	最小距离/m
10 000	10
15 000	25
20 000	45
30 000	80
40 000	115
50 000	135
≥60 000	150

3）颗粒物和 Pb 监测点位与公路的距离要求。由于机动车尾气排放会增加空气中颗粒物含量，为了保证全国在颗粒物采样方面的一致性和可比性，有必要对其距离要求进行规定。颗粒物监测点位与公路的距离随着监测目的的不同而不同，如果是设置监测网络中的路边交通站，而且是监视公路对环境的最大影响时，则设置在可能产生最高浓度的车流量最大的地方。设置微尺度交通走廊点位时，应距离主要公路 5～10 m，微尺度的街道峡谷点位应距离道路两侧 2～10 m。对于其他尺度的监测点位，其距离要求见图 1.3。例如当附近公路的车流量为 30 000 辆/d 时，若点位距离公路 10 m 且采样高度为 2～7 m，则应为微尺度点位；若采样高度为 7～15 m，则为中尺度点位；如果采样点在 20 m、40 m 和 110 m 以外，则分别为中尺度、邻近尺度和城市尺度。

4）NO_2 监测点位和测量光程与公路的距离要求。对于监测路边 NO_2 最高浓度的监测点位，点位距离目标交通路段的车道外边缘不能太远，不能超标 50 m。当设置邻近尺度以上的 NO_2 监测点位时，将交通源的影响降到最低是非常必要的。表 1.9 是这类监测点位的最小距离需求，如果不能满足表 1.9 中的要求，则监测点位不能作为邻近尺度点位，而只能作为微尺度或中尺度点位。使用长光程仪器时，测量光程一定不能横穿车流量大于 10 000 辆/d 的公路，当穿过车流量小于 10 000 辆/d 的公路时，则必须要考虑其对整个测量光程的影响，即穿过道路的宽度加上两侧的最小距离要求（见表 1.9）之和，不能超过测量光程总长度的 10%。

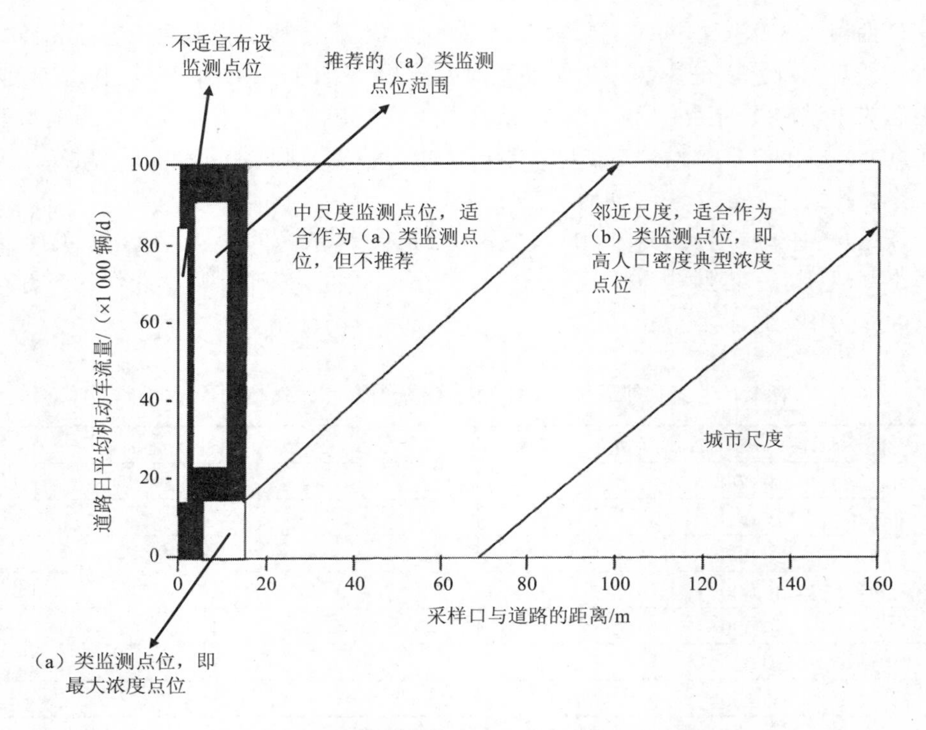

图 1.3　颗粒物监测点位与交通通道的距离要求

6. 长光程设备的累积干扰及最大光程要求

长光程设备的测量光程受到树木、小污染源、道路的累积干扰长度不能超过测量光程总长度的 10%。

对于邻近尺度、城市尺度和区域尺度的监测点位，其测量光程不能超过 1 km；对于中尺度监测点位，测量光程不得超过 300 m。在一些经常发生沙尘、雾、雨、雪的地区，可适当减少测量光程从而降低数据缺失频率。

7. 采样管材料和空气样品停留时间

对于 SO_2、NO_2、O_3 等反应活性气体，监测仪器采样管线需使用特定的材料。对聚丙烯、聚乙烯、聚氯乙烯、铝、铜、不锈钢、派热克斯耐热玻璃和特氟龙的有关研究结果表明，派热克斯耐热玻璃和特氟龙材料可适用于上述所有气体。而美国 EPA 在进行参比和等效方法测试时则指定使用硼硅酸盐玻璃和氟化乙烯基丙烯（FEP Teflon）材料的采样管。

对于 PAMS 监测点位中的 VOCs 监测，氟化乙烯基丙烯（FEP Teflon）材料由于会与有机物发生吸附和解吸反应，因而不能作为采样管材料。硼硅酸盐玻璃、不锈钢等材料适合作为 VOCs 或羰基化合物的采样材料。采样时间必须控制在 20 s 以内。

8. 点位周围环境要求总结

表 1.11 为采样点和光程设置要求的总结，可以看出对不同的污染物，其距地面的高度要求不同，这种区别是基于污染物垂直浓度分布规律而考虑的，对于 CO 和交通 NO_2 监测点位，微尺度下垂直方向上的变化梯度很大，所以采样高度范围小一些。指定采样高度上

限为 15 m，是为了保证不同污染物监测结果的一致性，并且可以使用同一个采样总管监测多种污染物。

表 1.11　美国采样点和光程设置要求总结

污染物	点位尺度（或光程长度）	采样口（或光程的80%）距地面高度	采样口（或光程的90%）与支撑物的水平和垂直距离	采样口（或光程的 90%）与树木的距离	采样口（或光程）与公路的距离
SO_2	中尺度（300 m） 邻近尺度、城市尺度、区域尺度（1 km）	2～15 m	＞1 m	＞10 m	N/A
CO	微、中尺度（300 m），邻近尺度（1 km）	2（3.5）～15 m	＞1 m	＞10 m	见表 1.10
O_3	中尺度（300 m），邻近、城市、区域尺度（1 km）	2～15 m	＞1 m	＞10 m	见表 1.9
NO_2	微尺度（50～300 m）	2～7 m	＞1 m	＞10 m	小于 50 m
	中尺度（300 m）	2～15 m	＞1 m	＞10 m	见表 1.9
	邻近、城市和区域尺度（1 km）	2～15 m	＞1 m	＞10 m	见表 1.9
O_3 前体物	邻近以及城市尺度（1 km）	2～15 m	＞1 m	＞10 m	见表 1.9
PM，Pb	微尺度、中尺度、邻近尺度、城市尺度和区域尺度	微尺度：2～7 m，中尺度 $PM_{10-2.5}$ 点位：2～7 m，其他尺度点位：2～15 m	＞2 m（所有点位，指水平距离）	＞10 m（所有尺度）	微尺度为 2～10 m，其他尺度点位参照图 1.3

（三）欧盟监测点位周围环境要求

欧盟在其 2008/EC/50 指令中，对点位的周围环境选址提出了一些要求，主要包括以下因素：

1）进气采样口周围的气流应无限制（至少 270°自由流通），没有障碍物影响采样器附近的气流，采样器通常距离建筑物、阳台、树和其他物体几米以外。

2）一般来说，进气采样口应在地面以上 1.5～4 m 范围内。某些情况下有必要更高，如 8 m。如果采样点代表了较大的区域则应该使采样口高些。

3）进气管不应设置在排放源附近从而避免污染物未与空气混合而直接吸入采样系统。

4）采样器废气出口应妥善处置，以避免废气被循环吸入采样器中。

5）对于 SO_2、NO_2/NO_x、PM_{10}、$PM_{2.5}$、Pb、CO 和 BaP 等污染物，交通站的采样头应至少距离主要路口边缘 25 m，且距离路旁不超过 10 m。

6）此外还要考虑下面一些因素：是否存在干扰源、安保情况、便于到达、电力和电话通讯保障、采样点的可视性、公众和维护人员的安全性、是否需要共同监测其他污染物以及未来规划要求等。

此外，点位选址过程应做好文档整理工作，包括周围环境图像和详细地图。对所选点位应定期进行重新审查以确保该点位仍能够满足选址要求。

四、城市空气质量监测点位的管理

（一）监测点位基本信息管理

对于已经布设的环境空气质量监测点位，必须建立工作档案对点位布设和选址的详细过程进行记录和资料整理，一方面便于保证工作的延续性，另一方面为将来的点位评估提供工作基础。主要基本信息包括：监测点位名称、点位编码、点位具体位置和经纬度坐标、点位八方位图、点位选址说明、点位建设时期和调整情况、监测项目、仪器设备类型及型号等。

其中：1）监测点位名称最好是便于点位间相互识别、与地理位置相关且长期不会变化的名称。2）点位编码应按照统一规范要求，城市对照点编码应在 1～50 之间，评价点编码在 51～699 之间，背景点编码在 701～799 之间，区域点编码在 801～899 之间，其他类型点位编码在 901～999 之间。3）初次设立监测点位时需要对该点位的选址进行图文说明并存档，包括与布设技术要求的逐项比较，不符合要求的地方应说明。当监测点位周边环境发生较大变化时，应及时记录。4）汇总各监测点位的仪器设备类型和型号，运行时间等。

（二）监测点位位置调整

空气质量监测网络建设后，每隔几年应对监测网络进行重新评估，对不符合监测点位选址要求的点位进行适当的调整。就我国的五类空气质量监测点位来说，空气质量评价点、区域点和背景点原则上不得进行较大的变更调整，特别是国家环境空气质量评价点的调整必须要得到环保部的批复，因此各城市应采取措施保证监测点附近 100 m 内的土地使用状况相对稳定。对于污染监控点、交通点，在未纳入国家网以前，各城市可根据环境管理和公众信息发布的需要进行增加、变更和撤销。

在国家环境空气质量评价点因城市建成区面积扩大或行政区划变动，导致现有监测点位已不能全面反映城市建成区总体空气质量状况的情况下，可申请增设国家网评价点位；当因城市建成区建筑发生较大变化，导致现有监测点位采样空间缩小或采样高度提升而不符合本规范要求时，可申请变更国家网评价点位。如果变更点位附近没有符合选址要求的位置，可申请撤销该监测点位，但须满足最少点位数量要求且该点位撤销对城市整体空气质量浓度评价的影响在 5%以内。具体点位调整要求如下。

增设点位应遵守下列要求：1）新建或扩展的城市建成区与原城区不相连，且面积大于 10 km^2 时，可在新建或扩展区按照独立监测网布设监测点位，再与现有监测点位共同组成城市环境空气质量监测网；面积小于 10 km^2 的新、扩建成区原则上不增设监测点位。2）新建或扩展的城市建成区与原城区相连成片，且面积大于 25 km^2 或大于原监测点位平均覆盖面积的，可在新建或扩展区增设监测点位，再与现有监测点位共同组成城市环境空气质量监测网。3）按照现有城市监测网布设时的建成区面积计算，平均每个点位覆盖面积大于 25 km^2 的，可在原建成区及新、扩建成区增设监测点位。新增点位要结合现有监测网点一并进行技术论证。

点位变更时应就近移动点位，但点位移动的直线距离不应超过 1 000 m。变更点位应遵守下列具体要求：1）变更后的监测点与原监测点应位于同一类功能区；2）变更后的监测点位与原监测点位污染物平均浓度偏差应小于 15%。

第二章　环境空气质量标准修订

一、标准修订的必要性

我国《环境空气质量标准》自 1982 年首次制定并发布实施以来，较好地适应了当时社会经济发展水平及环境管理的需求，为引导大气污染治理和改善大气环境质量发挥了重要作用。但随着近年来我国社会经济高速发展，我国环境空气污染特征发生了新的变化，以煤炭为主的能源消耗大幅攀升，机动车保有量急剧增加，经济发达地区 NO_x 和 VOCs 排放量显著增长，在 PM_{10} 和总悬浮颗粒物（TSP）污染还未全面解决的情况下，O_3 和 $PM_{2.5}$ 污染加剧，灰霾现象频繁发生，能见度降低，重金属等有毒污染物污染事件发生频率较高，给人民群众生活质量和身心健康造成影响。

已有研究结果和监测数据表明，目前我国面临严峻的光化学污染和灰霾污染问题，从大的区域范围来看，已形成京津冀、长三角、珠三角和成渝地区 4 个明显的臭氧和灰霾复合型污染区，同时，由于中日韩东亚环境、全球气候变化等热点问题，环境空气质量问题已引起国内外的高度关注，原《环境空气质量标准》存在诸多局限，已不能完全适应新的社会经济发展和环境管理需求，部分污染物项目有待调整，限值有待修订，数据有效性规定有待收紧，部分监测分析方法也需更新。

二、环境空气质量标准发展的过程

1996 年以来，依据最新的科学研究成果，美国、欧盟、日本、英国、加拿大、印度、泰国等国家和地区均对本国的环境空气质量标准进行了不同程度的修订（见表 2.1），主要表现在进一步提高保护人体健康和生态环境的要求，普遍增加 $PM_{2.5}$ 和采用臭氧 8 h 浓度限值。由于 $PM_{2.5}$ 对人体健康的影响比 PM_{10} 更显著，发达国家制定 $PM_{2.5}$ 的环境空气质量标准已经成为一个趋势。1997 年 WHO 经过大量的研究明确规定了能够防护 1 h 内的急性暴露的臭氧 8 h 环境基准（100 μg/m^3），建议的过渡期目标值为 160 μg/m^3，取消了原来依据的 1 h 环境基准。随后，美国、欧盟等国家和组织也制定了日最大 8 h 浓度限值，此外，欧盟、英国、印度等国家和地区还增加了镉（Cd）等重金属污染物限值。

表 2.1　1996 年以来全球环境空气质量标准最新制修订情况

国家/地区/组织	时间	修订内容
WHO	1997 年	发布适用全球的《空气质量准则》（AQG），增加了 1,3-丁二烯等污染物
	2005 年	发布《AQG》全球升级版，修订了颗粒物（PM_{10} 和 $PM_{2.5}$）、O_3、NO_2 和 SO_2 基准值
美国	1997 年	发布 $PM_{2.5}$ 标准，日均质量浓度限值为 65 μg/m³，年均质量浓度限值为 15 μg/m³
	2006 年	修订 $PM_{2.5}$ 标准，日均质量浓度限值为 35 μg/m³；取消 PM_{10} 年均浓度限值
	2008 年	实施新 O_3 质量浓度限值 160 μg/m³；加严空气中 Pb 的浓度限值，连续 3 月滚动平均 0.15 μg/m³
	2010 年	增加 NO_2 日最大 1 h 质量浓度值 190 μg/m³
欧盟	1999 年	发布《环境空气中 SO_2、NO_2、NO_x、PM_{10} 和 Pb 的限值指令》，规定 SO_2 等 5 种污染物浓度限值
	2000 年	发布《环境空气中苯和 CO 限值指令》，规定环境空气中苯和 CO 的浓度限值
	2002 年	发布《环境空气中有关 O_3 的指令》，分别规定保护人体健康和植被的 O_3 的 2010 年目标值
	2004 年	发布《环境空气中砷、镉、汞、镍和多环芳烃指令》，规定了砷等污染物 2012 年目标质量浓度限值
	2008 年	发布《关于欧洲空气质量及更加清洁的空气指令》，规定 $PM_{2.5}$ 2010 年的目标质量浓度限值 25 μg/m³
日本	1997 年	增加了空气中苯、三氯乙烯、四氯乙烯的标准
	1999/2001/2009 年	分别增加了二噁英、二氯甲烷和 $PM_{2.5}$ 的标准
印度	2009 年	修订了 1986 年实施的空气质量标准，删除 TSP 污染物项目，增加了 $PM_{2.5}$、C_6H_6、B[a]P、As、Ni 污染物项目，加严了 SO_2、NO_2、PM_{10}、O_3 和 Pb 的浓度限值
澳大利亚	1998 年	调整了基于健康 CO、NO_2、O_3、SO_2、Pb 和 PM_{10} 的空气质量标准
	2003 年	把 $PM_{2.5}$ 纳入到环境空气质量标准中，日均和年均质量浓度限值分别为 25 μg/m³ 和 8 μg/m³
加拿大	1998 年	增加 $PM_{2.5}$ 浓度参考值
中国香港	2009 年	基于 WHO 最新空气质量准则提出了新修订环境空气质量标准草案，增加 $PM_{2.5}$ 的标准

（一）美国

1970 年美国国会通过《清洁空气法》（Clean Air Act）修正案后，美国国家环保局于 1971 年 4 月 30 日首次发布了《国家环境空气质量标准》（National Ambient Air Quality Standards，NAAQS）。经数次修订，美国联邦现行环境空气质量标准见表 2.2。根据《清洁空气法》，污染物的环境空气质量标准分为两级，一级标准（Primary standards）保护公众健康，包括保护哮喘患者、儿童和老人等敏感人群的健康；二级标准（Secondary standards）保护社会物质财富，包括对能见度以及动物、作物、植被和建筑物等的保护。

表 2.2 美国现行国家环境空气质量标准

污染物	标准分级	浓度水平	平均时间	达标要求
CO	一级标准	9 ppm	8 h	每年超标不得多于 1 次
		35 ppm	1 h	每年超标不得多于 1 次
Pb	一级标准/二级标准	0.15 μg/m^3	3 个月滚动平均	不得超标
NO_2	一级标准/二级标准	0.053 ppm	年平均	年平均
	一级标准	100 ppb	1 h	第 98 百分位，三年平均
PM_{10}	一级标准/二级标准	150 μg/m^3	24 h	三年平均，每年超标不得多于 1 次
$PM_{2.5}$	一级标准	12 μg/m^3	年平均	
	一级标准/二级标准	15 μg/m^3	年平均	年平均，三年平均
	一级标准/二级标准	35 μg/m^3	24 h	第 98 百分位，三年平均
O_3	一级标准/二级标准	0.075 ppm	8 h	第四高日最大 8 h 平均浓度，三年平均
SO_2	一级标准	75 ppb	1 h	日最大小时值的第 99 百分位，三年平均
	二级标准	0.5 ppm	3 h	每年超标不得多于 1 次

（二）世界卫生组织（WHO）

世界卫生组织欧洲事务办公室（WHO Regional Office for Europe）于 1987 年首次发布了《欧洲空气质量准则》（Air Quality Guidelines for the Europe），在专家对现有科学证据进行评估的基础上规定了多项污染物的准则值，并在 1997 年进行了更新。基于环境空气污染物健康影响研究的最新科学证据，WHO 于 2005 年发布了《空气质量准则　颗粒物、臭氧、二氧化氮和二氧化硫（2005 年全球更新版）》（Air Quality Guidelines—Particular matter，ozone，nitrogen dioxide and sulfur dioxide（Global update 2005）），修订了 4 种典型污染物的空气质量准则值，旨在为降低空气污染对健康的影响提供指导。空气质量准则值（Air Quality Guideline，AQG）是指低于此值的终生暴露或一定的平均时间内的暴露，不会造成明显的健康危害的浓度水平。准则值未考虑技术、经济、人文、政治等因素，只是为政府部门制定环境政策提供背景信息，如果短期内超出了准则值，并不意味着一定会出现负面影响，即使达到了准则值，也不一定就完全没有危害。

世界卫生组织在《欧洲空气质量准则》第二版完成后，又出版了大量关于空气污染对健康影响的科学文献，其中包括在一些空气污染极其严重的低、中收入国家进行的重要研究。WHO 对这些文献积累的科学证据进行了审视，并分析了这些证据对于空气质量准则制定的意义，对部分空气污染物的准则值和过渡期目标值作了修订，使之适用于 WHO 各个区域。为政策制定者提供信息，并为世界各地空气质量管理工作提供了多种适合当地目标和政策的选择，具体见表 2.3～表 2.6。需要指出的是，世界卫生组织在给出上述污染物准则值和过渡期目标值的同时，也强调准则值不是空气质量标准，各国的空气质量标准应依据各自权衡健康风险的方法、技术可行性来确定。

表 2.3 WHO 对于颗粒物的空气质量准则值和过渡时期目标：年均浓度[a]

	PM_{10}/（μg/m³）	$PM_{2.5}$/（μg/m³）	选择浓度的依据
过渡时期目标 1（IT-1）	70	35	相对于准则值水平而言，在这些水平的长期暴露会增加大约 15%的死亡风险
过渡时期目标 2（IT-2）	50	25	除了其他健康利益外，与 IT-1 相比，在这个水平的暴露会降低大约 6%（2%～11%）的死亡风险
过渡时期目标 3（IT-3）	30	15	除了其他健康利益外，与 IT-2 相比，在这个水平的暴露会降低大约 6%（2%～11%）的死亡风险
空气质量准则值（AQG）	20	10	对于 $PM_{2.5}$ 的长期暴露，这是一个最低水平，在这个水平，总死亡率、心脏疾病死亡率和肺癌的死亡率会增加（95%以上的可信度）

注：a 应优先选择 $PM_{2.5}$ 准则值。

表 2.4 WHO 对于颗粒物的空气质量准则值和过渡期目标：24 h 浓度[a]

	PM_{10}/（μg/m³）	$PM_{2.5}$/（μg/m³）	选择浓度的依据[b]
过渡时期目标 1（IT-1）	150	75	以已发表的多中心研究和 Meta 分析中得出的危险度系数为基础（超过准则值的短期暴露会增加 5%的死亡率）
过渡时期目标 2（IT-2）	100	50	以已发表的多中心研究和 Meta 分析中得出的危险度系数为基础（超过准则值的短期暴露会增加 2.5%的死亡率）
过渡时期目标 3（IT-3）	75	37.5	以已发表的多中心研究和 Meta 分析中得出的危险度系数为基础（超过准则值的短期暴露会增加 1.2%的死亡率）
空气质量准则值（AQG）	50	25	建立在 24 h 和年均暴露的基础上

注：a 第 99 百分位数（3 d/a）；
b 以卫生管理为目的。以年平均浓度准则值为基础；准确数的选择取决于当地日平均浓度频率分布；$PM_{2.5}$ 或 PM_{10} 日平均浓度的分布频率通常接近对数正态分布。

表 2.5 WHO 臭氧空气质量准则值和过渡期目标：8 h 平均浓度[a]

	每日最高 8 h 平均浓度/（μg/m³）	选择浓度的依据
高浓度	240	显著的健康危害；危害大部分的易感人群
过渡期目标 1（IT-1）	160	重要的健康危害；不能够充分地保护公众健康。暴露于该浓度臭氧与以下健康效应相关：在该浓度暴露 6.6 h，可导致进行运动的健康年轻人生理及炎症性肺功能损伤；可导致儿童的健康效应（基于儿童暴露于室外臭氧的各种夏令营研究）；估计的日死亡率增加为 3%～5%[a]（根据日时间序列研究）
空气质量准则值（AQG）	100	充分保护公众的健康，尽管在该浓度可能产生一些不利的健康影响。暴露于该浓度臭氧与以下健康效应相关：估计的日死亡率增加为 1%～2%[a]（根据日时间序列研究）。实验室和现场研究结果的推断是基于现实暴露是反复发生的这种可能性以及在实验舱研究中排除了高敏感或临床免疫力低下的个体和儿童。室外臭氧作为相关氧化性污染物的标志物的可能性

注：a 臭氧归因死亡人数。时间序列研究显示臭氧在估计的基线质量浓度 70 μg/m³ 以上时，8 h 平均质量浓度每增加 10 μg/m³ 日归因死亡率将增加 0.3%～0.5%。

表 2.6 WHO 二氧化硫空气质量准则值和过渡期目标：8 h 平均浓度 [a]

	24 h 平均浓度/（μg/m³）	10 min 平均浓度/（μg/m³）	选择该浓度基础
过渡时期目标 1（IT-1）[a]	125	—	—
过渡时期目标 2（IT-2）	50	—	对机动车辆排放、工业排放、发电站排放的控制可实现过渡时期目标。对某些发展中国家来说（几年内有望实现），这是合理可行的目标，它将使健康效应得到明显改善，而且还会促进将来进一步的改善（例如实现空气质量准则值）
空气质量准则（AQG）	20	500	—

注：a 先前的 WHO 空气质量标准（WHO，2000）。

三、标准修订的原则和思路

一般而言，随着空气中污染物浓度的增加，其对人体的健康危害效应也越大，两者之间的关系可如图 2.1 所示曲线表示。其中 S 型曲线是理想并且典型的污染物浓度-健康风险关系曲线，即在某个浓度值以下，健康风险很低，而一旦浓度值高于某一值，健康风险迅速增大，这个值可确定为阈值。如果存在一个健康效应的阈值，则可以选择它作为环境空气质量标准。但遗憾的是，现有研究尚未确定这一对健康不会产生有害效应的阈值，实际上常见的关系是另外两种曲线的关系。

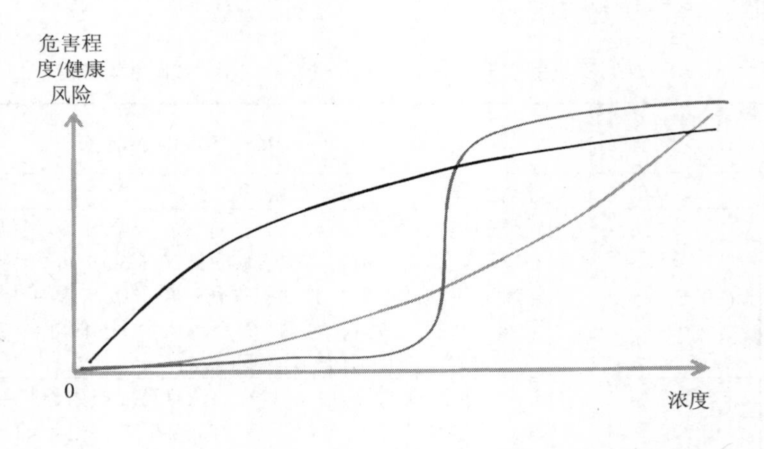

图 2.1 污染物浓度与健康风险的关系示意图

尽管健康效应的阈值无法给出，从健康风险的角度评价和度量空气质量的好坏，仍然被认为是直接而且有效的方法。环境空气质量标准的制定，有助于推导出在周围环境空气中监测到的污染物浓度和特定的健康效应（通常为死亡率）之间的定量关系。这些定量关系很有价值，可用于健康影响评价，了解在当前空气污染水平下的死亡率和发病率负担，以及预测在不同的空气污染降低的情况下可获得的健康改善程度。因而，尽管没有阈值存在，人们也愿意对一些常见污染物制定环境空气质量标准。理论上，环境空气质量标准是依据空气污染及其健康影响相关的大量科学证据制定的。虽然这些信息目前还存在缺陷和不确定性，但仍为推荐准则值提供了坚实的基础。

虽然空气污染物浓度和其对健康影响的关系是客观的，是建立在大量科学证据基础上的，但是选择什么样的健康效应点作为制定空气质量标准的依据，是各国标准制定人员需要从本国实际出发考虑的。新标准的修订是以最新的环境空气质量基准研究成果为科学基准，同时充分考虑我国复合型、压缩型环境空气污染特征和经济技术发展水平，并考虑国家环境空气质量阶段性管理目标和与现行环境空气质量相关法律、法规、规划、政策和标准相衔接，充分借鉴发达国家和地区环境空气质量管理的经验及环境空气质量标准，逐步缩小与发达国家和地区的差距。新标准的修订，要研究整合相关环境空气质量标准，根据我国环境管理需求，研究调整环境空气功能区分类方案；研究确定污染物项目，调整部分污染物限值，研究调整数据统计有效性规定，更新环境空气质量监测与分析方法标准，最终实现保护公众健康、生态环境和社会财富的目的。

WHO 在 2005 年的空气质量准则中明确指出：WHO 空气质量准则（AQGs）是为在世界范围内使用而制定的，但是需要采取支持性的行动以达到在不同环境下保护公众健康的空气质量要求。同时，随着与空气污染（即便是较低的浓度）相关的各种健康危害效应的科学证据的日益增多，研究已表明即使空气质量状态达到了 WHO 的准则值，也并不能完全保护人体健康不受污染物的影响。由 WHO 对于颗粒物制定的空气质量准则值和各过渡时期目标值可以看出，各目标值制定的依据就是健康风险点选择的不同：对于年均浓度目标值，制定过渡时期目标 1 的健康风险依据就是在目标 1 浓度水平上的长期暴露，比在空气质量准则水平上的长期暴露要增加 15%的死亡风险。相对照，在制定短期的 24 h 目标时，过渡时期目标 1 比 AQGs 的死亡风险仅增加 5%。

各国为保护公民健康都制定了空气质量标准，这些标准也是国家风险管理和环境政策的重要组成部分。各国制定的国家标准之间是有差异的，因为标准是根据所采用的权衡健康风险的方法、技术可行性、经济方面的考虑以及其他各种政治和社会因素等来制定的，而这些因素反过来又取决于国家的发展水平和空气质量管理能力。WHO 推荐的准则值承认这些差异的存在，而且认识到政府在制定政策目标时，应在充分考虑当地的情况后，再决定是否直接将准则值作为自己具有法律效力的标准。因而，各国制定的空气质量标准不是绝对的，而是相对的。以 $PM_{2.5}$ 年均值标准为例：理论上，标准的制定须根据 $PM_{2.5}$ 的浓度对人体健康的影响程度来确定，但由于各国的情况不同，采用的标准值也不同。WHO 在 2005 年的《空气质量准则》中，对 $PM_{2.5}$ 规定了 3 个过渡时期目标和 1 个空气质量准则值，对应的年均值分别为：35 $\mu g/m^3$、25 $\mu g/m^3$、15 $\mu g/m^3$ 和 10 $\mu g/m^3$。我国采用的标准与 WHO 的第一阶段目标相同，即 35 $\mu g/m^3$，欧盟的标准规定的年平均标准为 25 $\mu g/m^3$，美国的标准为 15 $\mu g/m^3$，但采用的是 3 年平均值，日本规定的年平均标准是 15 $\mu g/m^3$，目前还没有任何一个国家采用 WHO 准则值（表 2.7）。

表 2.7 WHO 制定的 $PM_{2.5}$ 年均值标准与各国对照

WHO 目标	过渡时期目标 1	过渡时期目标 2	过渡时期目标 3	空气质量准则值
$PM_{2.5}$ 质量浓度值/（$\mu g/m^3$）	35	25	15	10
采纳国家/地区	中国	欧盟	美国/日本	—

四、《环境空气质量标准》修订的主要内容

我国《环境空气质量标准》自 1982 年首次制定并发布实施，2012 年 2 月 29 日，新《环境空气质量标准》颁布，与原标准相比，在监测项目、浓度限值等方面有了一定的变化（见表 2.8～表 2.10）。新颁布的《环境空气质量标准》（GB 3095—2012）完善了污染物项目和监测规范，污染物项目分为基本项目和其他项目，基本项目包括：SO_2、NO_2、CO、O_3、PM_{10}、$PM_{2.5}$ 和 NO_x，其他项目包括：总悬浮颗粒物（TSP）、苯并[*a*]芘（B*a*P）、铅（Pb）、氟化物。与原行标准相比，新标准不仅在基本监测项目中增设 $PM_{2.5}$ 年均、日均浓度限值和臭氧 8 h 平均浓度限值，而且收紧了 PM_{10} 和 NO_2 浓度限值。同时，新标准还提高了数据统计有效性的要求，原标准中数据统计的有效性规定主要是针对手工监测要求制定的，较为宽松。随着我国环境空气质量自动监测能力的不断提高，数据统计的有效性要求在新标准中进一步收紧。此外，随着社会经济的发展和环境空气质量的改善，我国社会经济得到了长足发展，人民群众生活水平大幅度提升，对环境空气质量的要求不断提高，本次标准修订过程中，调整了环境空气质量功能区分类方案，将三类区并入二类区，环境空气功能区仅分为两类。与修订后的环境空气功能区分类相对应，将标准分为两级，一类区执行一级标准，二类区执行二级标准。一级标准保护自然生态环境及社会物质财富，二级标准保护公众健康，这与美国等发达国家和地区标准分级方式一致。

与其他国家相比，我国新修订后的 PM_{10} 二级标准 24 h 平均和年平均浓度限值在国际上都相对略宽，与 WHO 过渡期目标 1 一致，而一级标准则较严，与 WHO 的准则值或过渡期目标 2 或 3 一致。$PM_{2.5}$ 二级标准年平均浓度限值和 24 h 平均浓度限值与 WHO 过渡期目标 1 一致，$PM_{2.5}$ 一级标准年平均浓度限值与 WHO 过渡期目标 3、美国和日本一致，一级标准 24 h 平均浓度限值比 WHO 过渡期目标 3 的 24 h 平均浓度值略严，与美国和日本相同。SO_2 和 NO_2 的标准浓度限值在国际上处于较为严格的水平。标准修订后，我国臭氧一级标准 8 h 浓度限值与 WHO 的准则值相同，比美国、欧盟、英国等其他国家、地区的浓度限值严格，一级标准在国际上总体处于较为严格的水平。我国二级标准 8 h 浓度限值与 WHO 过渡期目标 1 相同。CO 无论 24 h 平均浓度限值还是 1 h 平均浓度限值，在国际上均比较严格。24 h 平均浓度限值是日本的 1/3，1 h 平均浓度限值比美国、欧盟、WHO 等国家、地区和组织的限值严格。

表 2.8　《环境空气质量标准》（GB 3095—1996）各项污染物浓度限值

污染物名称	取值时间	浓度限值			
		一级标准	二级标准	三级标准	浓度单位
二氧化硫（SO_2）	年平均	0.02	0.06	0.10	mg/m^3（标准状态）
	日平均	0.05	0.15	0.25	
	1 h 平均	0.15	0.50	0.70	
总悬浮颗粒物（TSP）	年平均	0.08	0.20	0.30	
	日平均	0.12	0.30	0.50	
可吸入颗粒物（PM_{10}）	年平均	0.04	0.10	0.15	
	日平均	0.05	0.15	0.25	
氮氧化物（NO_x）	年平均	0.05	0.05	0.10	
	日平均	0.10	0.10	0.15	
	1 h 平均	0.15	0.15	0.30	
二氧化氮（NO_2）	年平均	0.04	0.04	0.08	
	日平均	0.08	0.08	0.12	
	1 h 平均	0.12	0.12	0.24	
一氧化碳（CO）	日平均	4.00	4.00	6.00	
	1 h 平均	10.00	10.00	20.00	
臭氧（O_3）	1 h 平均	0.12	0.16	0.20	
铅（Pb）	季平均	1.50			$\mu g/m^3$（标准状态）
	年平均	1.00			
苯并[*a*]芘（B*a*P）	日平均	0.01			
氟化物（F）	日平均	7			
	1 h 平均	20 [a]			
	月平均	1.8		3.0	$\mu g/(dm^2 \cdot d)$
	植物生长季平均	1.2 [b]		2.0 [c]	

注：a. 适用于牧业区和以牧业为主的半农半牧区、蚕桑区；
b. 适用于城市地区；
c. 适用于农业和林业区。

表 2.9　《环境空气质量标准》（GB 3095—2012）基本污染物浓度限值

序号	污染物项目	平均时间	浓度限值		单位
			一级	二级	
1	二氧化硫（SO_2）	年平均	20	60	$\mu g/m^3$
		24 h 平均	50	150	
		1 h 平均	150	500	
2	二氧化氮（NO_2）	年平均	40	40	
		24 h 平均	80	80	
		1 h 平均	200	200	
3	一氧化碳（CO）	24 h 平均	4	4	mg/m^3
		1 h 平均	10	10	

序号	污染物项目	平均时间	浓度限值		单位
			一级	二级	
4	臭氧（O_3）	日最大 8 h 平均	100	160	μg/m^3
		1 h 平均	160	200	
5	颗粒物（粒径小于等于 10 μm）	年平均	40	70	
		24 h 平均	50	150	
6	颗粒物（粒径小于等于 2.5 μm）	年平均	15	35	
		24 h 平均	35	75	

表 2.10 《环境空气质量标准》（GB 3095—2012）其他污染物浓度限值

序号	污染物项目	平均时间	浓度限值		单位
			一级	二级	
1	总悬浮颗粒物（TSP）	年平均	80	200	μg/m^3
		24 h 平均	120	300	
2	氮氧化物（NO_x）	年平均	50	50	
		24 h 平均	100	100	
		1 h 平均	250	250	
3	铅（Pb）	年平均	0.5	0.5	
		季平均	1.0	1.0	
4	苯并[*a*]芘（B*a*P）	年平均	0.001	0.001	
		24 h 平均	0.002 5	0.002 5	

第三章　环境空气质量自动监测系统

一、环境空气自动监测系统的构成

环境空气自动监测系统是由监测子站、中心计算机室、质量保证实验室和系统支持实验室等四部分组成。

每个固定监测子站代表了一定的空间监测范围，负责对选定的监测项目进行采样和分析，分析结果按要求的格式存储在子站计算机中供中心站调用；在有条件配备车载活动子站的情况下，车载活动子站作为固定监测子站的补充，在需要进行短期连续监测，而固定监测子站空间范围不能覆盖的地方，需要通过车载活动子站对临时现场的监测项目进行采样和分析。

每个监测子站主要是由采集和分析大气样品的大气污染监测分析仪器（包括多支路管采样系统在内）、监测气象参数的气象传感器、用于校准和检查监测分析仪器的零气发生器和多种气体校准器、用于采集和存储监测结果的子站计算机及通讯设备组成。监测子站结构和仪器设备配置如图 3.1 所示。系统的运行方式采用集中分散控制方式，即每个监测子站可以独立获取数据，也可以通过通讯系统在中心计算机的控制下进行数据交换。

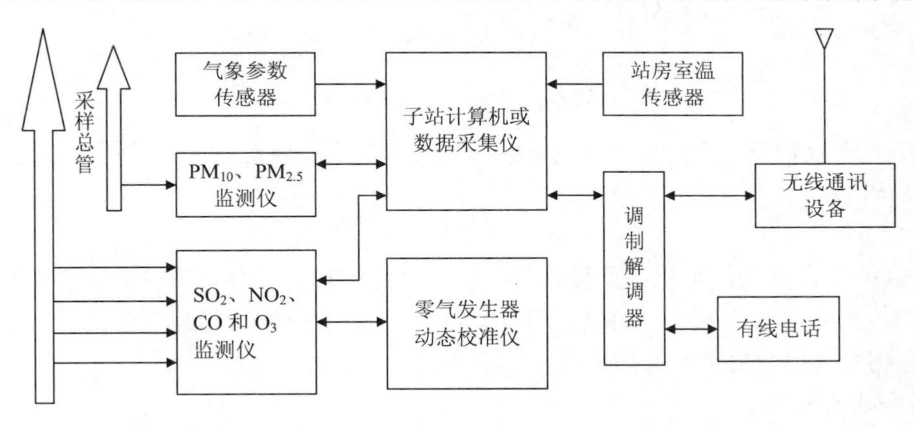

图 3.1　监测子站结构示意图

中心计算机室通过有线或无线通讯设备对各子站监测的结果进行收集，按要求对收集的监测结果进行统计处理，形成各种统计分析报告、报表及图形，通过通讯网络将统计分析结果传送到有关环保主管部门。

为保证系统获得准确可靠的监测结果，需建立质量保证实验室，用于监测设备的标定、校准和性能审核，以及有关监测质量控制措施的制定和落实等；为保证系统能正常运转，需建立系统支持实验室，用于系统仪器设备的日常保养、维护和维修。

二、自动监测项目的选取及方法介绍

在环境空气质量标准中涉及的常规环境空气质量监测项目有 10 种，其中基本项目 6 种，其他项目 4 种。10 种监测项目中除铅、苯并[*a*]芘 2 个项目外，其他项目均可以实现连续自动监测。《环境空气质量标准》（GB 3095—2012）中规定 SO_2、NO_2、CO、O_3、PM_{10} 和 $PM_{2.5}$ 等 6 个基本项目在全国范围内实施，《环境空气质量监测规范（试行）》中要求在进行环境空气质量监测时优先选择自动监测方法，因此在自动监测项目的选取上，一般至少应选择上述 6 个基本项目。

（一）紫外荧光法测定二氧化硫

目前广泛适用于环境空气中 SO_2 测定的自动监测方法是紫外荧光法，这种方法具有选择性好，无化学试剂消耗，灵敏度高，能够连续监测等特点。

1．方法原理

SO_2 在紫外区域有三个吸收带：340～390 nm，250～320 nm，190～230 nm。在波长 340～390 nm 范围，SO_2 分子对紫外线的吸收非常弱，测定不出荧光强度；在波长 250～320 nm 范围，吸收较强，但在此波长范围内，空气中的 N_2 和 O_2 引起淬灭的可能性很大，得不到足够大的荧光强度；在波长 190～230 nm 范围，SO_2 吸收最强，且空气的 N_2、O_2 等分子基本不引起淬灭，通常选用该紫外波长范围的紫外线激发 SO_2。

环境空气样气进入仪器反应室，SO_2 分子被波长 190～230 nm 的紫外光子撞击，样气中的 SO_2 分子对其产生强烈吸收，引起 SO_2 被激发为 SO_2^*。即

$$SO_2 + h\nu_{214\ \mathrm{nm}} \rightarrow SO_2^*$$

激发态的 SO_2^* 分子不稳定，瞬间返回基态，发射出波峰为 330 nm 的荧光，即

$$SO_2^* \rightarrow SO_2 + h\nu_{330\ \mathrm{nm}}$$

当 SO_2 浓度甚低，吸收光程很短时，发射的荧光强度和 SO_2 浓度成正比，用光电倍增管及电子测量系统测量荧光强度，并与标准气样发射的荧光强度比较，根据朗伯-比尔定律即可得知环境空气中 SO_2 的浓度。

2．干扰与排除

该方法测定 SO_2 的主要干扰物质为水分及芳烃类有机物，水分的影响一方面是由于 SO_2 可溶于水所造成的损失；另一方面是由于 SO_2 遇水产生荧光淬灭所造成的负误差。由于空气中存在 1%水分子时，可造成 SO_2 信号降低 20%，因此要消除这种影响，仪器要求有除湿装置。某些芳烃类化合物在 190～230 nm 紫外光的激发下也能发射荧光，造成正误差。对此可采用装有特殊吸附剂的切割器或采用装有只允许 SO_2 分子通过的反渗透膜代替过滤器，以排除某些芳烃类化合物对荧光测定的影响。

此外，实际自动监测过程中，环境温度、管路等也可能对测定造成一定的干扰，因此，

应严格控制站房内温度，控制范围为（25±5）℃，防止温度升高报警，造成仪器测定值的漂移；防止室内外空气温度的差异而导致采样总管内壁结露对监测物质吸附，需对采样总管和影响较大的管线外壁加装保温套或加热器，加热温度控制在30～50℃；防止采样管路、支管、内部气路对监测物质的吸附，需按时清洗管路，并按要求更换过滤膜。

（二）化学发光法测定氮氧化物

化学发光法氮氧化物分析仪是目前应用最为广泛的NO_x分析仪，目前很多国家和地区都把该方法作为标准方法，其特点是反应速度快、结构简单、测量精度与灵敏度高、线性范围宽且稳定可靠。

1．仪器原理

化学发光现象是指在化学反应中生成的激发态产物以光子形式释放能量的现象。NO与O_3在一定的温度和压力下发生化学反应，生成O_2和激发态的NO_2^*，激发态NO_2^*返回常态的NO_2时会产生波长带宽约600～3 000 nm的连续光谱，峰值波长1 200 nm的近红外荧光，荧光强度与NO的浓度呈正比，光电倍增管吸收光子产生光电流，光电流强度与NO浓度呈线性关系，通过光电强度可以判定NO浓度，发生的反应如下：

$$NO + O_3 \xrightarrow{p,t} NO_2^* + O_2$$

$$NO_2^* \rightarrow NO_2 + h\nu$$

发光强度除与NO浓度有关外，还与反应室的温度、压力、体积和气体流量比有关，因此为了得到稳定的发光强度，需要通过流量控制器控制反应室气体流量和压力，并采取恒温的方法。

样品气中的NO_2不能与O_3发生反应，所以在测量NO_x时需要将NO_2转换为NO。常用的转换方法是金属还原法，通常采用金属钼作为还原剂，具有较高的选择性和转化效率（我国要求转化效率应大于96%），反应温度为315℃左右，反应式为：

$$3NO_2 + Mo \rightarrow 3NO + MoO_3$$

经过钼炉转化后测得的NO_x浓度与不经钼炉测得的NO浓度之差即为NO_2浓度。

2．干扰与排除

在钼炉转化中，除NO_2以外的其他含氮物质也有可能发生副反应被转换为NO，包括NO_3、HNO_3、N_2O_5、PAN和多种含氮的有机物，所以测量的NO_x和NO_2比实际含量要稍高些。另外，样气中CO_2易转移激发态NO_2^*的能量，使发光消光，导致测量结果偏低，环境空气中CO_2浓度较为稳定，可忽略此影响。

（三）气体滤波相关红外吸收法测定一氧化碳

1．方法原理

CO分子对波长约4.7 μm的红外光具有选择性吸收，吸收程度遵从朗伯-比尔定律。当红外光经过以恒定转速旋转的气体滤波相关轮时，光束交替地通过充满CO的气室（参比室）和充满氮气的气室（测量室），使光束被调制成参比光束和测量光束。在参比光束通过期间，相关轮内的 CO 有效地吸收特定波长的全部红外光，使得此光束在样气室中不受 CO 影响，只被其他气体吸收，从样气室出来后，光束经过窄带滤光片照射在红外检测器上，红外检测器将光信号转化为参比电信号。在测量光束通过期间，相关轮内的氮气对光束无影响，此光束能连续地被样品室中的 CO 和其他气体吸收。由于其他气体对参比光束和测量光束的吸收能力相同，故可消除其他气体的干扰，根据参比电信号和测量电信号可得到 CO 浓度。

2．干扰及消除

零背景信号：CO 的零背景值是仪器在对零气进行采样时 CO 通道的信号读数。零背景信号主要是由于电路上的干扰所引起的。仪器先把 CO 零背景校准值存起来，以将其 CO 的读数调整到零。

温度修正：仪器因其内部温度的变化对子系统和输出信号带来的影响可以被测出来，所测出的数据即可作为对温度变化所带来影响进行补偿的依据，该补偿即可作为特殊应用，也可以在仪器工作在设计温度范围之外时应用。

压力修正：当反应室内的压力变化对输出信号造成影响时进行补偿。反应室压力变化对分析仪的子系统及输出信号所造成的影响可以被测出来，所测出的数据即可作为对反应室压力变化进行补偿的依据。

（四）紫外光度法测定臭氧

1．方法原理

当样品空气以恒定的流速通过除湿器和颗粒物过滤器进入仪器的气路系统时分成两路，一路为样品空气，一路通过选择性臭氧洗涤器成为零空气，样品空气和零空气在电磁阀的控制下交替进入样品吸收池（或分别进入样品吸收池和参比池），臭氧对 253.7 nm 波长的紫外光有特征吸收。设零空气通过吸收池时检测的光强度为 I_0，样品空气通过吸收池时检测的光强度为 I，则 I/I_0 为透光率。仪器的微处理系统根据朗伯-比尔定律公式（3-1），由透光率计算臭氧浓度。

$$\ln(I/I_0) = -a\rho d \tag{3-1}$$

式中：I/I_0——样品的透光率，即样品空气和零空气的光强度之比；

ρ——采样温度压力条件下臭氧的质量浓度，μg/m^3；

d——吸收池的光程，m；

a——臭氧在 253.7 nm 处的吸收系数，a=1.44×10^{-5} m^2/μg。

2．干扰及消除

一般环境空气中常见的质量浓度低于 0.2 mg/m^3 的污染物不会干扰 O_3 的测定。但当空气中 NO_2 和 SO_2 的质量浓度分别为 0.94 mg/m^3 和 1.3 mg/m^3 时，对 O_3 的测定分别产生约为 2 μg/m^3 和 8 μg/m^3 的正干扰。

空气中的颗粒物如果未被去除，可能会在采样管路中累积破坏 O_3，使得测定结果偏低，加颗粒物过滤器可去除。

样品空气在采样管线中停留期间，其中的 NO 和 O_3 会发生某种程度的反应。为校正采样管线中环境空气中 O_3 与 NO 反应的影响，采样管线入口环境 O_3 的浓度按公式（3-2）计算：

$$x = \frac{bx(O_3)}{[x(O_3) - x(NO)]\exp(bkt)} \tag{3-2}$$

式中：x——采样管线中臭氧的摩尔分数，μmol/mol；

t——氧气在采样管线中停留的时间，s；

k——25℃时 O_3 与 NO 反应的平衡常数，k=0.443×10^6 s^{-1}；

$x(O_3)$，$x(NO)$——样气在采样管线中停留 t s 后，测得的 O_3 和 NO 的摩尔分数，μmol/mol；

b——$x(O_3) - x(NO)$，$b \neq 0$。

其他一些化合物对紫外臭氧测定仪的干扰见表 3.1。

表 3.1　对紫外臭氧测定仪产生干扰的某些化合物及其响应值

干扰化合物	响应值（以%摩尔分数计）/（μmol/mol）
苯乙烯（styrene）	20
反式-甲基苯乙烯（Trans-β-methylstyrene）	＞100
苯甲醛（benzaldehyde）	5
邻-甲酚（*o*-cresol）	12
硝基甲酚（Nitrocresol）	100
甲苯（toluene）	10

注：下列化合物在空气中的摩尔分数达到 1 μmol/mol 时不会干扰臭氧的测定：过氧乙酰硝酸酯、丁二酮、过氧苯酰硝酸酯、硝酸甲酯、硝酸正丙酯、硝酸正丁酯、甲硫醇、硫酸甲酯和硫酸乙酯。甲苯在空气中的摩尔分数为 1 μmol/mol 时，在仪器上相当于臭氧的响应约为其摩尔分数的 10%。

（五）颗粒物自动监测方法

1．颗粒物切割器种类及原理

颗粒物自动监测仪的采样切割器主要分为两种，一种是冲击式切割器，一种是旋风式切割器，见图 3.2 和图 3.3。

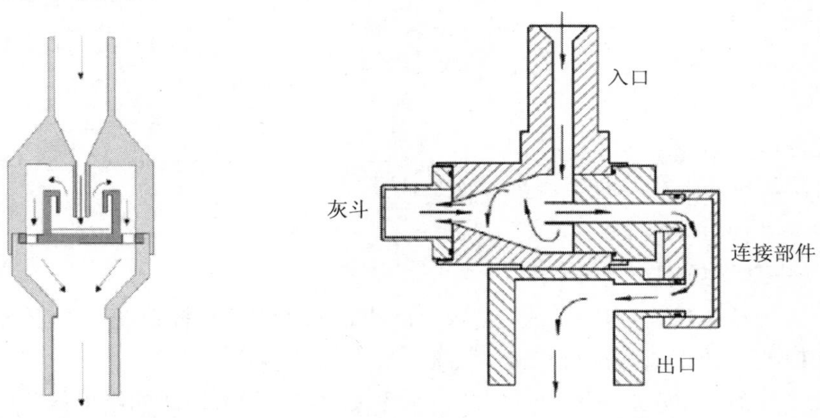

图 3.2　冲击式切割器原理图　　图 3.3　旋风式切割器原理图

2. 颗粒物自动监测方法

1）β射线衰减法。该方法利用颗粒物吸收β射线的特点，从强度恒定的β射线源在颗粒物采集前后两次β射线被吸收的变化量，来计算出颗粒物的质量浓度。采用微量 ^{14}C 作为高能电子发射源，β粒子计数器计量β粒子的量，β射线强度的衰减用来计算在过滤带上的颗粒物质量浓度，通过与参比滤膜的对比，进一步推算环境空气中颗粒物的含量。

$$I = I_0 \exp(-\mu M) \tag{3-3}$$

$$C = -\frac{S}{\mu V}\ln\left(\frac{I}{I_0}\right) \tag{3-4}$$

式中：I——通过沉积颗粒物（PM_{10}或$PM_{2.5}$）滤带的β射线量；

I_0——通过滤带的β射线量；

μ——质量吸收系数，$m^2/\mu g$；

M——单位面积颗粒物的质量，$\mu g/m^2$；

C——颗粒物（PM_{10}或$PM_{2.5}$）质量浓度，$\mu g/m^3$；

S——捕集面积，m^2；

V——捕集气流体积，m^3。

为防止样气中的水汽成分对测量结果造成影响，也为了防止采样管结露，应采用加热系统对采样管进行加热，对于 PM_{10} 采样管加热温度为 30～50℃，对于 $PM_{2.5}$ 采样管应安装动态加热系统（Dynamic Heat System，简称 DHS）。DHS 系统可根据环境空气湿度高低进行动态加热，当样气相对湿度超过湿度控制点时，仪器开启加热；相对湿度小于控制点时，仪器暂停加热，确保样气湿度始终维持在合适水平。

2）振荡天平法。该方法是在质量传感器内使用一个振荡空心锥形管，在锥形管振荡端安放可以更换的滤膜。来自切割器的气流通过振荡天平单元中的采样滤膜，空气中的颗粒物（PM_{10}或$PM_{2.5}$）沉积在滤膜上，从而导致滤膜质量发生变化，滤膜质量变化导致锥形元件振荡频率的变化，通过测量锥形元件振荡频率的变化计算出沉积在滤膜上颗粒物的质量，再根据采样流量、采样现场环境温度和气压计算出一定时段内的PM_{10}或$PM_{2.5}$的质量浓度。颗粒物质量与振荡频率之间的关系可由式（3-5）表示：

$$\mathrm{d}m = K_0\left[\left(\frac{1}{f_1^2}\right)-\left(\frac{1}{f_0^2}\right)\right] \tag{3-5}$$

式中：dm——变化的质量，μg；

K_0——弹性常数（包括质量变换因子）；

f_0——初始频率；

f_1——最终频率。

振荡天平法颗粒物（PM_{10}或$PM_{2.5}$）自动监测系统由采样系统、滤膜动态测量系统、采样泵和检测系统组成，采样口处配备温度、压力检测器。

为减少设备在滤膜加热除湿过程中由于挥发性物质损失造成的结果偏差，振荡天平法监测设备应安装滤膜动态测量系统（Filter Dynamic Measurement System，简称 FDMS）对测定结果进行校正。

膜动态测量系统的工作原理如下：

将测量过程分为两个阶段，第一阶段，环境空气通过进样管的加热干燥后进入监测仪，经过一段时间的连续采样后，空气中颗粒物沉积在质量传感器中的滤膜上，通过测定滤膜上的颗粒物的增重，计算出颗粒物的质量浓度。

第二阶段，环境空气进入仪器前，先经过膜动态测量系统中的冷凝器和过滤装置，空气中的颗粒物包括挥发性和半挥发性等组分（有机物和酸性成分等）被冷凝并被膜动态测量系统中的滤膜截留，然后进入监测仪器进行一段时间的连续采样。由于这段时间内的气体样品不含颗粒物，因此质量传感器中的滤膜不会增重，反而因滤膜上颗粒物中易挥发组分的持续挥发，而造成滤膜质量减轻，减轻的质量即为颗粒物中易挥发组分损失的质量。

假设在第一阶段和第二阶段内，微量振荡天平监测仪滤膜上损失的质量相等，将第一阶段测得的颗粒物质量浓度加上第二阶段测得的颗粒物中易挥发组分的损失量，即获得校正后的颗粒物质量浓度。

三、子站周围环境要求和采样点位置要求

（一）监测子站周围环境

环境空气质量监测点周围环境应符合下列要求：

1）监测点周围 50 m 范围内不应有污染源。

2）点式监测仪器采样口周围，监测光束附近或开放光程监测仪器发射光源到监测光束接收端之间不能有阻碍环境空气流通的高大建筑物、树木或其他障碍物。从采样口或监测光束到附近最高障碍物之间的水平距离，应为该障碍物与采样口或监测光束高度差的 2 倍以上。

3）采样口周围水平面应保证 270°以上的捕集空间，如果采样口一边靠近建筑物，采样口周围水平面应有 180°以上的自由空间，且采样口周边紧邻的建筑物不应位于该区域主导风向的上风向。

4）监测点周围环境状况相对稳定，安全和防火措施有保障。

5）监测点附近无强大的电磁干扰，周围有稳定可靠的电力供应，通信线路容易安装和检修。

6）监测点周围应有合适的车辆通道。

（二）采样口位置要求

见第一章三、监测点位周围环境要求（一）我国监测点位周围环境要求。

四、监测子站基本要求

对于监测点站房（子站房）建设和内部设计的具体要求如下：

1）子站房使用面积建议不少于 10 m^2。

2）站房为无窗或双层密封窗结构，进门有小隔间作为站房与大门之间的缓冲，用于保持站房内温度和湿度的恒定、阻挡灰尘和泥土带入站房，以及安全放置钢瓶气体。

3）在屋顶上建立站房时，站房重应满足屋顶承重要求，若站房重经正规建筑设计部门核实超过屋顶承重，则在建站房前应先对屋顶进行加固。

4）站房应建在周围有疏通雨水渠道，雨水不容易淹到站房门槛的地方。站房门槛应高于地面或屋顶 25 cm，防止下大暴雨时因雨水排泄不及漫淹站房。

5）在四周比较开阔的站房顶上，设置用于固定气象传感器的气象杆或气象塔时，气象杆、塔与站房顶的垂直高度不能小于 2 m，并且气象杆、塔和子站房的建筑结构应能经受 10 级以上的风力（南方沿海地区应能经受 12 级以上的风力）。

6）多支路管采样系统抽气风机排气口和监测仪器排气口的位置，应设置在靠近站房下部位置的墙壁上，排气口与站房内地面的距离为 20～30 cm。

7）站房除采取防雨、防虫、防尘和防渗漏措施外，还应采取防雷电和防电磁波干扰的措施。要求气象杆、塔和站房安装可靠的避雷设施，并且要有良好的接地线路，接地电阻 4 Ω。

8）为使监测仪器在正常环境条件下工作，获取准确可靠的监测结果，站房内应安装空调机和除湿设备，在寒冷的地方还应加装暖气设备，使站房温度能控制在（25±5）℃，相对湿度控制在 80%以下为宜。

9）为防止电噪声的相互干扰，站房采用 30～40A 三相供电分相使用。站房监测仪器供应独立走线，选用 220V、15A 的仪器设备电源插座。为方便在站房顶安装、维修和架设仪器，站房顶应设置两组防水电源插座和一盏照明灯具。

10）为保证站房内仪器设备能安全可靠运行，要求子站电源电压波动不能大于±10%。站房供电系统应配有电源过压、过载和漏电保护装置，还应配备站房温度检测装置。为了便于查找事故原因，温度检测装置必须有 1 路模拟信号或数字信号输到子站计算机，用于记录站房环境温度状态。当站房温度超过警戒值时，温度检测装置还能向电源保护装置发出信号立即自动切断站房内所有电源，防止事故蔓延引起仪器设备毁坏或火灾。

11）若采用开放光程分析仪进行空气质量监测，该仪器发射光源和监测光束接收端应固定安装在站房外的基座上。为避免金属构件热胀冷缩引起监测光束偏移，要求基座不能建在金属构件上，应建在受环境变化影响不大的建筑物主承重混凝土结构上。要求基座不能采用金属结构，应采用实心砖平台结构（不能用轻质水泥空心砖）或混凝土水泥桩结构，建议离地高度为 0.6～1.2 m，长度和宽度尺寸应按发射光源和接收端底座四个边缘多加 15 cm 计算。

12）为了避免振动引起监测光束偏移，要求用于固定发射和接收端的基座位置，应远离振动源。并且为保证安全作业，基座应设置在便于安全操作的地方。

五、多支路集中采样系统技术要求

在使用多台点式监测仪器的监测子站中，除颗粒物（PM_{10} 和 $PM_{2.5}$）监测仪器单独采样外，其他多台仪器可共用一套多支路集中采样系统进行样品采集。在该采样系统中，抽气风机作为抽取空间气体样品的动力，使采集的气体样品由采样头进入总管，通过总管上的支路接口与各分析仪器采样管线连接，将气体样品传送到各分析仪器进行监测分析。多支路集中采样系统有两种组成形式：垂直层流式多路支管系统（图 3.4）和竹节式多路支管系统（图 3.5）。

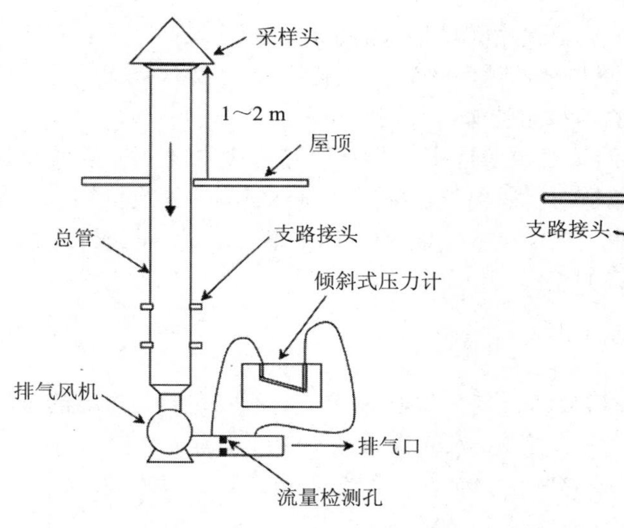

图 3.4　垂直层流多支管系统总管

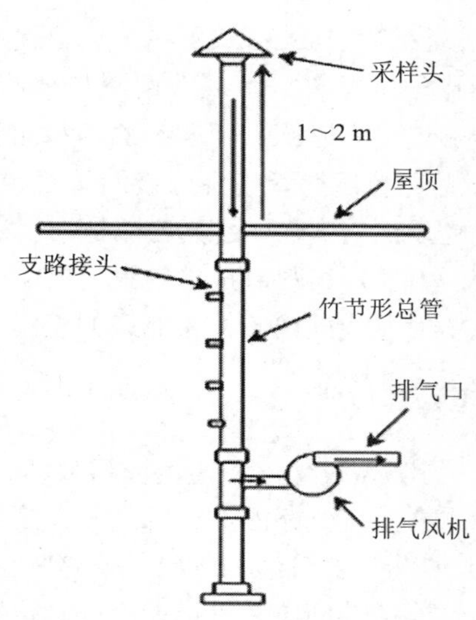

图 3.5　竹节式多支管系统总管

（一）采样头

采样头设置在总管户外的采样气体入口端，防止雨水和粗大的颗粒物落入总管，同时采样头还能阻止鸟类、小动物和大型昆虫进入总管。要求以采样头不受风向影响，采样气流稳定进入总管为原则。为了方便清洁总管，采样头应便于拆卸和安装。

（二）总管设计

1. 垂直层流多支管系统总管

为保证采样总管内气流保持层流状态，总管内径选择在 5～15 cm 之间，以 15 cm 为宜，总管内抽气流量以 150 L/min 为宜。在保证管内气流为层流状态的前提下，总管进口至抽气风机出口之间的压降要小，以保证采集气体样品的压力接近大气压。总管应设计成便于清洗、拆卸和安装的结构，总管内壁加工应光滑，支管接头可设置在总管任何部位，但一定要将它置于采样总管的层流区域内，各支管接头之间应保持 8 cm 以上的距离。

2. 竹节式多支管系统总管

在该采样系统中，由于总管内有 T 形管存在，管内采样气流要通过急弯，使总管内气流很难达到垂直层流状态，因此该类型采样总管应设计成不起化学反应，且能经常清洗和方便组合的竹节结构。在总管排气端口连接小型风机用于抽取空气样品，小型风机为总管提供 85～140 L/min 的空气流量，这样使总管内径为 1.5～6 cm 时，采样气体在总管内的滞留时间降至 10 s 以下，避免了待测组分气体（特别是 O_3）的损失，同时确保了各监测仪器均有适量的气流通过，使仪器处于正常的工作状态。总管内壁加工应光滑，各支管接头之间应保持 8 cm 以上的距离。

（三）制作材料

在多支管采样系统设计中，无论使用哪种形式的采样系统，采样头、总管和支管接头等的制作加工材料，都应选用不与被监测污染物发生化学反应和不释放有干扰物质的材料。一般选用不锈钢、聚四氟乙烯和硼硅酸盐玻璃等作为加工材料。

监测仪器与支管接头连接的管线也应选用不与被监测污染物发生化学反应和不释放有干扰物质的材料，聚四氟乙烯是唯一适用于各种污染项目监测的管线材料，O_3 监测只能选用聚四氟乙烯材料制成的管线，SO_2 和 NO_2 监测可选用聚乙烯材料制成的管线，CO 监测可选用尼龙或硅橡胶材料制成的管线。

（四）其他要求

1）为防止灰尘落入监测分析仪器，延长仪器保养周期，应在监测仪器的采样入口与多支管采样系统气路的结合部之间，安装 5 μm 聚四氟乙烯过滤膜。

2）监测仪器管线与支管接头连接时，为防止结露水流和管壁气流波动的影响，应将管与支管连接端伸向总管接近中心的位置，然后再做固定。

3）在使用空调机的监测子站房内，室内外温差较大会引起采样管路冷凝结露。为防止管线结露，监测仪器与支管接头连接的管线长度不能超过 3 m，总管与仪器连接的管线应远离空调机安装，必要时应对采样总管和影响较大的管线外壁加装保温套或加热器，加热温度一般控制在 30～50℃。

4）单台仪器单独采样时，可以不使用多支管采样系统而直接用管线采样，但是采样管线应选用不与被监测污染物发生化学反应和不释放有干扰物质的材料。

5）单台仪器单独采样时，以采样气体滞留采样管线不超过 20 s 为原则，适当选择采样管线长度，同时也应采取防止雨水、大颗粒物落入和冷凝结露的措施。

6）在监测子站中，颗粒物（PM_{10} 和 $PM_{2.5}$）单独进行采样监测，采样管应垂直安装，同样也应采取缩短管线长度和防止冷凝结露的措施，必要时应对管线外壁加装保温套或加热器，加热温度一般控制在 30～50℃，为防止加热造成颗粒物中挥发性组分的损失，建议安装动态加热系统（DHS）。

六、中心计算机室技术要求

对中心计算机室的建设和内部设计具体要求如下：

1）中心站应建有计算机房，机房的大小应能保证日常工作的正常开展。建议计算机房使用面积不少于 25 m^2。

2）机房内应保持温度和湿度的恒定、防止灰尘和泥土带入机房。应采用密封窗结构，建议进门有小隔间作为机房与进门之间的缓冲，用于开门时保持机房内温度和湿度的恒定，阻挡灰尘和泥土带入机房。

3）为使机房的设备在正常环境条件下工作，顺利完成中心站数据处理和分析，机房内应安装空调机和除湿设备，在寒冷的地方还应加装暖气设备，使站房温度能控制在（25±5）℃，相对湿度控制在 80%以下。

4）在门窗密闭的情况下，为保持机房工作环境空气清新，建议机房安装换气扇。

5）机房采用 220V、30A 供电，要求电源电压波动不能大于±10%。机房供电系统应配有电源过压、过载和漏电保护装置，机房要有良好的接地线路，接地电阻＜4 Ω。

6）为避免突然停电造成计算机数据丢失，要求按计算机设备使用情况，配备 UPS 后备电源。

7）为保证中心站与子站之间通讯畅通，应架设专用通讯线路，有条件的地方建议至少架设两条以上的程控电话线路。

8）若采用无线通讯应使机房的位置尽量靠近天线，为减小传输信号的损失，天线馈线应尽量缩短。

七、质量保证实验室技术要求

质量保证实验室的建设和要求具体如下：

1）质量保证实验室的大小应能保证日常工作的正常开展。建议质量保证实验室使用面积不少于 25 m^2。

2）实验室采用密封窗结构，进门有小隔间作为实验室与进门之间的缓冲，用于开门时保持实验室内温度和湿度的恒定、阻挡灰尘和泥土带入机房。

3）实验室内应安装空调机和除湿设备，在寒冷的地方还应加装暖气设备，使实验室温度能控制在（25±5）℃，相对湿度控制在 80%以下。

4）实验室采用 220V、30A 供电，要求电源电压波动不能大于±10%。实验室供电系统配有电源过压、过载和漏电保护装置，要有良好的接地线路，接地电阻＜4 Ω。

5）为防止有害气体对实验室工作人员健康影响，实验室应配置良好的通风设备，保持室内空气畅通。同时在操作有害气体的位置，应设置通风橱或柜和仪器废气排出口，便于有害气体及时排出。

6）应设置标气钢瓶放置间或柜，用于安全放置标准传递用标气钢瓶。在没有条件设置标气钢瓶放置间或柜的地方，应在固定位置放置标气钢瓶并固定。

7）应配置冷冻柜，用于存放标准传递用渗透管。

8）应配置用于清洗器皿和物品的清洗池，清洗池安装位置应远离干燥操作的工作台。

9）质量保证用精密天平最好放置在独立的天平间中，天平间应恒温恒湿和采取防振措施。

10）实验室应配置一定数量的实验台和存储柜。建议每个分析人员在实验台的工作范围不能少于 1.8 m，实验台应有充足的采光。

八、系统支持实验室技术要求

系统支持实验室的具体要求如下：

1）系统支持实验室建筑面积建议为：维修间，不少于 25 m^2；仪器设备仓库，不少于 25 m^2；运行考核间，不少于 15 m^2。

2）维修间与仪器设备仓库和运行考核间既互相独立，又紧密相连，便于维修、考核和存储仪器设备。

3）金属部件加工和维修与电器维修必须互相独立，一般情况下采取分台操作，在有条件的地方还应考虑单独设置金属件维修/加工间。

4）为保证维修的仪器设备在正常环境条件下工作，维修间和运行考核间内应安装空调机和除湿设备，在寒冷的地方还应加装暖气设备，使维修间和运行考核间温度能控制在（25±5）℃，相对湿度控制在 80%以下。

5）仪器设备仓库应为无窗或双层密封有色玻璃窗结构，以便阻挡灰尘、雨水进入仓库和防止阳光直接照射存放的仪器及物品。仓库还应安装一定数量的换气扇，保持库房内空气清新，防止物品霉变。

6）维修间和运行考核间应采用 220V、40A 供电，要求电源电压波动不能大于±10%。供电系统应配有电源过压、过载和漏电保护装置，要有良好的接地线路，接地电阻＜4 Ω。

7）仪器设备维修间应采取宽面维修台以便放置仪器和工具，维修台总面积不能少于 3 m^2，并且还应配备一定数量用于存放维修零件、工具和仪器的贮存柜。

九、监测仪器设备配置和技术要求

（一）仪器设备选型一般原则

1）选购的仪器设备能完成系统设计中要求的所有监测项目，分析方法、测量范围和各项技术指标应符合国家颁布的技术标准或达到规范的要求。

2）能长期无人值守连续自动运行，得到的数据应具有较高的准确性和可比性。

3）长期运行安全可靠，故障率低。

4）结构牢固可靠，便于搬运和安装。

5）应考虑仪器结构系列化和标准化，仪器设备应便于保养维护、故障诊断和零部件更换及维修。

6）仪器设备厂家应有良好的售后服务，能及时为用户提供备品备件、易损易耗件和技术支持。

（二）监测仪器的种类和分析方法要求

应配备的环境空气自动监测仪器种类及所采用的分析方法见表 3.2。

表 3.2　监测仪器推荐选择的分析方法

监测项目	点式监测仪器	开放光程监测仪器
NO_2	化学发光法	差分吸收光谱分析法（DOAS）
SO_2	紫外荧光法	差分吸收光谱分析法（DOAS）
O_3	紫外光度法	差分吸收光谱分析法（DOAS）
CO	气体滤光相关红外吸收法、非分散红外吸收法	—
PM_{10}	微量振荡天平法（TEOM）、β射线法	—
$PM_{2.5}$	微量振荡天平法（TEOM）、β射线法	—
气象参数	应配备气象五参数分析仪	
校准设备	应配备零气发生器、动态校准仪、标准气体等	

（三）中心计算机室设备配置和软件配置

中心站是整个系统的心脏部分，它是所有监测数据采集、存储、处理、输出和控制系统运行及科研运算的中心。整个系统的可靠性及效能的高低，中心站是关键。为确保数据收集、处理和系统管理的可靠，为能进行更多的科研运算，中心站硬件配置和要求如下：

1）采用至少 2 台能满足中心站监测系统软件工作要求的计算机，来完成系统的运算、控制和管理。其中一台作为主机，与系统各子站联系进行数据采集和存储，对监测数据进行数据库管理，对各子站进行信息交换和监控，另一台作为辅机，当主机发生故障时代替主机运行，平时用于对监测结果的分析和处理，进行报告、报表和图形的编辑及打印输出，进行与系统有关的网络通讯和数据交换。

2）配置有打印机，UPS（不间断电源）等。

3）应配置有线或无线通讯线路，传播速率在 2 400 bit/s 以上，误码率为 10^{-6} 以下。

中心站软件配置要求如下：

1）具有数据收集功能，能定时或随时收集各子站计算机采集的监测数据及校准结果。

2）定时或随时收集子站仪器的工作状态。

3）能够定时或随时控制子站仪器进行校零校标等质控工作。

4）具有数据处理功能，能对各时段的监测数据、校准数据和气象参数进行统计处理和异常值判断处理，并能对异常数据、校准数据等进行标记。

5）具有数据存储和报表输出功能，能够存储历史数据，并能生成各种时间尺度的统计报表，例如小时报告、日报告、月报告、季报告、年报告以及各种图形报告。

6）对于存储的监测数据和统计报表能够自动存储为通用格式的数据文件。

（四）质量保证实验室配置要求

质量保证实验室应配备以下设备，对各种监测仪器设备进行校准和标准传递。

1）各种流量标准传递设备，用于校准本系统中所有监测仪器和校准仪器的流量。

2）经过国家认证的各种基准标准气体或渗透管，用于标定或传递监测仪器和各种工作标准气体。

3）质量保证专用仪器，用来传递基准标准至工作标准或校验工作标准。

4）便携式审核校准仪器，用于各子站的现场定期审核和校准。

5）质量保证实验室配置基本设备推荐清单见表 3.3。

表 3.3 质量保证实验室基本设备推荐清单

编号	仪器名称	技术要求	数量	用途
1	与子站监测项目相同的监测分析仪器	与子站监测分析仪器的技术性能指标相同	1 套	标准传递 性能审核
2	基准标准气体和渗透管	由中国环境监测总站或国家计量部门认可	1 套	标准传递
3	多气体动态校准仪（包括零气发生器）	流量准确度±2%以内	1 套	标准传递
4	分析天平	称重量 100～200 g 精密度±0.05 g 最小可读刻度 0.1 mg	1 台	渗透管标准称重
5	标定用流量计	0～500 mL/min　1 级	1 套	流量传递
6	标定用流量计	1～20 L/min　1 级	1 套	流量传递
7	高精度秒表	误差 0.01 s	1 个	流量传递
8	质量流量计或干式电子皂膜流量计（选购）	准确度±2%以内	1 套	现场流量校准
9	标准温度计	测量范围 0～60℃ 分辨率达到±0.1℃ 可溯源到国家标准	1 套	渗透管恒温装置温度传递、流量传递等
10	恒温水浴	水温 0～60°C 范围 控温精度±0.1℃	1 套	渗透管恒温装置温度传递
11	精密电阻箱	阻值在 0.1～99，999 kΩ 最小变化阻值为 0.1 Ω	1 台	渗透管恒温装置温度传递
12	压力表	1 级，可溯源到国家标准	1 个	气路检查
13	真空表	1 级，可溯源到国家标准	1 个	气路检查

（五）系统支持实验室配置要求

系统支持实验室应配备通用及专用测试、调整和维修用电子仪器和工具（如双踪示波器、数字万用表、数字频率计、逻辑测试笔和维修用稳压电源等），用于系统各种仪器设备的日常维护、定期检查和故障排除等工作。系统支持实验室还应配备一定数量的备用监测分析仪器设备，用于及时排除故障和预防性检修。备用仪器的数量一般不少于监测分析仪器总数的 1/4。

十、自动监测系统的安装与验收

（一）安装调试

1）按仪器设备说明书的要求进行仪器设备安装。仪器设备安装完毕后，应首先检查供电系统是否正常和仪器设备安装是否正确，在检查无误的情况下进行通电试验和仪器设备预热，并对安装过程和出现问题做记录。

2）在通电试验和仪器设备预热无误的情况下，按说明书要求进行仪器设备初始化设置。

3）在设置无误的情况下进行单机测试，单机测试主要是检查以下性能指标是否符合规范或技术合同的要求，并对单机测试过程和出现的问题做记录。检查主要内容包括：进行一次仪器流量测定和气路检查、用万用表检查仪器模拟输出电压和I/O接口电平、通标气进行监测仪器设备量程零/跨调试、零漂检查、多点校准和响应时间检查。

4）在单机测试通过的情况下进行联机调试，联机调试主要进行数据传输和中心站控制调试，检验软件性能指标是否达到规范或技术合同要求，并且对调试过程和出现情况做记录。

（二）运行考核

1）安装调试完毕后，仪器设备连续运行至少60 d以上，考核仪器设备运行、数据传输和中心站控制是否正常，性能指标是否达到设计和选型（或技术说明书）要求，并对运行考核情况做记录。

2）在运行考核期间，必须每天做一次零点检查和零漂记录，7 d做一次跨漂检查和跨漂记录，在运行考核结束时做一次多点校准。

3）在运行考核结束时，系统有效数据获取率不能小于90%，获取率按下式计算：

$$\text{有效数据获取率}=(\text{有效运行时数}\div\text{运行考核总时数})\times 100\% \tag{3-6}$$

$$\text{有效运行时数}=\text{运行考核总时数}-\text{无效数据时数} \tag{3-7}$$

在式（3-6）和式（3-7）中有效运行时数为系统所有仪器设备运行有效时数总和，运行考核总时数和无效数据时数不包括仪器设备预热、停电、通标气零/跨检查、校准和公共通讯线路故障等引起的无效数据时数。

（三）系统验收

经过60 d运行考核后若系统运行正常，应及时对有关技术资料、说明书手册、安装调试和运行考核原始数据以及现场记录进行收集、整理和存档，编写验收报告。验收报告包括以下内容：

1）子站设置情况（包括子站位置、采样高度、子站周围情况和执行规范情况说明）。

2）仪器设备选型报告或选型说明。

3）系统仪器设备开箱检验情况（包括合同仪器设备清单、到货装箱清单和开箱检验清单）。

4）仪器设备安装调试情况（包括合同确定的技术性能指标、仪器设备通电试验结果、单机测试结果和现场记录、联机调试结果和现场记录）。

5）子站仪器设备运行考核情况（包括运行考核结果、运行考核期间仪器设备通标气检查和校准现场记录）。

6）子站和中心站计算机软件运行情况（包括合同要求提供的软件功能、软件测试和运行结果及记录）。

7）子站与中心站的数据传输情况。

8）系统仪器设备故障情况和故障次数统计。

9）有效数据获取率。

在上述工作基础上，召开系统验收会议，组织专家对自动监测系统进行验收。系统在验收后方可正式投入运行。

十一、系统的维护与管理

（一）监测子站的日常维护

1）经常检查子站接地线路是否可靠，排风排气装置工作是否正常，标准气钢瓶不用时阀门是否关闭，钢瓶固定是否牢靠。

2）经常注意子站房周围环境的变化情况，特别是发现对大气监测有影响的临时建筑物出现时，应立即找有关部门协调处理。

3）对子站房周围的杂草和积水应及时清除，当周围树木生长达到规范规定的控制限时，对采样或监测光束有影响的树枝应及时进行剪除。

4）在经常出现强风暴雨的地区，应经常检查避雷设施是否可靠，子站房屋是否有漏雨现象，气象杆和天线是否被刮坏，站房外围的其他设施是否有损坏或被水淹，如遇到以上问题应及时处理，保证系统能安全运行。

5）在冬季比较寒冷的地区应加强站房排气口和仪器排气口的检查，防止结冰造成排气口堵塞。

6）在夏季温度较高的季节应注意子站房室内外温差，若温差较大使采样系统出现冷凝水，应及时提高站房温度或对采样系统采取适当的加热措施。

7）为防止尘土阻塞空调机过滤网影响冷气流通，应对子站房空调过滤网每月至少清洗1次。若子站房有两台空调机，应经常轮换使用，每台空调机轮换使用期限应为每次两个月。

（二）中心计算机室日常检查

对中心计算机室应每日进行检查，检查工作主要包括：

1）检查中心计算机室与各子站的数据传输情况是否正常。

2）对于开放光程监测仪器的系统，每天应至少检查1次各子站发射光源的亮度情况，若发现光源亮度明显偏低，应立即查明原因并及时排除故障。

3）如系统具有远程诊断功能时，应远程检查各子站仪器的运行状况是否异常。

4）检查每日监测数据存储情况，每季度对监测数据备份1次。

（三）质量保证实验室日常检查

质量保证实验室日常检查内容包括：

1）质量保证实验室环境条件的检查。

2）校准仪器设备工作状态的检查。

3）标准物质有效期的检查。

4）监测仪器计量检定证书、校准报告和证书、下次校准计划、下次检定计划的整理和检查。

5）空调、稳压电源等辅助设备的运行状态检查。

（四）系统支持实验室日常检查

系统支持实验室日常检查的内容包括：

1）系统支持实验室环境条件的检查。

2）监测仪器设备定期维护保养、检修记录和计划的整理和检查。

3）备用监测仪器的工作状态检查。

4）维修用仪器和设备工具的检查。

5）空调、稳压电源等辅助设备的运行状态检查。

（五）仪器设备的日常维护

仪器设备的日常维护主要包括：

1）对于垂直层流多路支管采样系统每年至少清洗 1 次，竹节式多路支管采样系统每半年至少清洗 1 次。每次清洗都应把采样系统拆开进行清洗，要求从采样头到管内不容许积存可见污染物，若可见污染物用干燥织物类清洁工具不能清除，可用肥皂水清洗。污染物清洗干净后，应用清水把肥皂水残留物清洗干净，然后把采样系统各部件的水分去除干净后，才能将采样系统重新组合。

2）每次多路支管采样系统清洗完后，都应做检漏测试，确保多路支管采样系统工作正常。多路支管采样系统检漏测试方法为：将总管上的一个支路接头接上真空表或流体压力计，而将其他支路接头和采样口封死，然后抽真空至大约 1.25 cm 水柱，将抽气口也封死，使整个采样系统不与外界相通，15 min 内真空度不应有变化。若多路支管采样系统总管内的真空度≤0.64 cm 水柱，将有助于预防漏气。

3）对从总管到监测仪器采样口之间的气路管线每年至少清洗 1 次，每次清洗应采取高压气体吹洗的方式，若可见污染物用吹洗不能清除，可用肥皂水清洗。污染物清洗干净后，应用清水把肥皂水残留物清洗干净，然后把水分去除干净后，才能重新使用气路管线。

4）每周对监测仪器的采样入口与采样支路管线结合部之间安装的过滤膜至少检查 1 次，若发现过滤膜明显污染应及时更换。

5）对监测仪器设备中的过滤装置，按仪器设备使用手册规定的更换和清洗周期定期进行更换和清洗。

6）使用开放光程分析仪的系统，应每半年对发射/接收端的前窗玻璃窗镜至少进行 1 次清洁。清洁时不能用比较硬的织物进行，应用镜头纸或柔软的织物擦除镜头表面的脏物。若脏物擦除不掉，可用少许酒精进行擦洗，擦洗时注意不要损坏镜头表面的镀膜。

7）在冬季比较寒冷的地区使用开放光程分析仪时，为防止发射光源和接收端的光学部件受冷冻影响正常工作，应在关键部位安装加热装置进行保温。

8）子站计算机如果使用硬盘存储监测结果，维护人员下子站时应经常检查硬盘存储空间，若发现硬盘存储空间已接近占满，应立即更换硬盘或对硬盘内容进行清理。

9）为防止计算机病毒感染计算机软件，造成监测数据丢失和对存储资料的损坏，除计算机必须安装防病毒软件外，还应按公安部门的有关要求及时更换防病毒软件。

（六）系统检修

1．预防性检修

为使系统能长期连续可靠运行和维持较高的数据获取率，除要求仪器设备选型合理，按要求坚持正常维护，遇到故障能迅速排除外，还应加强系统的预防性检修，通过预防性检修可以减少仪器设备发生故障的频次，延长其使用寿命。预防性检修是在规定的时间对系统正在运行的仪器设备进行预防故障发生的检修。进行预防性检修时，最好在有一定数量备份机的保障下，由备份机将子站正在运行的监测分析仪器设备替换下来，送往实验室进行检修。预防检修有以下要求：

1）对通讯系统每年应至少进行 1 次信道误码率的测试，如果误码率达不到 10^{-5} 以下应查明原因及时排除。误码率测试可以用专门的误码率测试仪进行，也可以用中心站计算机和子站计算机互相发送 10 万个数码，对方接收后与原约定数码对证判断。

2）各地应根据自己系统仪器设备的配置情况、仪器设备引进的时间和维修经验等制订出符合实际情况的预防性检修计划，并使该计划得到落实。在具备预防性检修能力的地方，每年至少进行 1 次预防性检修。

3）对于配置点式监测分析仪器的系统，每次预防性检修都应按厂家提供的质保手册和维修手册规定的要求，对仪器电路各测试点的电压、电流和波形进行测试，对气路检漏和流量检查，对光学部件和光路进行检查，对计算机各项控制功能、通讯工作状态、键入和显示、A/D 和 D/A 转换精度及线性度等进行性能指标检查。在检查中发现问题应及时排除，同时还应对老化部件进行更换，对光路、气路、电路板和各种接头及插座等进行清洁处理。

4）对于配置开放光程分析仪的系统，每 2 周应通过计算机对仪器运行状况检查菜单至少调取 1 次，查看仪器运行是否正常。对发射光源（氙灯）每半年应更换 1 次，对仪器全面维修每年至少应进行 1 次。在全面检修期间，按厂家提供的质保手册和维修手册规定的要求，对电路各测试点的电压、电流和波形进行测试，对光学部件、光谱定位、光路同步机构和检测器件进行检查，对计算机各项控制功能、通讯工作状态、键入和显示、A/D 和 D/A 转换精度及线性度等进行性能检查。在检查中发现问题应及时排除，同时还应对老化部件进行更换，对监测光束发射/接收端进行全面的清洁处理和调试。

5）在每次全面预防性检修完成后，都应对仪器重新进行标定和校准，重新标定和校准完成后，还应在运行考核间对检修后的仪器进行至少 3 d 的连续运行考核，考核结束确认仪器工作正常后，才能将仪器投入使用。

2．针对性检修

针对性检修是指针对仪器设备出现故障的原因和现象进行针对性检查和维修。对针对性检修有以下要求：

1）应根据各仪器结构特点、维修手册的要求和积累的工作经验，制订切实可行的常见故障判断及维修方法和维修程序，用于故障快速检修。

2）现场维修经常采用替代法提高检修速度，要求在备品备件保证的基础上，用备件先对出故障的部件进行替换，然后将出故障的部件送回中心支持实验室对该部件中的元器件做进一步检测和维修。

3）对于其他不易诊断和检修的故障，应将发生故障的仪器送实验室进行检查和维修。并在现场用备用仪器替代发生故障的仪器。

4）根据工作经验对经常容易出现故障的部件和易损易耗件列出清单和年度购置计划，进行必要的储备，保障针对性检修顺利进行。

5）在每次针对性检修完成后，根据检修内容和更换部件情况，对于普通易损件的维修（如更换泵膜、散热风扇、气路接头或接插件等）只做零/跨校准和短期运行考核。对于关键部件的维修（如对运动的机械部件、光学部件、检测部件和信号处理部件的维修），应按仪器使用手册的要求进行多点校准和检查，并且在检修完成后进行至少 3 d 的连续运行考核，考核结束确认仪器工作正常后，才能将仪器投入使用。

十二、质量保证和质量控制

（一）标准传递

1．标准传递的周期和要求

1）对用于传递的分析天平、皂膜流量计、湿式流量计、活塞式流量计、标准气压表、压力计、真空表、温度计、精密电阻箱和标准万用表每年至少 1 次送国家有关部门进行计量检定和量值传递。

2）对标准气象传感器每年至少 1 次送往国家有关部门进行质量检验和标准传递。

3）对用于工作标准的质量流量计、电子皂膜流量计、气压表、压力计和真空表，用经国家有关部门传递过的标准每半年进行 1 次间接传递。

4）对于现场仪器设备中使用的温度显示及控制装置、流量显示及控制装置、气压检测装置和压力检测装置，用工作标准每半年至少进行 1 次标定。

5）对用于传递标准的臭氧光度计每 2 年必须送至环保部或国际权威组织认可的标准传递单位进行至少 1 次的量值溯源。对用于监测现场的工作标准臭氧发生器或光度计必须每年用传递标准进行至少 1 次的标准传递。

2．渗透管

对渗透管的要求如下：

1）渗透管从购买到运输的过程中，必须放置在带有干燥剂密封严密的干燥容器内，勿使其暴露在高于 35℃的气温和潮湿的空气中。

2）渗透管在使用前或临时使用后，应放置在带有干燥剂密封严密的干燥容器中，储存在温度较低的地方如冰箱的最底层（不推荐冷冻储存），以降低渗透率，延长渗透管的使用。

3）渗透管从冰箱中取出必须放置在恒温装置中，按规定的温度和气流均衡至少 48 h 以上，才可用于标定和校准。

4）作为工作标准的渗透管在有效期内可以不做标准传递。若超过有效期，在 6 个月内必须进行至少 1 次的一次标准传递和再检定（包括存储未用的渗透管）。

3. 钢瓶标准气体

对钢瓶标准气的要求如下：

1）钢瓶标准气应放置在温度和湿度都适宜的地方，并用钢瓶柜或钢瓶架固定（子站可用固定装置靠墙捆绑），以防碰倒或剧烈震动。

2）每次钢瓶标准气装上减压调节阀，连接到气路后，应检查气路是否漏气。

3）对子站使用的钢瓶标准气应经常检查并记录标气消耗情况，若气体钢瓶的压力低于要求值，应及时更换钢瓶。

4）作为工作标准的钢瓶标准气在有效期内可以不做标准传递。若超过有效期，在 6 个月内必须进行至少 1 次的一次标准传递和再检定（包括存储未用的钢瓶标准气）。

4. 零气发生器

为使零气发生器能充分发挥作用，需要对零气发生器做经常性维护和保养，要求如下：

1）当零气发生器中的温度控制器在出现报警、对其维修和更换热敏及温控器件后必须用传递用标准温度计做一次标定。

2）应定期检查零气发生器的温度控制和压力是否正常，气路是否漏气。

3）若零气发生器连续使用，应根据情况及时排空空气压缩机储气瓶中的积水。定期观察滤水阀中的积水是否已到警戒线，若接近警戒线应立即将积水排干。如果使用变色干燥剂，应经常观察干燥剂的变色情况，根据观察变色经验确定是否更换干燥剂。

4）按厂商提供的使用手册和根据使用情况，对零气源中的洗涤剂进行定期更换或再生。

5）由于洗涤剂在各地使用频次和受污染程度不同，除按厂家提供的使用手册和质量保证手册规定要求更换洗涤剂外，应观察低浓度监测时各项目的监测误差和零点漂移是否普遍增大，查明原因确定是否需要更换。

5. 其他要求

1）对于与前面提到校准设备结构不同的内置校准单元，可根据仪器设备的使用手册或质量保证手册提出的技术指标及操作要求进行标定或校准。

2）按仪器使用手册和质量保证手册的技术要求，如需使用上述未提到的标准传递方法，也可以采用国内外权威机构认可的标准传递方法，但在操作记录中应注明方法出处。

（二）监测仪器的校准

校准的周期和要求如下：

1）具有自动校准功能的监测仪器，每天进行 1 次零点检查和跨度检查。

2）不具有自动校准功能的监测仪器，至少每周进行 1 次零点检查和跨度检查。

3）对运行中的监测仪器至少每月进行 1 次单点校准，至少每半年进行 1 次多点校准。当零点检查和跨度检查中发现零点漂移或跨度漂移超过仪器调节控制限时，及时对仪器进行校准。

4）至少每 3 个月检查 1 次 NO_2 转换炉的转换效率。

5）对于使用的开放光程监测分析仪器，应每 3 个月进行 1 次单点检查（选择 1 个项目用满量程等效浓度 10%～20%的标气），每年进行 1 次多点校准（等效浓度）。

6）对于颗粒物监测仪器，每 6 个月进行一次流量校准和标准膜校准（或检查）。

（三）空气质量自动监测仪器的性能审核

1．精密度审核

1）对于 SO_2、NO_2、O_3 和 CO 监测仪器，精密度审核采用向每台分析仪通入量程 20%和 80%浓度的标气（对于 NO_2 采用 NO 标气，对于开放光程仪器采用相应的等效浓度），将仪器读数与标气实际浓度比较，来确定仪器的精密度。

2）在精密度审核之前，不能改动监测仪器的任何设置参数。若精密度审核连同仪器零/跨调节一起进行时，则要求精密度审核必须在零/跨调节之前进行。

3）对颗粒物监测设备的精密度审核，针对其流量测量值和标准膜测量值进行。

4）每 3 个月进行至少 1 次对每台监测仪器的精密度审核，每年每台监测仪器的精密度审核次数不能少于 4 次。精密度审核要求提供标气浓度见表 3.4。

表 3.4　精密度审核要求提供标气浓度

监测项目	SO_2、NO_2、O_3	CO
标气浓度值	0.08～0.10 μmol/mol	8～10 μmol/mol

2．准确度审核

1）对于 SO_2、NO_2、O_3 和 CO 监测仪器，准确度审核采用向每台分析仪通入一系列浓度的标气，将仪器读数与标气实际浓度比较，来确定仪器的准确度，对于 NO_2 同时进行钼转换炉的转换效率测定。标气浓度要求见表 3.5。

2）在准确度审核之前，不能改动监测仪器的任何设置参数。若准确度审核连同仪器零/跨调节一起进行时，则要求准确度审核必须在零/跨调节之前进行。

3）对颗粒物监测设备的准确度审核，采用和手工重量法比对的方式进行。

4）每年对每台监测仪器的准确度审核至少 1 次。

5）多点校准计算的相关系数满足 $r>0.999$，$0.99\leq$斜率（b）≤1.01；截距（a）＜满量程±1%，且仪器误差（$\overline{D}$）＜5%为准确度审核合格。

表 3.5　准确度审核要求提供标气浓度值

审核点	标气体积分数（仪器满量程）/%
1	0
2	3～8
3	15～20
4	40～45
5	80～90

第四章　大气细颗粒物 $PM_{2.5}$ 的手工监测

手工监测（重量法）是大气颗粒物（TSP、PM_{10} 和 $PM_{2.5}$）质量浓度监测的参比方法，也是国际上通用的经典方法。在自动监测仪迅速发展的今天，手工监测仍然是大气颗粒物浓度监测的重要手段。我国于 2011 年发布了用于指导大气颗粒物手工监测的标准方法——《环境空气　PM_{10} 和 $PM_{2.5}$ 的测定　重量法》（HJ 618—2011），2013 年发布了《环境空气　颗粒物（$PM_{2.5}$）手工监测方法（重量法）技术规范》（HJ 656—2013），以上标准中对 PM_{10} 和 $PM_{2.5}$ 手工监测的方法原理、仪器设备、样品采集和分析步骤、质量控制和质量保证等均作出了详细规定，是国内开展 PM_{10} 和 $PM_{2.5}$ 手工监测的基本依据。本章以 $PM_{2.5}$ 监测为例，介绍大气颗粒物的手工监测的技术要点。

一、颗粒物手工监测方法概述

大气颗粒物手工监测以重量法为基本原理，即通过具有一定切割特性的采样器，以恒定流量抽取定量体积的环境空气，使环境空气中的颗粒物（TSP、PM_{10} 和 $PM_{2.5}$）被截留在已知质量的空白滤膜上，根据采样前后滤膜的重量差和采样体积，计算出大气颗粒物的质量浓度。

相对于大气颗粒物的自动监测法，以重量法为基本原理的手工监测方法的优点在于方法原理简单，测定数据可靠，测量不受颗粒物形状、大小、颜色等因素的影响；而缺点则是操作烦琐、采样周期长、监测数据时间分辨率低，同时由于采样和平衡称重的耗时较长，导致手工监测结果具有明显的滞后性。

二、颗粒物手工监测方法的重要应用

（一）准确监测大气颗粒物质量浓度

手工监测以重量法为原理，受大气颗粒物本身物理和化学性质的影响较小，且采样时间较长，因此监测结果可靠，能够准确反映大气颗粒物浓度。

（二）颗粒物自动监测仪器性能测试的依据

鉴于手工监测方法时间分辨率低，难以及时反映大气颗粒物在短时间内变化的特点，高分辨率、实时在线的颗粒物自动监测仪器应运而生。但按照国内外惯例，均需以手工监测结果为基准，对大气颗粒物自动监测仪器监测结果的准确性进行验证，只有在自动监测仪器满足一定测试指标后，方可作为等效方法应用于大气颗粒物浓度监测。大气颗粒物手工监测过程见图 4.1。

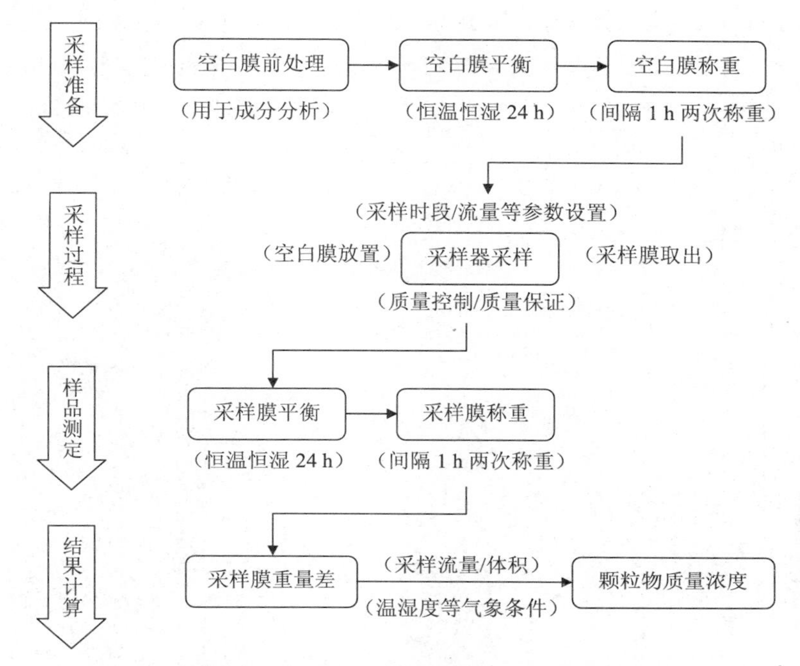

图 4.1　大气颗粒物手工监测全过程示意图

（三）大气颗粒物成分分析的基础

大气颗粒物成分分析是研究颗粒物来源的重要手段，成分分析的前提是获得大气颗粒物样品。通过滤膜的截留作用，手工监测可以采集到大气颗粒物样品，并通过化学方法获得颗粒物中的有机碳、无机碳、重金属、阴离子和阳离子等成分的含量，为判断大气颗粒物的来源提供依据。

三、颗粒物手工监测的技术要点

目前国内环境空气监测中广泛采用自动监测方法监测大气中的颗粒物浓度，但鉴于颗粒物成分分析的需要，手工监测一直是不可缺少的监测手段，尤其在科研领域。2012 年，中国环境监测总站大气颗粒物监测实验室开展了四个季度阶段性的自动监测方法和手工监测方法比对测试，测试中以《环境空气　PM_{10} 和 $PM_{2.5}$ 的测定　重量法》（HJ 618—2011）为依据进行 $PM_{2.5}$ 浓度的手工监测，共获得了近 150 d 的 $PM_{2.5}$ 手工监测数据。以长期、全面、系统的 $PM_{2.5}$ 手工监测的应用实践为基础，总结出大气颗粒物手工监测（重量法）全过程、各环节操作的技术要点。

（一）$PM_{2.5}$ 手工采样设备设置要求

本章介绍的 $PM_{2.5}$ 采样采用标准流量 16.7 L/min。$PM_{2.5}$ 采样膜多采用直径 47 mm 的

Teflon 或石英滤膜进行采样。

1．手工采样器设置和采样条件要求

根据《环境空气　PM_{10} 和 $PM_{2.5}$ 的测定　重量法》（HJ 618—2011）的要求，手工采样器放置时，采样器口距地面高度应在 1.5～15 m 范围内，且采样头需与自动监测仪等仪器的采样头保持适当间距均匀分布，同时采样头高度尽可能保持在同一水平面上（图 4.2）。手工监测结果的有效性与风速有关，采样器周围平均风速大于 8 m/s 时，手工监测数据无效。比对测试中使用的采样器至少 3 台，自动监测仪器与手工采样器同时进行，3 台采样器和自动仪器安放位置应相距 2～4 m。

图 4.2　手工采样器与自动监测仪放置图

2．合理设置采样时段

手工监测采样时段一般设定为 24 h，即直接得到日均值，但要求技术人员具备熟练的操作能力以尽可能缩短滤膜更换时间。此外也可根据当地空气污染情况、称重天平精度要求、手工采样器流量大小等因素适当延长或缩短采样时间。手工监测的采样时段可设定为 23 h，期间空余的 1 h 用于采样滤膜更换、适时的流量校准和采样头清洗等质控工作。

3．滤膜超负荷断电保护机制

由于国内外应用环境的差别，某些进口的颗粒物手工采样器设置的滤膜负荷上限较低，在我国实际应用时，尤其在空气污染严重的情况下，采样器会因为滤膜超负荷而启动断电保护机制，停止抽气，提前结束采样，这种现象在使用 Teflon 滤膜采样时更容易发生。此种情况下，应特别记录当天的采样时段，并判断监测数据是否有效。每日至少有 20 h 的有效采样时间。

4．采样器采样系统漏气检查

手工监测时抽气流量较大，在气流压力下，滤膜膜托边缘的紧密程度影响着采样系统的气密性。手工监测过程中曾发现，由于某次膜托边缘未压实而导致采样滤膜颗粒物覆盖表面的边缘不清晰，有漏气的趋势，因此在更换空白滤膜时，必须将夹有空白滤膜的膜托边缘压紧压实。此外，也应注意整个采样系统的气密性，防止大气颗粒物从除采样头之外的其他部位进入采样系统，使粗颗粒物沉积在采样滤膜上（图 4.3）。

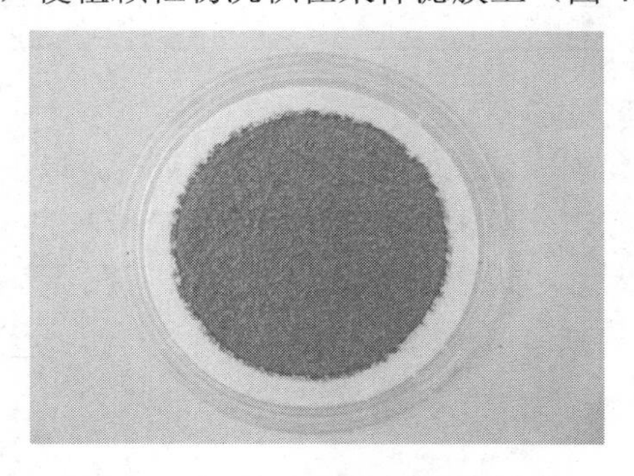

图 4.3　边缘不清晰的采样滤膜举例

5．采样滤膜表面均匀性

手工采样器以一定流量抽取环境空气，某些采样器抽气气流横截面的流量可能并非完全一致，因此会导致采样滤膜上采集的颗粒物分布不均匀。例如在某采样器采集的滤膜表面上颗粒物分布呈现中心厚、边缘薄的状态。此类滤膜会影响颗粒物成分分析的准确性（图 4.4）。

图 4.4　颗粒物覆盖表面均匀和不均匀采样膜比较

（二）颗粒物滤膜选择及前处理要求

1．滤膜的种类及其选择

监测质量浓度时，大气颗粒物手工监测中最常用的滤膜种类包括 Teflon 滤膜、石英滤膜和玻璃纤维滤膜等。以细颗粒 $PM_{2.5}$ 的质量浓度监测为例，根据国内外监测经验，应优先选用对 $PM_{2.5}$ 颗粒物影响小的 Teflon 滤膜。由于我国某些地区环境空气中 $PM_{2.5}$ 浓度相对较高，也使用 Teflon 滤膜会常出现断电保护，使得采样时达不到有效采样时长，这时也可采用石英滤膜进行采样。

由于颗粒物不同的成分分析对象对所使用的采样滤膜种类要求不同，因此在以成分分析为目的的颗粒物监测中，可根据需要选用其他种类滤膜，但不同滤膜的前处理方式上也存在一定差别（表 4.1）。

表 4.1 不同种类滤膜的特点及前处理方式

滤膜种类	特点	成分分析对象	前处理要求
石英膜	膜较脆弱	EC/OC、有机组分	450～500℃烘焙 4 h
Teflon 膜	稳定，含碳量高	水溶性离子、元素	60℃烘焙 2 h

2. 不同滤膜的前处理方式

应颗粒物成分分析的要求，需对空白滤膜进行前处理，以去掉对分析对象有干扰的杂质，一般采用加热烘焙的方式。不同种类滤膜的特点不同，前处理的烘焙温度有所差别。根据相关的操作技术规范要求，石英滤膜放置在坩埚中，在马弗炉内 450～500℃温度下烘焙 4 h；Teflon 滤膜放置于坩埚后，在烘箱中 60℃下烘焙 2 h。$PM_{2.5}$ 手工监测滤膜前处理过程记录表见表 4.2。

表 4.2 $PM_{2.5}$ 手工监测滤膜前处理过程记录表范例

滤膜种类	编号范围	阶段	开始时间					结束时间				
			年	月	日	时	分	年	月	日	时	分
□石英膜 □Teflon 膜		烘焙										
		平衡										
		称重										

滤膜称重记录

仪器编号	滤膜编号	初重 1	初重 2	分析人	分析日期

烘焙人员：________　　称重人员：________
烘焙时长：________　　烘焙温度：________
初重 1 环境：______　温度：______　湿度：______
初重 2 环境：______　温度：______　湿度：______
标准膜重量：______　本次称重结果：______　误差值：______　允许范围：______

3. 滤膜平衡操作要点

烘焙完成的滤膜应放置在恒温恒湿条件下充分平衡 24 h 后再进行初重称量，重量法标准要求平衡温度取 15～30℃中任何一点，相对湿度控制在 45%～55%范围内。为使烘焙后的滤膜充分平衡，可将滤膜从坩埚中取出，放置于已编号的膜盒中，再将膜盒展开平铺于恒温恒湿天平室的平衡操作台上或干燥器内充分平衡（图 4.5）。

图 4.5 空白滤膜在干燥器内平衡

4. 详细记录空白滤膜前处理过程

对空白滤膜的前处理过程需进行详细的记录，包括滤膜种类、滤膜编号、前处理方式（烘焙温度和时间）、前处理日期和时间、滤膜平衡日期和时间、空白滤膜初始重量、称重环境温湿度、操作技术人员等。此外，在使用空白滤膜时，也需记录采样器编号、使用时间、操作人员等信息，便于后续信息查询。

（三）采样滤膜更换技术要点

1. 两套膜托提高换膜效率

每台手工采样器需配备至少两套膜托，一套膜托用于实际采样，另外一套提前放置空白滤膜以备用；在室外更换滤膜时，取出已采样膜托后，可直接将已放置空白膜的另一套膜托安置于采样器内。一方面可以节省换膜时间，省去现场拆卸膜托、安放空白滤膜的操作，提高换膜效率；另一方面，空白膜安装和已采样膜卸下的操作应在室内进行，能够避免外界风沙等对滤膜的影响（图 4.6 和图 4.7）。

图 4.6　手工采样器两套膜托举例

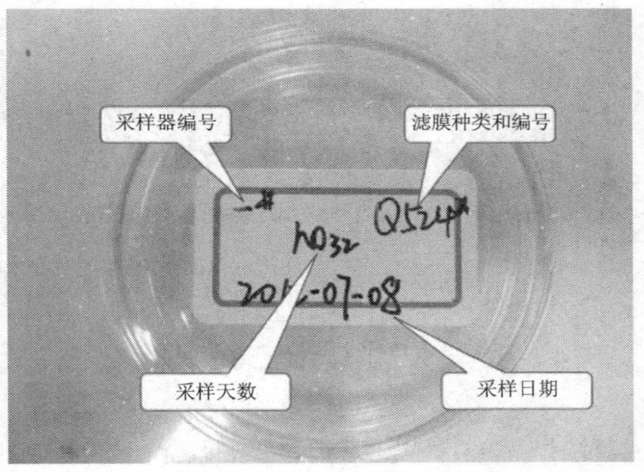

图 4.7　采样滤膜膜盒标签填写范例

2. 滤膜膜盒标签填写建议

手工监测时，每个采样过程的滤膜信息都需要进行详细的记录，在滤膜膜盒标签上对相关信息进行标注，可以直观地了解该滤膜的采样过程。在滤膜膜盒标签上应标注采样器及编号、滤膜种类及编号、采样日期、采样天数等信息，方便在出现不确定情况时查询。

3. 拍摄图像记录能见度和气象要素

每日更换滤膜操作完成之后，在同一时间同一个方向拍摄图像，以形象直观地反映当天的大气能见度和空气质量状况。同时应记录能见度仪显示的具体能见度数值，以及拍照时的气象因素，如温度、湿度、风向、风速及气压等，便于后续进行空气质量状况分析。需要注意的是，能见度仪的量程应能够满足测量需求。图 4.8 是 2012 年 5 月 30 日至 6 月 2 日北京大气典型污染过程的能见度记录，手工监测法测得的 $PM_{2.5}$ 日均质量浓度从 32 $\mu g/m^3$ 逐渐上升到 154 $\mu g/m^3$，而能见度由 35 245 m 下降到 1 989 m。

图 4.8 手工监测期间大气能见度组合图像

4. 采样情况的详细记录

手工监测时应制作详细的记录表格，每天更换滤膜时，需记录采样相关的基本信息，例如采样器编号、采样开始和结束日期及时间、采样流量、采样体积、已采样滤膜和新滤膜编号、天气状况、操作技术人员等。需要注意采样体积和流量是工况还是标况，以便于后续的浓度计算（表 4.3）。

表 4.3 $PM_{2.5}$ 手工监测过程记录表范例

<table>
<tr><td colspan="16">采样日期至　　初重日期　　温度　　湿度　　终重日期　　温度　　湿度</td></tr>
<tr><td rowspan="2">仪器编号</td><td rowspan="2">滤膜编号</td><td colspan="3">采样时间</td><td>平均温度/</td><td>平均湿度/</td><td>平均气压/</td><td>采样体积/</td><td>标态体积/</td><td>采样流量/</td><td>标况流量/</td><td colspan="2">采样前滤膜重量/g</td><td colspan="2">采样后滤膜重量/g</td></tr>
<tr><td>开始</td><td>结束</td><td>总时长</td><td>℃</td><td>%</td><td>hPa</td><td>m^3</td><td>Nm^3</td><td>(L/m)</td><td>(L/m)</td><td>初重 1</td><td>初重 2</td><td>终重 1</td><td>终重 2</td></tr>
<tr><td></td><td></td><td></td><td></td><td></td><td></td><td></td><td></td><td></td><td></td><td></td><td></td><td></td><td></td><td></td><td></td></tr>
<tr><td></td><td></td><td></td><td></td><td></td><td></td><td></td><td></td><td></td><td></td><td></td><td></td><td></td><td></td><td></td><td></td></tr>
<tr><td colspan="5">标准滤膜重量：石英膜　g</td><td colspan="4">Teflon 膜　g</td><td colspan="7" rowspan="3">计算公式：
$PM_{2.5}$ 质量浓度（mg/m^3）= 增重（mg）/标态体积（m^3）</td></tr>
<tr><td colspan="5">实际测量重量：石英膜　g</td><td colspan="4">Teflon 膜　g</td></tr>
<tr><td colspan="5">差值：石英膜　mg</td><td colspan="4">Teflon 膜　mg</td></tr>
<tr><td colspan="5">允许偏差范围：　mg</td><td colspan="11">天气状况描述：晴　阴　多云　雨　雪　雾　霾　静风　微风　强风　其他</td></tr>
<tr><td colspan="16">滤膜更换时环境条件：温度：　　湿度：　　风向：　　风速：　　气压：　　能见度：</td></tr>
<tr><td colspan="16">备注：仪器编号解释等。</td></tr>
<tr><td colspan="16">采样人员　　　初重分析人员　　　终重分析人员　　　审核人员</td></tr>
</table>

（四）滤膜平衡和称重的技术要点

1. 天平室及其恒温恒湿条件要求

《环境空气　PM_{10} 和 $PM_{2.5}$ 的测定　重量法》（HJ 618—2011）明确规定了在恒温恒湿条件下对滤膜进行平衡和称量，即温度取 15～30℃中任何一点，相对湿度控制在 45%～55%范围内。标准中使用恒温恒湿箱来实现滤膜平衡的环境条件，但在实际操作中，整体空间环境恒温恒湿的天平室是实现平衡和称重环境条件一致的有效方法。在上述天平室中的平衡操作台上对滤膜进行平衡，并在同种环境条件下使用百万分之一精度的分析天平称量滤膜，可以避免温度和湿度变化对称量的影响，并提高称量精确。但由于恒温恒湿天平室结构复杂且造价较高，国内绝大部分天平室无法达到上述要求，因此对于普通天平室，根据实际实验条件，可将滤膜放置于干燥器内平衡，建议使用十万分之一精度的天平称量，同时避免天平室内的温度和湿度在短时间内发生剧烈变化。

2. 滤膜的平衡与存放要求

《环境空气　PM_{10} 和 $PM_{2.5}$ 的测定　重量法》中规定，将滤膜在恒温恒湿条件下平衡 24 h 后，使用感量为 0.1 mg 或 0.01 mg 的分析天平称重，若间隔 1 h 的两次称重结果之差分别小于 0.4 mg 或 0.04 mg 则为满足恒重要求。在实际监测过程中，平衡时间有时需要延长，例如在重庆夏季的手工监测中，由于大气相对湿度较高导致采样滤膜湿气较重，24 h 平衡无法达到恒重要求，因此将滤膜平衡时间延长为 48 h。

为使空白滤膜和已采样滤膜充分平衡，需将滤膜放置在对应的膜盒内，敞开膜盒均匀排列在恒温恒湿天平室的平衡台上或普通天平室的干燥器内，平衡规定时间后称量滤膜质量。空白滤膜在初重称量完成后，用膜盒盖好，放于密封盒内在常温下保存备用；采样滤膜在终重称量完成后，同样将存放有滤膜的膜盒放于密封盒内，并在冰箱冷藏室保存以待后续成分分析。

3. 滤膜的称重要求

在普通天平室内称量滤膜时，存在相对湿度的微变化过程，例如将滤膜从干燥器内取出，经室内环境空气，再放入放置有干燥剂的天平内部时，由于干燥器内、环境空气和天平内部的大气相对湿度不一致，滤膜以及滤膜上的颗粒物在此过程会吸收或蒸发水分，延长称量时的平衡时间，为准确称量带来误差。因此，为减少此类的微变化过程，不建议在分析天平内部放置干燥剂。

滤膜称量时静电的影响较大，在静电作用下，滤膜可能吸附空气中的杂质，空气也可能吸附滤膜上的颗粒物，因此可在滤膜放入天平之前经过一个去静电装置，削弱静电对称量的影响。

4. 温湿度变化对滤膜称重的影响

天平室内短时间或长时间的温度和湿度变化都会对称重有较明显的影响。在手工监测的实际操作中发现，短时间内温湿度的改变，如天平室空调突然打开或关闭后，称量时的平衡时间会有变化；或在大气相对湿度较高的天气下，滤膜在天平称量的同时会因持续吸湿作用而使读数不断上升。此外，长时间的温湿度变化对石英滤膜重量的影响显著，例如经过相同前处理和平衡的同一批空白石英滤膜，在夏季高温高湿条件下的称量结果比 2 个月前春季的称量结果平均增重 0.38 mg，增幅为 0.252%，折算成 $PM_{2.5}$ 质量浓度为 18.1 μg/m^3，相当于空气质量一级时 $PM_{2.5}$ 日均浓度的一般值，如果在夏季直接使用春季测得的空白滤膜初始重量参与计算，会对 $PM_{2.5}$ 监测结果造成明显的正误差。因此，建议前处理后的空白滤膜保存时间不宜超过 2 周。此外，相对于温度，湿度对称量的影响更大（表 4.4）。

表 4.4 空白石英滤膜重量受长时间温湿度变化的影响

滤膜编号	春季（2012.03.23，18℃，45%）			夏季（2012.05.29，24.5℃，55%）			增重/mg	折算 $PM_{2.5}$ 质量浓度/（μg/m^3）
	初重 1/mg	初重 2/mg	均值/mg	初重 1/mg	初重 2/mg	均值/mg		
1	151.52	151.53	151.53	151.93	151.93	151.93	0.41	19.39
2	151.67	151.68	151.68	152.05	152.05	152.05	0.37	17.50
3	152.67	152.68	152.68	153.05	153.05	153.05	0.37	17.50
4	152.70	152.70	152.70	153.09	153.10	153.10	0.40	18.92
5	151.30	151.28	151.29	151.66	151.66	151.66	0.37	17.50
6	153.66	153.67	153.67	154.05	154.05	154.05	0.38	17.98

5．详细记录滤膜平衡和称重过程

滤膜平衡和称重时，需详细记录二次平衡和称重等操作信息，例如采样仪器编号、滤膜编号、平衡时间、称重时间、采样时段、滤膜空白重量、滤膜采样重量、称重环境温湿度、操作技术人员等（具体见表 4.3）。其中，滤膜重量均为平衡间隔 1 h 的两次称重结果。

（五）质量控制和质量保证技术要点

1．定期检查和校准采样流量

颗粒物手工采样器的流量对监测结果有直接的影响，稳定的流量是获得准确监测数据的必要条件，因此定期对手工采样器进行流量检查和校准是手工监测质量控制和质量保证的主要技术要求。在阶段性手工监测开始前，需对采样器进行漏气检查和流量校准，监测期间适时进行流量检查，必要时进行流量校准（图 4.9）。

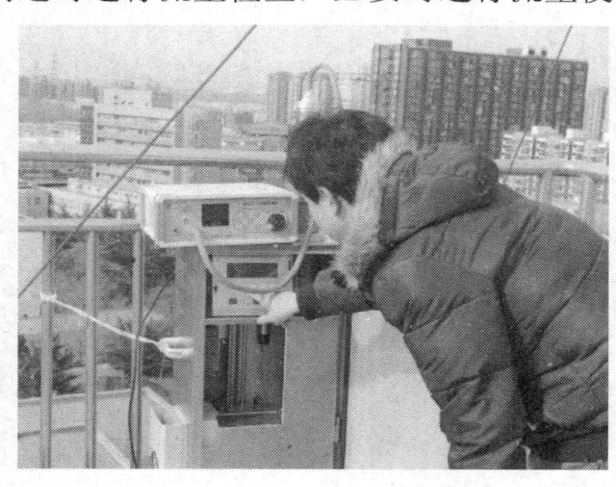

图 4.9 手工采样器流量监测和校准

2．定期清洗采样头

采样头的定期清洗同样是手工监测质量控制和质量保证中主要的技术要求，长时间采

样后的采样头内会积累粗颗粒，如不及时清洗，粗颗粒可能会再次悬浮而进入采样管，产生测量误差。根据实际操作的经验，在清洗采样头时，需要将整个采样头摘下，按不同部件拆开，用清水逐一冲洗，再用清洁纸巾擦拭干净，推荐使用吹风机快速吹干水渍以提高清洗速度。此外，根据不同仪器要求，在采样头的撞击板和 O 圈上涂抹硅酮树脂或凡士林，以增强对大颗粒的黏附性和采样系统的气密性。采样头的清洗频率可根据当地的空气污染状况而定，例如在大风或连续污染天气之后要及时对采样头进行清洗（图 4.10）。

图 4.10 技术人员清洗 $PM_{2.5}$ 手工采样器采样头

3．特殊天气后及时检查采样器

手工监测过程中会遇到大风、沙尘和雨雪等特殊天气现象，在出现以上天气后，要及时对手工采样器进行全面检查并采取相应保护措施。例如雨雪天气后检查电源接触点是否因淋湿而漏电，采样器内部是否有进水现象，大风天后采样膜上是否出现大颗粒，大风和沙尘天气后及时清洗采样头等（图 4.11）。

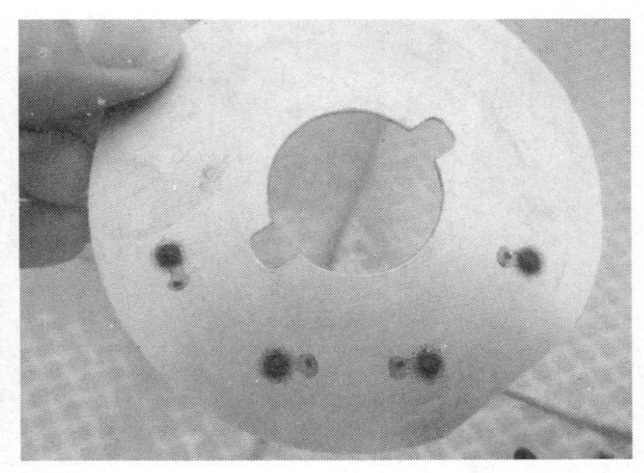

图 4.11 降水后手工采样器漏水现象

4．明确操作分工以减小人员误差

手工监测中滤膜前处理、换膜、平衡、称重等各环节都可能存在人员误差，因此为减少手工监测中因操作人员不同而带来的人员误差，需对各环节设定明确的人员分工，例如始终由同一名操作人员进行滤膜称量，这样称重的平衡读数时间相对一致，可减小称量误差。

5. 对采样器电源采取保护措施

手工采样器一般放置在室外，电源接触点会直接暴露在空气中，在降水时，电源接触点很可能因为被淋湿而出现短路现象，导致采样器停止工作，甚至对采样器造成损坏，因此有必要对电源接触点采取一定的保护措施。在实际操作中，建议用密封盒等将电源插座严密地包裹住；对于电源外露的采样器，需在电源接口周围用胶带或者胶体封住，以隔绝降水（图 4.12）。

图 4.12 手工采样器电源保护措施

第五章　城市站、区域站及背景站运行管理技术暂行规定

一、国家环境空气监测城市站

（一）城市站运行管理暂行规定

1．总则

第一条　为保障国家网络城市站在统一的管理制度和技术规定框架内运行，特制定此规定。

第二条　本规定依据《环境空气质量监测规范（试行）》（2007环保总局4号令）和《环境空气质量自动监测技术规范》（HJ/T 193—2005）等环境保护部的国家技术规范编制。

第三条　本规定适用于国家网络城市站管理。

第四条　本规定采用目标导向方法和系统综合技术管理方法制定。

2．组织和保障体系

第五条　国家网络城市站在环境保护部领导下，由中国环境监测总站负责技术管理，各省、自治区、直辖市环境监测中心（站）负责具体的运行管理。

第六条　各地国家网络城市站的实际运行单位（托管站）必须具备必要的环境空气质量监测站运行资质。

第七条　国家补贴国家网络城市站的运行维护经费。

第八条　国家网络城市站应定期检查基础设施、站房和监测设备的使用状况，定期进行维修和更新。原则上，以5～8年为一个周期进行设备的更新换代。

第九条　国家网络城市站逐步实行电子化运行管理，综合应用于点位与站房管理、仪器设备信息、巡检维护和质控记录等。

第十条　中国环境监测总站编制以本技术管理规定为框架的国家网络城市站作业指导书。

3．点位和站房管理

第十一条　国家网络城市站根据环境保护部颁布的点位选址规定设置。各地负责选址和报告编制，由中国环境监测总站组织进行点位考察和论证，报环境保护部审批。

第十二条　国家网络城市站的点位更新和调整等根据环境保护部有关规定进行。

第十三条　国家网络城市站的站房建设应满足环境保护部的相关规范要求。

第十四条　国家网络城市站运行单位需建立站房及其基础设施的设计、验收、设备更新等清单档案备查。

第十五条　中国环境监测总站组织建立统一的国家网络城市站点位环境管理的巡检制度。

第十六条　中国环境监测总站组织建立统一的国家网络城市站站房管理的巡检制度。

4．系统组成

第十七条　监测系统包括采样系统、监测分析仪器系统、数据采集和传输系统、质量保证系统和其他辅助设备等。

第十八条　根据环境保护部设备配置计划确定的监测项目。

5．运行管理

第十九条　中国环境监测总站组织建立统一的国家网络城市站系统运行维护的巡检制度。国家网络城市站运行单位一般每周至少一次巡检。

第二十条　国家网络城市站运行单位配备专业技术人员，负责日常巡检维护。

第二十一条　监测系统的巡检包括采样系统、监测分析仪器、数据采集和传输系统、校准系统和标准气体以及其他辅助设备的运行状况等检查和记录。

第二十二条　至少每半年进行一次采样系统清洗。

第二十三条　定期进行仪器设备维护保养，建立仪器的维修记录。

第二十四条　建立故障报修制度。为保障系统正常和稳定运行，建立必要的备品备件库。

第二十五条　国家网络城市站中心控制室每天对子站运行状况进行检查。

第二十六条　中国环境监测总站根据需要组织各省市区环境监测中心（站）开展对国家网络城市站的现场检查。

6．质量管理

第二十七条　中国环境监测总站组织建立统一的国家网络城市站质量保证与质量控制程序。

第二十八条　建立国家网络城市站网络的量值溯源和标准传递体系。

第二十九条　定期进行零点跨度检查校准、精密度检查、多点校准检查、流量检查、气密性检查、颗粒物采样滤膜检查、气象参数检查校准、数据采集一致性检查。

第三十条　中国环境监测总站组织开展年度质控专项检查。

7．数据管理

第三十一条　国家网络城市站运行单位负责实时数据采集、检查、上报传输和审核。

第三十二条　各省市区环境监测中心（站）负责定期汇总辖区内国家网络城市站数据。

第三十三条　中国环境监测总站负责国家网络城市站网络的数据汇总、组织年度数据质量审核、制作数据应用产品。

第三十四条　数据的时效性根据国家标准有关规定执行。

第三十五条　建立非正常运行（校准、停电、电压波动不稳、通讯故障、仪器故障）时报告、检修和数据处理程序。

第三十六条　数据的使用根据环境保护部的有关规定执行。

8．报告应用

第三十七条　数据发布根据环境保护部的有关规定执行。

第三十八条　建立国家网络城市站的年度报告制度。

第三十九条　国家网络城市站网络数据应用于支持国家和地方的环境评估和环境管理。

9．人员管理

第四十条　建立运行人员的培训和资质管理制度。

第四十一条　运行人员必须持证上岗。国家网络城市站运行人员必须参加中国环境监测总站和各省市区环境监测中心（站）组织的相关年度业务培训和技术交流。

第四十二条　运行人员队伍应保持相对稳定。

第四十三条　为国家网络城市站运行人员提供必要的通讯、交通、作业补贴等后勤保障。

10．安全管理

第四十四条　国家网络城市站运行单位必须建立一套安全运行的管理制度和应急预案。

第四十五条　每年度对运行过程中的人员、站房、仪器设备等防护措施进行安全检查和评估。

第四十六条　原则上现场巡检人员不少于两人，并为运行人员提供人身意外伤害保险。

11．交流评估

第四十七条　建立年度的国家网络城市站监测网络的交流制度。

第四十八条　中国环境监测总站组织进行年度网络运行情况评估和系统审核。

第四十九条　中国环境监测总站定期组织对国家网络城市站技术管理规定及其作业指导书、质量保证与质量控制手册的修订。

（二）城市站运行管理制度

1．点位环境管理巡检制度

1）国家网络城市站负责单位

第一条　观察点位周边环境的变化，并进行记录。

第二条　查看国家网络城市站外围的道路、供电、通讯、给排水设施等，并进行记录。

第三条　如果发现影响点位代表性和监测正常运行的环境变化，及时报告管理单位进行处理。

第四条　当周围树木生长超过监测规范规定的控制高度限值时，对采样有影响的树枝进行剪除。

第五条　根据城市建设变化状况，定期对国家网络城市站监测点位设置的代表性和完整性进行回顾性审查。在需要进行点位增设和变更时，按环境空气质量监测规范要求提出点位变更的技术报告及其申请材料。

第六条　地方网络的点位环境管理巡检制度可参照国家网络城市站制度执行（以下

同，不再重述）。

2）省级中心（站）

第七条　定期进行国家网络城市站监测点位设置的代表性和完整性技术初审。对辖区内国家网络城市站的监测点位设置和变更进行初审，检查点位设置是否符合规定，提出初审报告。

第八条　对辖区内其他的城市站监测点位设置和变更进行审核，检查点位设置是否符合规定，提出审核意见。

3）中国环境监测总站

第九条　定期进行国家网络城市站监测点位设置的代表性和完整性技术审查。对国家网络城市站的监测点位设置和变更进行审核确认，检查点位设置是否符合规定。

2．站房管理巡检制度（内、外）

1）国家网络城市站负责单位

第一条　查看站房的基础设施，包括避雷系统、消防、供电、通讯、给排水设施等。

第二条　检查站房外部状况，包括建筑物、站房防漏防渗、气象杆和天线设施。

第三条　注意站房内部异常气味和噪声，并排查。

第四条　检查站房内部设施，包括消防、照明、强弱电和接地、通讯网络、应急设施等。

第五条　检查室内空调是否工作正常和查看室内的温湿度。

第六条　检查空调的出风口，防止出风直接吹在电磁阀和采样管上。

第七条　冬夏季节检查站房室内外温差。若温差较大引起采样装置出现冷凝水，及时调整站房温度降低温差，或对采样总管采取适当的控制措施，防止冷凝现象。

第八条　站房空调机的过滤网每 1 个月至少清洗 1 次，防止尘土阻塞空调机过滤网影响运行效率。

第九条　检查站房排风装置工作是否正常。

第十条　保持站房内部卫生整洁。

第十一条　记录巡检情况，如果发现影响国家网络城市站安全和正常运行的情况，应及时报告管理单位进行处理。

2）省级中心（站）

第十二条　定期进行辖区内国家网络城市站站房管理巡检的检查。

3）中国环境监测总站

第十三条　定期组织专家进行国家网络城市站站房管理巡检的检查。每年在全国范围内选取部分国家网络城市，组织专家进行现场站房管理检查。

3．系统运行维护巡检制度

1）国家网络城市站负责单位

第一条　检查监测系统各仪器的运行状况和工作状态参数是否正常，若发现问题，查明原因并及时排除故障。

第二条　检查数据采集和传输情况是否正常，若发现问题，查明原因并及时排除故障。

第三条　定期备份系统的监测数据。

第四条　检查采样总管系统、支路管线结合部和排气管路，查看是否有漏气或堵塞现象。

第五条　检查气体分析仪器采样过滤膜的污染情况，每周更换一次，保留滤膜并标记存储和记录以备可能研究。

第六条　定期清洗反应性气体采样总管，每半年至少清洗一次。

第七条　检查各分析仪器采样流量。

第八条　颗粒物自动监测仪的采样头至少每季度清洗一次。

第九条　遇到特殊情况（如沙尘暴等）时，及时检查和清洗采样系统并更换滤膜。

第十条　校准系统所需的氧化剂和净化剂每半年更换一次。

第十一条　检查标准气体钢瓶是否安全固定、阀门是否漏气、标准气体的有效期限和消耗情况等。

第十二条　定期检查备品备件清单。

第十三条　记录巡检情况，如果发现影响国家网络城市站安全和正常运行的情况，应及时报告管理单位进行处理。

2）省级中心（站）

第十四条　定期进行辖区内国家网络城市站系统运行维护巡检的检查。

3）中国环境监测总站

第十五条　定期组织专家进行国家网络城市站系统运行维护巡检的检查。每年在全国范围内选取部分国家网络城市，组织专家进行现场系统运行维护检查。

4．质量保证和质量控制制度

1）国家网络城市站负责单位

第一条　标准气体和臭氧校准仪通过环境保护部的量值溯源体系传递。使用的各种厂家来源的标准气体等工作标准物质，需要进行标准溯源，标准传递溯源方法按《环境空气质量自动监测技术规范》（HJ/T 193—2005）进行。

第二条　流量计、温度、湿度和气压计标准通过国家计量部门认证传递。

第三条　零点和跨度检查校准。具备自动校准功能的自动气体分析仪器系统每天零时开始自动校准；不具备自动校准功能的其他分析仪器每周检查校准一次。

第四条　多点校准检查，每季度至少校准一次。

第五条　精密度检查，每月至少检查一次。

第六条　氮氧化物分析仪的钼炉转化率每半年至少检查一次，如果转化率低于96%需更换钼炉芯。

第七条　颗粒物自动监测仪在更换滤膜同时进行流量检查校准，每月至少一次。在有条件时，可同时用标准膜进行标定。

第八条　TEOM 法和β射线法的颗粒物自动监测仪传感器（温度和气压）和质量变送器 K_0 值的检查校准，每半年至少一次。

第九条　气体动态校准仪质量流量控制器的检查校准，每年至少一次。

第十条　零气发生器的零气纯度检查，有条件时每年至少一次。

第十一条　对于使用开放光程的监测分析仪器，每季度至少进行一次单点检查（选择一个项目用满量程等效浓度10%～20%的标气），每年至少进行一次多点校准（等效浓度）。

第十二条　如仪器的性能状况已变差，应视情况缩短检查或调节周期。

第十三条　上述监测仪器的检查和校准记录需存档。

第十四条　由于上述质量控制活动可能影响监测仪器的数据采集率，在站点进行操作时，操作人员应首先检查监测仪器反映的环境空气浓度。如果有污染事件发生，应延期进行质量控制活动。

第十五条　数据一致性检查，每年一次。

第十六条　监测仪器系统的性能审核，每年一次。

第十七条　定期进行国家网络城市站的三级质量管理审核。建立和完善数据应用的质量管理，包括将例行的零/跨漂检查及多点校准（气体监测仪器）、条件许可时的标准膜标定校准（颗粒物监测仪器）、流量校准所获得的包括校准前后的分类误差进行分析，形成对相应每组监测数据的连续的质量标识历史记录。

第十八条　每年汇集国家网络城市站的质量保证和质量控制报告，进行规范的监测质量审核和数据质量标识审核，进行城市总体的质量分析评价和总结。

第十九条　编制城市空气质量自动监测的质量审核报告，并报送省级站。

2）省级中心（站）

第二十条　建立和完善质量保证和质量控制实验室，负责向中国环境监测总站标准溯源，在辖区内进行标准传递。

第二十一条　每年至少进行一次辖区内国家网络城市站的巡回检查和考核。负责具体实施中国环境监测总站组织的监测质量控制考核，内容包括使用考核标准气体考核和检查气体监测仪器，采用标准流量计检查监测仪器流量等。

第二十二条　审核辖区内各个国家网络城市站每年上报的环境空气质量自动监测的质量审核报告，包括质控记录和上报的监测数据质量。编制对辖区所有国家网络城市站监测的总体质量审核报告，并报送中国环境监测总站。

3）中国环境监测总站

第二十三条　建立和完善国家空气质量监测质量保证和质量控制实验室，逐步开展对SO_2、NO、CO、O_3等标准物质和质量流量等测量标准的可溯源标准传递。中国环境监测总站每年至少一次向省级中心（站）发放经过国家级认定的标气或标准物质，作为一级传递标准，用于校准各省市区的二级传递标准。

第二十四条　定期进行对国家网络城市站的质控审核。每年至少组织一次国家网络城市站的质量控制考核。中国环境监测总站提供标准气体，由省级中心（站）具体实施。每年在全国范围内选取部分国家网络城市，组织专家进行现场质控审核。

第二十五条　定期进行国家网络城市站监测数据的质量审查。审核各省市区每年上报的环境空气质量自动监测的质量审核报告，包括质控记录和上报的监测数据质量。编制对国家网络城市空气质量自动监测的总体质量审核报告。

5. 人员培训和资质管理制度

第一条　国家网络城市站运行维护人员持证上岗。

第二条　中国环境监测总站组织对国家网络城市站技术人员的定期技术和管理培训。

第三条 国家网络城市站运行单位编制培训和交流计划，组织技能学习。

第四条 中国环境监测总站组织开展国家网络城市站网络成员单位的年度交流。

第五条 中国环境监测总站组织开展年度运行评估和制订及修订运行手册。

二、国家环境空气质量监测区域站运行管理暂行规定

（一）区域站运行管理暂行规定

1．总则

第一条 为保障国家区域站在统一的管理制度和技术规定框架内运行，特制定本规定。

第二条 本规定依据《环境空气质量监测规范（试行）》（2007 环保总局 4 号令）和《环境空气质量自动监测技术规范》（HJ/T 193—2005）等环境保护部的国家技术规范编制。

第三条 本规定适用于国家区域站管理。

第四条 本规定采用目标导向方法和系统综合技术管理方法制定。

2．组织和保障体系

第五条 国家区域站在环境保护部领导下，由中国环境监测总站负责技术管理，各省、自治区、直辖市环境监测中心（站）负责具体的运行管理。

第六条 各地国家区域站的实际运行单位（托管站）必须具备必要的环境空气质量监测站运行资质。

第七条 国家保障国家区域站的运行维护经费并负责监测仪器的更新换代。

第八条 国家区域站应定期检查基础设施、站房和监测设备的使用状况，定期进行维修和更新。原则上，以 5～7 年为一个周期进行设备的更新换代。

第九条 建立以国家区域站网络成员为主体的联合技术委员会，由中国环境监测总站组织进行国家区域站年度运行的审核和评估。

第十条 国家区域站实行电子化运行管理，应用于点位与站房管理、仪器设备信息、巡检维护和质控记录等。

第十一条 中国环境监测总站组织编制以本技术管理规定为框架的国家区域站作业指导书。

3．点位和站房管理

第十二条 国家区域站根据环境保护部颁布的点位选址规定设置。各地负责选址，由中国环境监测总站组织进行点位考察、论证和报告编制，报环境保护部审批。

第十三条 国家区域站的点位更新和调整等根据环境保护部有关规定进行。

第十四条 国家区域站的站房建设应满足环境保护部的相关规范要求。站房组成根据需要包括监测仪器间、值守间、准备间、综合应用间、其他辅助设备间等。

第十五条 国家区域站运行单位需建立站房及其基础设施的设计、验收、设备更新等清单档案备查。

第十六条 中国环境监测总站组织建立统一的国家区域站点位环境管理的巡检制度。

第十七条　中国环境监测总站组织建立统一的国家区域站站房管理的巡检制度。检查基础设施（包括避雷、道路、供电、通讯、给排水、安保设施）、站房外部状况、站房内部设施（消防、照明、强弱电、通讯网络、温湿度、空调、备用电源、应急设施）等。

4．系统组成

第十八条　监测系统包括采样系统、监测分析仪器系统、数据采集和传输系统、质量保证系统、中心控制系统和其他辅助设备。

第十九条　根据环境保护部设备配置计划确定的监测项目，包括反应性气体、颗粒物、酸沉降项目等。

5．运行管理

第二十条　中国环境监测总站组织建立统一的国家区域站系统运行维护的巡检制度。国家区域站运行单位一般每周不少于一次巡检。

第二十一条　国家区域站运行单位配备专业技术人员，负责日常巡检维护。

第二十二条　监测系统的巡检包括采样系统、监测分析仪器、数据采集和传输系统、校准系统和标准气体、中心控制系统和其他辅助设备的运行状况等检查和记录。

第二十三条　对空气自动监测系统的采样系统，视积灰等受污情况及时进行清洗。通常情况下，至少每季度清洗一次。

第二十四条　定期进行仪器设备维护保养，建立仪器的维护保养记录和维修记录。

第二十五条　建立故障报修制度。为保障系统正常和稳定运行，建立必要的备品备件库。

第二十六条　中国环境监测总站建立年度的运行巡查制度，会同各省市区环境监测中心（站）组织开展对国家区域站的现场检查。

6．质量管理

第二十七条　中国环境监测总站组织建立统一的国家区域站质量保证与质量控制程序。

第二十八条　建立国家区域站网络的量值溯源标准传递体系。

第二十九条　国家背景站运行单位负责定期进行零点跨度检查校准、精密度检查、多点校准、流量检查、气密性检查、颗粒物采样滤膜检查、气象参数检查校准、数据采集一致性检查。

第三十条　中国环境监测总站组织开展年度质控专项检查。

7．数据管理

第三十一条　国家区域站运行单位负责实时数据采集、检查、上报传输。

第三十二条　各省市区环境监测中心（站）负责数据例行审核、上报传输备份。

第三十三条　中国环境监测总站负责国家区域站网络的数据汇总、组织年度数据质量审核、制作数据应用产品、组织数据传输平台的更新换代。

第三十四条　数据的时效性根据国家标准有关规定执行。

第三十五条　建立非正常运行（校准、停电、电压波动不稳、通讯故障、仪器故障）时报告、检修和数据处理程序。

第三十六条　数据的使用根据环境保护部的有关规定执行。

8．报告应用

第三十七条　数据发布根据环境保护部的有关规定执行。

第三十八条　建立国家区域站的年度报告制度。

第三十九条　国家区域站网络数据应用于支持国家和地方的环境评估和环境管理。

9．人员管理

第四十条　建立运行人员的培训和资质管理制度。

第四十一条　运行人员必须持证上岗。国家区域站运行人员必须参加中国环境监测总站和各省市区环境监测中心（站）组织的相关年度业务培训和技术交流。

第四十二条　运行人员队伍应保持相对稳定。

第四十三条　为国家区域站运行人员提供必要的通讯、交通、野外作业补贴等后勤保障。

10．安全管理

第四十四条　国家区域站运行单位必须建立一套安全运行的管理制度和应急预案。

第四十五条　每年度对运行过程中的人员、站房、仪器设备等防护措施进行安全检查和评估。

第四十六条　原则上现场巡检人员不少于 2 人。必须为运行人员提供人身意外伤害保险。

11．交流评估

第四十七条　建立年度例行的国家区域站监测网络的交流制度。

第四十八条　中国环境监测总站组织进行年度网络运行情况评估和系统审核。

第四十九条　中国环境监测总站定期组织对国家区域站技术管理规定及其作业指导书、质量保证与质量控制手册的修订。

第五十条　国家区域站应支持实现环境保护部监测网络设施的综合利用，支持包括生态、水、海洋环境监测和环境遥感等业务。根据环境保护部的相关规定和管理指导，同时支持科研单位研究项目、国际交流合作项目、环境科普和环保教育。

（二）区域站运行管理制度

1．点位环境管理巡检制度

1）国家区域站负责单位

第一条　观察点位周边环境的变化，并进行记录。

第二条　通过观察及时发现自然灾害和人为影响所引起的安全隐患，并进行记录。

第三条　查看国家区域站外围的道路、供电、通讯、给排水设施等，并进行记录。每年定期征询调查区域站所在地管委会意见。

第四条　定期检查、维护保持国家区域站安保视频设施的完好性。

第五条　如果发现影响点位代表性和监测正常运行的环境变化，及时报告管理单位进行处理。

第六条　当周围树木生长超过监测规范规定的控制高度限值时，对采样有影响的树枝进行剪除。

第七条　定期对国家区域站监测点位设置的代表性和完整性进行回顾性审查。在需要进行点位增设和变更时，按环境空气质量监测规范要求提出点位变更的技术报告及其申请材料。

第八条　地方网络的区域站点位环境管理巡检制度可参照国家区域站的制度执行（以下同，不再重述）。

2）省级中心（站）

第九条　定期进行国家区域站监测点位设置的代表性和完整性技术初审。对辖区内国家区域站的监测点位设置和变更进行初审，检查点位设置是否符合规定，提出初审报告。

第十条　对辖区内地方网络区域站的监测点位设置和变更进行审核，检查点位设置是否符合规定，提出审核意见。

3）中国环境监测总站

第十一条　定期进行国家区域站监测点位设置的代表性和完整性技术审查。对国家区域站的监测点位设置和变更进行审核确认，检查点位设置是否符合规定。

2．站房管理巡检制度（内、外）

1）国家区域站负责单位

第一条　查看站房的基础设施，包括避雷系统、消防、供电、通讯、给排水设施、安保设施等。每年请有资质的防雷检测部门检测一次，检测报告存档备查，若检测不合格须及时整改合格。

第二条　保持国家区域站院内卫生整洁。

第三条　检查站房外部状况，包括建筑物、站房防漏防渗、气象杆和天线设施。

第四条　注意站房内部异常气味和噪声，并排查。

第五条　检查站房内部设施，包括消防、照明、强弱电和接地、通讯网络、应急设施等。

第六条　检查室内空调和除湿机是否工作正常和查看室内的温湿度；检查空调压缩机和定期排水。

第七条　检查空调的出风口，防止出风直接吹在电磁阀和采样管上。

第八条　冬夏季节检查站房室内外温差。若温差较大引起采样装置出现冷凝水，及时调整站房温度降低温差，或对采样总管采取适当的控制措施，防止冷凝现象。

第九条　站房空调机的过滤网每 1 个月至少清洗 1 次，防止尘土阻塞空调机过滤网影响运行效率。

第十条　检查站房排风装置工作是否正常。

第十一条　保持站房内部卫生整洁。

第十二条　记录巡检情况，如果发现影响国家区域站安全和正常运行的情况，应及时报告管理单位进行处理。

2）省级中心（站）

第十三条　定期进行辖区国家区域站站房管理巡检的检查。

3）中国环境监测总站

第十四条　定期组织专家进行国家区域站站房管理巡检的检查。每年在全国范围内选取部分国家网络区域站，组织专家进行现场站房管理检查。

3．系统运行维护巡检制度

1）国家区域站负责单位

第一条　检查监测系统各仪器的运行状况和工作状态参数是否正常，若发现问题，查明原因并及时排除故障。

第二条　检查数据采集和传输情况是否正常，若发现问题，查明原因并及时排除故障。

第三条　定期备份系统的监测数据。

第四条　检查采样总管系统、支路管线结合部和排气管路，查看是否有漏气或堵塞现象。

第五条　检查气体分析仪器颗粒物过滤膜的受污情况，视受污情况及时更换，通常情况下每2周更换一次，保留滤膜并标记存储和记录以备可能研究。

第六条　定期清洗气态物采样系统（包括总管和支管），每季度至少清洗一次。

第七条　检查各分析仪器采样流量。

第八条　颗粒物采样头每月清洗一次；颗粒物自动监测仪的采样系统，至少每季度清洗一次。

第九条　遇到特殊情况（如沙尘暴等）时，及时检查和清洗采样系统并更换滤膜。

第十条　校准系统中零气发生器内的氧化剂和净化剂每半年更换一次。

第十一条　检查标准气体钢瓶是否安全固定、阀门是否漏气、标准气体的有效期限和消耗情况等。

第十二条　定期检查备品备件清单。

第十三条　记录巡检情况，如果发现影响国家区域站安全和正常运行的情况，应及时报告管理单位进行处理。

2）省级中心（站）

第十四条　定期进行辖区国家区域站系统运行维护巡检的检查。

3）中国环境监测总站

第十五条　定期组织专家进行国家区域站系统运行维护巡检的检查。每年在全国范围内选取部分国家网络区域站，组织专家进行现场系统运行维护检查。

4．质控制度

1）国家区域站负责单位

第一条　标准气体和臭氧校准仪通过环境保护部的量值溯源体系传递。使用的各种厂家来源的标准气体等工作标准物质，需要进行标准溯源，标准传递溯源方法按《环境空气质量自动监测技术规范》（HJ/T 193—2005）进行。

第二条　流量计和温度湿度气压计标准通过国家计量部门认证过的标准进行传递。

第三条　零点和跨度检查校准。具备自动校准功能的自动气体分析仪器系统每天零时开始自动校准；不具备自动校准功能的其他分析仪器每周检查校准一次。

第四条　多点校准检查，每季度至少校准一次。

第五条　精密度检查，每季度至少检查一次。

第六条　氮氧化物分析仪的钼炉转化率半年检查一次，如果转化率低于96%需更换钼炉芯。

第七条 颗粒物自动监测仪每月至少进行一次流量检查校准，并在更换滤膜的同时进行流量检查校准。

第八条 TEOM 法和β射线法颗粒物自动监测仪中的温度和气压每半年检查校准一次；质量变送器 K_0 值，每半年审核一次；在背景清洁地区主流量建议设置为 3 L。对于β射线颗粒物自动监测仪，在有条件时，可同时用标准膜进行标定。

第九条 气体动态校准仪质量流量控制器的检查校准，每年至少一次。

第十条 对于使用开放光程的监测分析仪器，每季度至少进行一次单点检查（选择一个项目用满量程等效浓度 10%～20%的标气），每半年至少进行一次多点校准（等效浓度）。

第十一条 如仪器的性能状况已变差，应视情况缩短检查或调节周期。

第十二条 上述监测仪器的检查和校准记录需存档。

第十三条 零气发生器的零气纯度检查，有条件时每年至少一次。

第十四条 由于上述质量控制活动可能影响监测仪器的数据采集率，在站点进行操作时，操作人员应首先检查监测仪器反映的环境空气浓度。如果有污染事件发生，应延期进行质量控制活动。

第十五条 数据一致性检查，每年一次。

第十六条 监测仪器系统的性能审核，每年一次。

第十七条 定期进行国家区域站的三级质量管理审核。建立和完善数据应用的质量管理，包括将例行的零/跨漂检查及多点校准（气体监测仪器）、β射线颗粒物监测仪标准膜标定校准、TEOM 颗粒物监测仪质量变送器 K_0 值审核及颗粒物监测仪流量校准所获得的包括校准前后的分类误差进行分析，形成对相应每组监测数据的连续的质量标识历史记录。

第十八条 每年汇集国家区域站的质量保证和质量控制报告，进行规范的监测质量审核和数据质量标识审核，进行国家区域站总体的质量分析评价和总结。

第十九条 编制国家区域站空气质量自动监测的质量审核报告，并报送省级站。

2）省级中心（站）

第二十条 建立和完善质量保证和质量控制实验室，负责向中国环境监测总站标准溯源，在辖区内进行标准传递。

第二十一条 每年至少进行一次辖区国家区域站的巡回检查和考核。负责具体实施中国环境监测总站组织的监测质量控制考核，内容包括使用考核标准气体考核和检查气体监测仪器，采用标准流量计检查监测仪器流量等。

第二十二条 审核辖区国家区域站每年上报的环境空气质量自动监测的质量审核报告，包括质控记录和上报的监测数据质量。编制对辖区国家区域站监测的总体质量审核报告，并报送中国环境监测总站。

3）中国环境监测总站

第二十三条 建立和完善国家空气质量监测质量保证和质量控制实验室，逐步开展对 SO_2、NO、CO、O_3 等标准物质和质量流量等测量标准的可溯源标准传递。中国环境监测总站每年至少一次向省级中心（站）发放经过国家级认定的标气或标准物质，作为一级传递标准，用于校准各省市区的二级传递标准。

第二十四条 定期进行对国家区域站的质控审核。每年至少组织一次国家区域站的质量控制考核。中国环境监测总站提供标准气体，由省级中心（站）具体实施。每年在全国范围内选取部分国家区域站，组织专家进行现场质控审核。

第二十五条 定期进行国家区域站监测数据的质量审查。审核各省市区每年上报的国家区域站的环境空气质量自动监测的质量审核报告，包括质控记录和上报的监测数据质量。编制国家区域站的空气质量自动监测的总体质量审核报告。

5. 人员培训和资质管理制度

第一条 国家区域站运行维护人员持证上岗。

第二条 中国环境监测总站组织对国家区域站技术人员和各省站相关运行管理技术人员的定期培训。

第三条 国家区域站运行单位编制培训和交流计划，组织技能学习。

第四条 中国环境监测总站组织国家区域站网络成员单位的年度交流。

第五条 中国环境监测总站建立国家区域站联合技术委员会，进行年度运行评估和修订运行手册。

三、国家环境空气质量监测背景站运行管理暂行规定

（一）背景站运行管理暂行规定

1. 总则

第一条 为保障国家背景站在统一的管理制度和技术规定框架内运行，特制定本规定。

第二条 本规定依据《环境空气质量监测规范（试行）》（2007 环保总局 4 号令）和《环境空气质量自动监测技术规范》（HJ/T 193—2005）等环境保护部的国家技术规范编制。

第三条 本规定适用于国家背景站管理。

第四条 本规定采用目标导向方法和系统综合技术管理方法制定。

2. 组织和保障体系

第五条 国家背景站在环境保护部领导下，由中国环境监测总站负责技术管理，各省、自治区、直辖市环境监测中心（站）、福建省武夷山大气背景值监测站负责具体的运行管理。

第六条 各地国家背景站的实际运行单位（托管站）必须具备必要的环境空气质量监测站运行资质。

第七条 国家保障国家背景站的运行维护经费并负责监测仪器的更新换代。

第八条 国家背景站应定期检查基础设施、站房和监测设备的使用状况，定期进行维修和更新。原则上，每 5 年进行设备的更新换代。

第九条 建立以国家背景站网络成员为主体的联合技术委员会，由中国环境监测总站组织进行国家背景站年度运行审核和评估。

第十条 国家背景站实行电子化运行管理，应用于点位与站房管理、仪器设备信息、巡检维护和质控记录等。

第十一条 中国环境监测总站组织编制以本技术管理规定为框架的国家背景站作业指导书。

3. 点位和站房管理

第十二条 国家背景站根据环境保护部颁布的点位选址规定设置。由中国环境监测总站组织进行点位选址考察、论证和报告编制，报环境保护部审批。

第十三条 各地应确保国家背景站周边环境的长期稳定。

第十四条 国家背景站的站房建设应满足环境保护部的相关规范要求。国家背景站包括监测区、工作区和生活区。

第十五条 国家背景站运行单位需建立站房及其基础设施的设计、验收、设备更新等清单档案备查。

第十六条 中国环境监测总站组织建立统一的国家背景站点位环境管理的巡检制度。

第十七条 中国环境监测总站组织建立统一的国家背景站站房管理的巡检制度。检查基础设施（包括全方位避雷、道路、供电、通讯、给排水、安保设施）、站房外部状况、站房内部设施（消防、照明、强弱电、通讯网络、温湿度、空调、备用电源、应急设施）等。

4. 系统组成

第十八条 监测系统包括采样系统、监测分析仪器系统、数据采集和传输系统、质量保证系统、中心控制系统、安保监控和环境数字摄影等其他辅助设备。

第十九条 根据环境保护部设备配置计划确定的监测项目，包括反应性气体、颗粒物、酸沉降、温室气体、气象参数等项目。

5. 运行管理

第二十条 中国环境监测总站组织建立统一的国家背景站系统运行维护的巡检制度。国家背景站运行单位一般每周不少于一次巡检。

第二十一条 国家背景站运行单位配备专业技术人员，负责日常巡检维护。

第二十二条 系统巡检包括对监测区、工作区和生活区的运行状况等检查和记录。

第二十三条 对空气自动监测系统的采样系统，视积灰等受污情况及时进行清洗。通常情况下，至少每季度清洗一次。

第二十四条 定期进行仪器设备维护保养，建立仪器的维护保养记录和维修记录。

第二十五条 建立故障报修制度。为保障系统正常和稳定运行，建立必要的备品备件库。

第二十六条 中国环境监测总站建立年度的运行巡查制度，开展对国家背景站的现场检查。

6. 质量管理

第二十七条 中国环境监测总站组织建立统一的国家背景站质量保证与质量控制程序。

第二十八条 建立国家背景站网络的量值溯源标准传递体系。

第二十九条 国家背景站运行单位负责定期进行零点跨度检查校准、精密度检查、多点校准检查、流量检查、气密性检查、颗粒物采样滤膜检查、气象参数检查校准、数据采集一致性检查。

第三十条 中国环境监测总站组织开展年度质控专项检查。

7. 数据管理

第三十一条 国家背景站运行单位负责实时数据采集、检查、上报传输。

第三十二条 各省市区环境监测中心（站）、福建省武夷山大气背景值监测站负责数据例行审核、上报传输备份。

第三十三条 中国环境监测总站负责国家背景站网络的数据汇总、组织年度数据质量审核、制作数据应用产品、组织数据传输平台的更新换代。

第三十四条 数据的时效性根据国家标准有关规定执行。

第三十五条 建立非正常运行（校准、停电、电压波动不稳、通讯故障、仪器故障）时报告、检修和数据处理程序。

第三十六条 数据的使用根据环境保护部的有关规定执行。

8. 报告应用

第三十七条 数据发布根据环境保护部的有关规定执行。

第三十八条 建立国家背景站的年度报告制度。

第三十九条 国家背景站网络数据应用于支持国家和地方的环境评估和环境管理。

9. 人员管理

第四十条 建立运行人员的培训和资质管理制度。

第四十一条 运行人员必须持证上岗。国家背景站运行人员必须参加中国环境监测总站和各省市区环境监测中心（站）组织的相关年度业务培训和技术交流。

第四十二条 运行人员队伍应保持相对稳定。

第四十三条 为国家背景站运行人员提供必要的通讯、交通、野外作业补贴等后勤保障。

10. 安全管理

第四十四条 国家背景站运行单位必须建立一套安全运行的管理制度和应急预案。

第四十五条 每年度对运行过程中的人员、站房、仪器设备等防护措施进行安全检查和评估。

第四十六条 原则上现场巡检人员不少于 2 人。必须为运行人员提供人身意外伤害保险。

11. 交流评估

第四十七条 建立年度例行的国家背景站监测网络的交流制度。

第四十八条 中国环境监测总站组织进行年度网络运行情况评估和系统审核。

第四十九条 中国环境监测总站定期组织对国家背景站技术管理规定及其作业指导书、质量保证与质量控制手册的修订。

第五十条 国家背景站应支持实现环境保护部监测网络设施的综合利用，支持包括生态、水、海洋环境监测和环境遥感等业务。根据环境保护部的相关规定和管理指导，同时支持科研单位研究项目、国际交流合作项目、环境科普和环保教育。

（二）背景站运行管理制度

1．点位环境管理巡检制度

1）国家背景站负责单位

第一条　观察点位周边环境的变化，并进行记录。

第二条　通过观察及时发现自然灾害和人为影响所引起的安全隐患，并进行记录。

第三条　查看国家背景站外围的道路、供电、通讯、给排水设施等，并进行记录。每年定期征询调查背景站所在地管委会意见。

第四条　巡视和维护国家背景站外围的安全栅栏和隔离防护带。

第五条　定期检查、维护保持国家背景站安保视频设施的完好性。

第六条　如果发现影响点位代表性和监测正常运行的环境变化，及时报告管理单位进行处理。

第七条　当周围树木生长超过监测规范规定的控制高度限值时，对采样有影响的树枝进行剪除。

第八条　定期对国家背景站监测点位设置的代表性和完整性进行回顾性检查。

2）省级中心（站）

第九条　定期进行辖区内国家背景站监测点位的代表性和完整性管理检查。

3）中国环境监测总站

第十条　定期进行国家背景站监测点位的代表性和完整性管理检查。

2．站房管理巡检制度（内、外）

1）国家背景站负责单位

第一条　查看站房的基础设施，包括避雷系统、消防、供电、通讯、给排水设施、安保设施等。每年请有资质的防雷检测部门检测一次，检测报告存档备查，若检测不合格须及时整改合格。

第二条　保持国家背景站院内卫生整洁。

第三条　检查站房外部状况，包括建筑物、站房防漏防渗、气象杆和天线设施。

第四条　注意站房内部异常气味和噪声，并排查。

第五条　检查站房内部设施，包括消防、照明、强弱电和接地、通讯网络、应急设施等。

第六条　检查室内空调和除湿机是否工作正常和查看室内的温湿度；检查空调压缩机和定期排水。

第七条　检查空调的出风口，防止出风直接吹在电磁阀和采样管上。

第八条　冬夏季节检查站房室内外温差。若温差较大引起采样装置出现冷凝水，及时调整站房温度降低温差，或对采样总管采取适当的控制措施，防止冷凝现象。

第九条　站房空调机的过滤网每个月至少清洗一次，防止尘土阻塞空调机过滤网影响运行效率。

第十条　检查站房排风装置工作是否正常。

第十一条 保持站房内部卫生整洁。

第十二条 记录巡检情况，如果发现影响国家背景站安全和正常运行的情况，应及时报告管理单位进行处理。

2）省级中心（站）

第十三条 定期进行辖区内国家背景站站房管理巡检的检查，每季度至少一次。

3）中国环境监测总站

第十四条 定期组织专家进行国家背景站站房管理巡检的检查，每年至少一次。

3．系统运行维护巡检制度

1）国家背景站负责单位

第一条 检查监测系统各仪器的运行状况和工作状态参数是否正常，若发现问题，查明原因并及时排除故障。

第二条 检查数据采集和传输情况是否正常，若发现问题，查明原因并及时排除故障。

第三条 定期备份系统的监测数据。

第四条 检查采样总管系统、支路管线结合部和排气管路，查看是否有漏气或堵塞现象。

第五条 检查气体分析仪器颗粒物过滤膜的受污情况，视受污情况及时更换，通常情况下每 2 周更换一次，保留滤膜并标记存储和记录以备可能研究。

第六条 定期清洗气态物采样系统（包括总管和支管），每季度至少清洗一次。

第七条 检查各分析仪器采样流量。

第八条 颗粒物监测仪的采样头每月清洗一次；颗粒物自动监测仪的采样系统，至少每季度清洗一次。

第九条 遇到特殊情况（如沙尘暴等）时，及时检查和清洗采样系统并更换滤膜。

第十条 校准系统中零气发生器内的氧化剂和净化剂每半年更换一次。

第十一条 检查标准气体钢瓶是否安全固定、阀门是否漏气、标准气体的有效期限和消耗情况等。

第十二条 定期检查备品备件清单。

第十三条 记录巡检情况，如果发现影响国家背景站安全和正常运行的情况，应及时报告管理单位进行处理。

2）省级中心（站）

第十四条 定期进行辖区内国家背景站系统运行维护巡检的检查，每季度至少一次。

3）中国环境监测总站

第十五条 定期组织专家进行国家背景站系统运行维护巡检的检查，每年至少一次。

4．质控制度

1）国家背景站负责单位

第一条 标准气体和臭氧校准仪通过环境保护部的量值溯源体系传递。使用的各种厂家来源的标准气体等工作标准物质，需要进行标准溯源，标准传递溯源方法按《环境空气质量自动监测技术规范》（HJ/T 193—2005）进行。

第二条 流量计和温度湿度气压计标准通过国家计量部门认证过的标准进行传递。

第三条　零点和跨度检查校准。具备自动校准功能的自动气体分析仪器系统每天零时开始自动校准；不具备自动校准功能的其他分析仪器每周检查校准一次。

第四条　多点校准检查，每季度至少校准一次。国家背景站需进行监测设备的双配置，保障监测数据的连续性。

第五条　精密度检查，每季度至少检查一次。

第六条　大流量颗粒物手工采样器的流量每月至少检查、校准一次。定时器每年检查一次。

第七条　氮氧化物分析仪的钼炉转化率每半年至少检查一次。

第八条　颗粒物自动监测仪每月至少进行一次流量检查校准，并在更换滤膜的同时进行流量检查校准。

第九条　TEOM 法和β射线法颗粒物自动监测仪中的温度和气压每半年检查校准一次；质量变送器 K_0 值，每半年审核一次；在背景清洁地区主流量建议设置为 3 L。对于β射线颗粒物自动监测仪，在有条件时，可同时用标准膜进行标定。

第十条　气体动态校准仪质量流量控制器的检查校准，每年至少一次。

第十一条　零气发生器的零气纯度检查，每半年至少一次。

第十二条　监测仪器的检测限检查，建议有条件时每年一次。

第十三条　对于使用开放光程的监测分析仪器，每季度至少进行一次单点检查（选择一个项目用满量程等效浓度 10%～20%的标气），每半年至少进行一次多点校准（等效浓度）。

第十四条　如仪器的性能状况已变差，应视情况缩短检查或调节周期。

第十五条　上述监测仪器的检查和校准记录需存档。

第十六条　由于上述质量控制活动可能影响监测仪器的数据采集率，在站点进行操作时，操作人员应首先检查监测仪器反映的环境空气浓度。如果有污染事件发生，应延期进行质量控制活动。

第十七条　定期对监测仪器设备进行实验室维护保养。

第十八条　数据一致性检查，每年一次。

第十九条　监测仪器系统的性能审核，每年一次。

第二十条　定期进行国家背景站的三级质量管理审核。建立和完善数据应用的质量管理，包括将例行的零/跨漂检查及多点校准（气体监测仪器）、β射线颗粒物监测仪标准膜标定校准、TEOM 颗粒物监测仪质量变送器 K_0 值审核及颗粒物监测仪流量校准所获得的包括校准前后的分类误差进行分析，形成对相应每组监测数据的连续的质量标识历史记录。

第二十一条　每年汇集国家背景站的质量保证和质量控制报告，进行规范的监测质量审核和数据质量标识审核，进行国家背景站总体的质量分析评价和总结。

第二十二条　编制国家背景站空气质量自动监测的质量审核报告，并报送省级站。

2）省级中心（站）

第二十三条　建立和完善质量保证和质量控制实验室，负责向中国环境监测总站标准溯源，在辖区内进行标准传递。

第二十四条　每年至少进行一次辖区国家背景站的巡回检查和考核。负责具体实施中国环境监测总站组织的监测质量控制考核，内容包括使用考核标准气体考核和检查气体监测仪器，采用标准流量计检查监测仪器流量等。

第二十五条　审核辖区国家背景站每年上报的环境空气质量自动监测的质量审核报告，包括质控记录和上报的监测数据质量。编制对辖区国家背景站监测的总体质量审核报告，并报送中国环境监测总站。

3）中国环境监测总站

第二十六条　建立和完善国家空气质量监测质量保证和质量控制实验室，逐步开展对SO_2、NO、CO、O_3 等标准物质和质量流量等测量标准的可溯源标准传递。中国环境监测总站每年至少一次向省级中心（站）发放经过国家级认定的标气或标准物质，作为一级传递标准，用于校准各省市区的二级传递标准。

第二十七条　定期进行对国家背景站的质控审核。每年至少组织一次国家背景站的质量控制考核。中国环境监测总站提供标准气体，由省级中心（站）具体实施。每年在全国范围内选取部分国家背景站，组织专家进行现场质控审核。

第二十八条　定期进行国家背景站监测数据的质量审查。审核各省市区每年上报的国家背景站的环境空气质量自动监测的质量审核报告，包括质控记录和上报的监测数据质量。编制国家背景站的空气质量自动监测的总体质量审核报告。

5. 人员培训和资质管理制度

第一条　国家背景站运行维护人员持证上岗。

第二条　中国环境监测总站组织对国家背景站技术人员与各省站相关运行管理技术人员的定期培训。

第三条　国家背景站运行单位编制培训和交流计划，组织技能学习。

第四条　中国环境监测总站组织国家背景站网络成员单位的年度交流。

第五条　中国环境监测总站建立国家背景站联合技术委员会，进行年度运行评估和修订运行手册。

第六条　中国环境监测总站组织国家背景站的国内外国家级监测站交流学习。

第六章　环境空气质量日报、预报及实时报

2000年，中国环境监测总站根据原国家环境保护总局的有关要求，以技术文件形式发布了《环境空气质量日报技术规定》（总站办字[2000]026号），组织47个环保重点城市开展环境空气质量日报工作。监测项目为二氧化硫、二氧化氮和可吸入颗粒物，发布形式为空气污染指数、首要污染物、空气质量级别和空气质量状况。根据原国家环境保护总局和中国气象局《关于开展环境保护重点城市空气质量预报工作的通知》（环发[2000]231号）的文件精神，中国环境监测总站于2001年发布《城市空气质量预报技术规定（暂行）》（总站气字[2001]055号），2001年6月5日，47个重点城市向社会公众发布了空气质量预报。从2002年6月起到2005年6月，向中国环境监测总站报送日报数据的重点城市扩展到113个。到2010年，除113个城市向中国环境监测总站报送空气质量日报数据外，近300个城市在地方电视台、电台和网络等新闻媒体发布空气质量日报。

一、空气质量API日报

（一）空气质量API日报在污染防治中起到的作用和意义

自从2000年在全国范围内开展城市空气质量日报工作以来，迄今已逾10年。环境保护部网站上发布环境空气质量日报的城市由最初的47个城市已发展到了113个城市，全国共有近300个城市在地方媒体上发布各自地方城市的环境空气质量情况，促进了城市环境空气质量不断改善，公众环境保护意识不断提高，为政府环境信息公开做出重要贡献。很多城市将优良天数的增加作为环境管理目标。

多年来，《城市空气质量日报技术规定》（总站办字[2000]026 号）在规范各地空气质量日报发布方面起到了重要作用。

但是，随着国家经济的高速发展和人们环保意识的不断提高，公众对环境空气质量的要求也在不断提高。《城市空气质量日报技术规定》在污染物的种类、阈值、报告时间等方面都已不能适应新的形势的需要。因此有必要出台新的规则。

（二）空气质量API日报工作面临的主要问题及对策

1. 空气质量API日报现状

目前，我国空气质量日报采用空气污染指数（API）形式报告。空气污染指数按照《城市空气质量日报技术规定》计算发布，空气污染指数中的污染物包括 SO_2、NO_2、PM_{10}、CO和 O_3，根据当时我国空气污染的特点和污染防治重点以及监测能力，SO_2、NO_2和 PM_{10}

作为空气质量日报的必测因子。

目前国外较多地采用空气质量指数（Air Quality Index，AQI）来描述空气质量状态，例如美国1999年7月使用AQI表示空气质量状况，取代了原本使用的污染标准指数(PSI)，AQI较PSI增加了$PM_{2.5}$和O_3-8 h，并对每种污染物所影响的易感人群作了分类说明。总的来说，API、PSI、AQI及AQHI等指数的设计原理相同，无本质区别，都是为发布每日空气质量状况而设计的一种易于理解的空气质量表达方式。

从强调表征空气质量状况的目的出发，该指数采用空气质量指数（AQI）的名称更为合适。

2．评价因子不全面

随着工业发展进程的加快，区域污染源与本地污染源的共同作用导致某些地区出现复合型空气污染，城市化加速与交通需求快速增长导致机动车持续快速增长，机动车尾气污染严重。老的污染问题尚未解决，新的污染问题（臭氧污染、细颗粒物污染、光化学烟雾污染等）又开始呈现。

中国香港、美国、英国的空气污染指数指标除SO_2、NO_2、PM_{10}三个污染物外，还包括O_3和CO，美国、英国、印度等国家还包括了细颗粒物（$PM_{2.5}$）指标，我国现行的API评价指标只有SO_2、NO_2、PM_{10}三项，与发达国家及部分发展中国家相比评价指标较少，不适应我国当前复合型污染的空气污染形势，无法更全面地表征空气质量状况，增加O_3和$PM_{2.5}$等指标能够较好地应对大气细颗粒物污染和光化学烟雾等复杂的区域性环境问题。

另一方面从我国空气污染现状分析（图6.1）可以看出，自2005年以来PM_{10}质量浓度始终低于国家年均质量浓度二级标准，并从2005年的0.094 mg/m^{3}下降至2012年的0.076 mg/m^3，下降幅度较大；SO_2浓度从2006年起始终低于0.040 mg/m^3，明显低于SO_2年均浓度二级标准0.060 mg/m^3；但O_3、细颗粒等问题已经凸显，从图6.2和图6.3中可以看出，2008年和2009年O_3试点城市的18个监测点位的累积O_3超标天数均超过400 d，灰霾天数也明显增加，现行的API系统已不适应我国当前复合型污染的空气污染形势，不能更好、更全面地体现空气质量状况。$PM_{2.5}$和PM_{10}均为颗粒物评价指标，但$PM_{2.5}$在PM_{10}中所占比例随区域变化较大，因其粒径小、停留时间长等原因，对人体健康影响更显著，我国呈现了PM_{10}和$PM_{2.5}$污染并存的颗粒物污染特征；O_3-8 h评价是国际O_3评价趋势且对人体健康的环境基准值已经确定，同时为保护人体免受短期急性暴露产生的健康影响，提示公众和环境管理部门采取措施，增加O_3-8 h的同时建议保留O_3-1 h。由此可见增加$PM_{2.5}$和O_3（1 h和8 h）指标能够较好地说清大气细粒子污染和光化学烟雾等复杂的区域性环境问题并更好地保护人体健康。

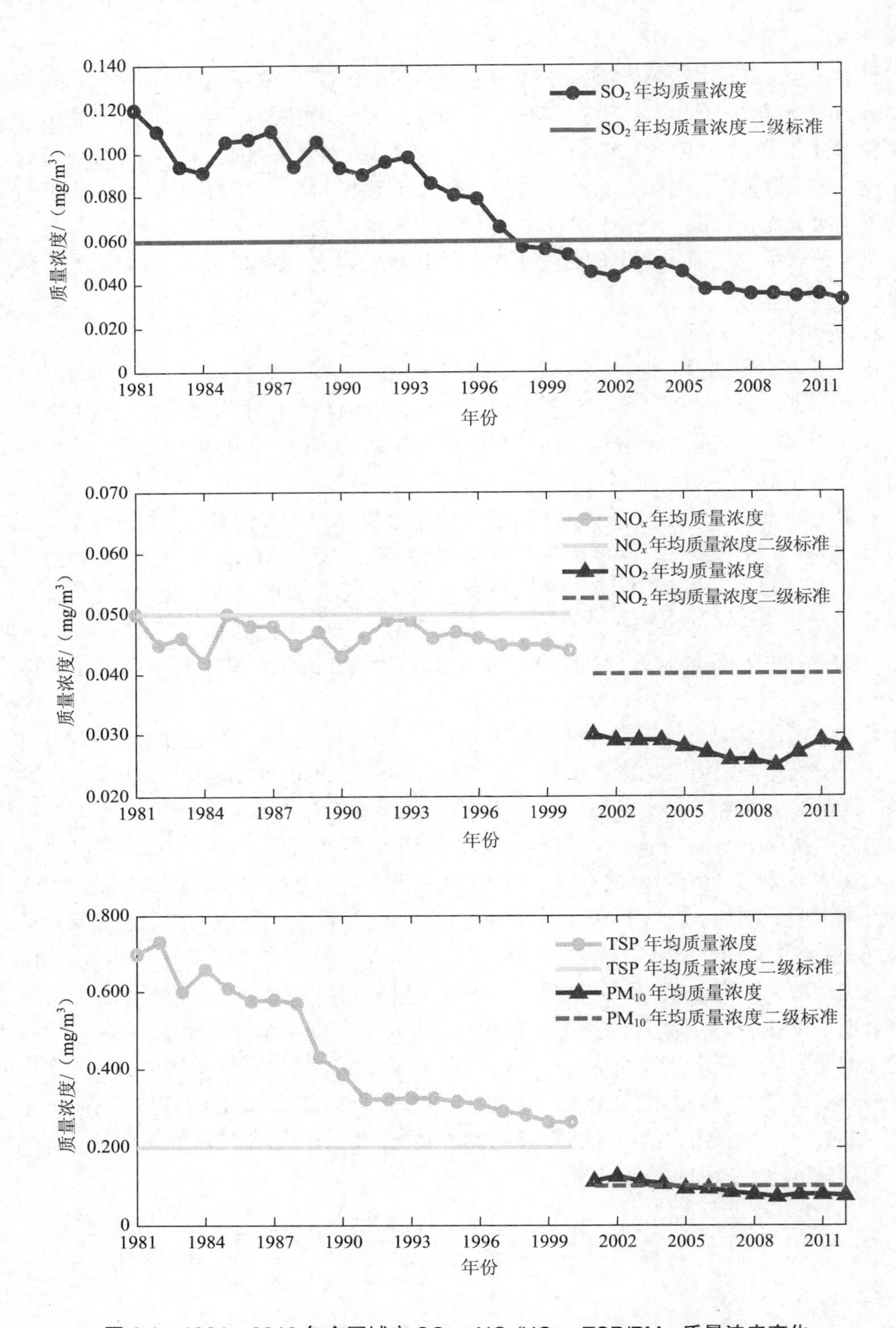

图 6.1 1981—2012 年全国城市 SO_2、NO_x/NO_2、TSP/PM_{10} 质量浓度变化

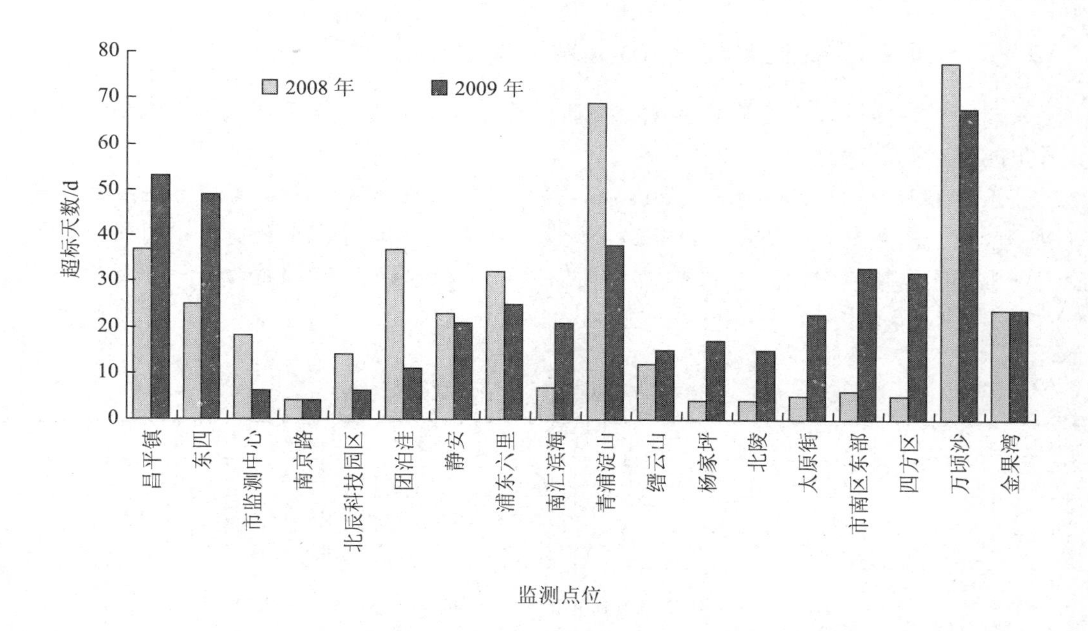

图 6.2　2008—2009 年测点 O_3 超标天数

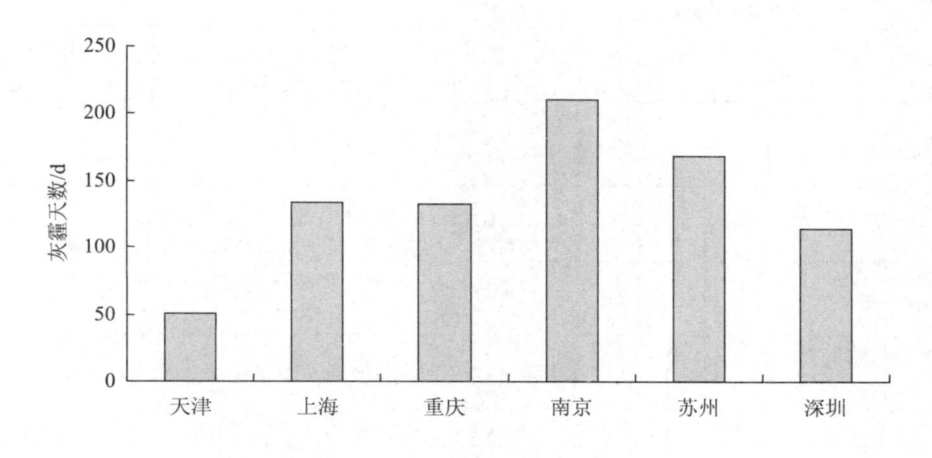

图 6.3　2009 年各试点城市灰霾天数统计

3．空气质量 API 日报发布形式需要进一步完善

现行的空气质量日报考虑到数据审核、日报发布工作的需要，周期为前一日 12：00 到当日 12：00。这与自然日概念不一致，也易造成公众感受与空气质量状况不同步，建议空气质量日报周期采用自然日。

同时，为了使环境空气质量信息能更好地为公众服务，借鉴美国经验，在日报基础上增加空气质量信息的实时发布，给予公众及时、准确的健康提示，满足公众不同层面的需求。

（三）国外和中国香港环境空气质量发布情况

目前国外许多国家都在进行环境空气质量的日报工作，根据其各自国内的情况不同，其日报的规定有所差异。

美国 AIRNow（www.epa.gov/airnow）是目前发展最完善的一个实时日报系统，该系统以一个集中的数据处理中心（DMC）为核心。DMC 从超过 115 个美国和加拿大质量监控代理机构实时接收 O_3 和 $PM_{2.5}$ 数据，并从 300 多个美国城市实时接收空气质量报告。发布内容主要有 AQI 指数、小时浓度，见表 6.1 和表 6.2。

表 6.1 美国空气质量分级指数

AQI	类别	O_3-8h	O_3-1h	PM_{10}	$PM_{2.5}$	CO	SO_2	NO_2
		μl/L	μl/L	μg/m^3	μg/m^3	μl/L	μl/L	μl/L
0～50	优	0.000～0.059	—	0～54	0.0～15.4	0.0～4.4	0.000～0.034	—
50～100	适中	0.060～0.075	—	55～154	15.5～40.4	4.5～9.4	0.035～0.144	—
101～150	对敏感人群有影响	0.076～0.095	0.125～0.164	155～254	40.5～65.4	9.5～12.4	0.145～0.224	0～0.64
151～200	不健康	0.096～0.115	0.165～0.204	255～354	65.5～150.4	12.5～15.4	0.225～0.304	—
201～300	很不健康	0.116～0.374（0.155～0.404）	0.205～0.404	355～424	150.5～250.4	15.5～30.4	0.305～0.604	0.65～1.24
301～400	危险	—	0.405～0.504	425～504	250.5～350.4	30.5～40.4	0.605～0.804	1.25～1.64
401～500	危险	—	0.505～0.604	505～604	350.5～500.4	40.5～50.4	0.805～1.004	1.65～2.04

表 6.2 美国空气质量指数对应的区间含义

空气质量指数健康影响水平	数值	空气指数区间含义
优	0～50	空气质量令人满意，空气污染造成很少或没有风险
适中	51～100	空气质量是可接受的，但某些污染物可能对极少数异常敏感人群健康有较弱影响
对敏感人群有影响	101～150	易感人群症状有轻度加剧，健康人群出现刺激症状
不健康	151～200	进一步加剧易感人群症状，可能对健康人群心脏、呼吸系统有影响
很不健康	201～300	心脏病和肺病患者症状显著加剧，运动耐受力降低，健康人群普遍出现症状
危险	301～500	空气质量已经达到警戒状态，对人群会产生更严重的健康影响

欧盟环境署每天将其境内的各测点 O_3 浓度值即时发布在其网站（http://www.eea.europa.eu/maps/ozone/map）上，对测点以外地区浓度值提供了插值工具。

英国将空气污染指数分为 10 个等级，空气污染对人体健康的影响程度分为 4 个级别，反映 SO_2、NO_2、PM_{10}、$PM_{2.5}$、O_3 五种污染物的综合影响，分别公布实时空气污染状况和 24 h 污染状况（http://www.airquality.co.uk/index.php）。见表 6.3、表 6.4。

表 6.3 英国空气质量分级指数

级别	空气污染指数	O_3	NO_2	SO_2	$PM_{2.5}$	PM_{10}
		8 h 均值	小时均值	15 min 均值	24 h 均值	24 h 均值
		μg/m³	μg/m³	μg/m³	μg/m³	μg/m³
低	1	0～33	0～67	0～88	0～11	0～16
	2	34～66	68～134	89～177	12～23	17～33
	3	67～100	135～200	178～266	24～35	34～50
中	4	101～120	201～267	267～354	36～41	51～58
	5	121～140	268～334	355～443	42～47	59～66
	6	141～160	335～400	444～532	48～53	67～75
高	7	161～187	401～467	533～710	54～58	76～83
	8	188～213	468～534	711～887	59～64	84～91
	9	214～240	535～600	888～1 064	65～70	92～100
很高	10	≥240	≥601	≥1 064	≥71	≥101

表 6.4 英国空气质量指数对应的区间

级别	空气污染指数	健康状况影响
低	1，2，3	除个别对污染物敏感的人外对大部分人没有影响
中等	4，5，6	有轻微影响，不需要采取防护措施，个别敏感人群要注意
高	7，8，9	对环境敏感人群有很大影响，要采取措施避免或者减少这些影响（例如减少户外运动时间）。哮喘病患者会感到肺部不适
很高	10	对敏感人群健康影响很大，有可能加重病情

加拿大以 AQHI（Air Quality Health Index）形式公告空气污染对健康的影响，主要描述 O_3、$PM_{2.5}$/PM_{10}、NO_2 对人体健康的综合影响（http://www.airhealthbc.ca/scalemessaging.htm）。见表 6.5、表 6.6。

表 6.5 加拿大空气质量分级指数

空气质量指数（AQI）	SO_2		CO		NO_2	O_3	PM_{10}
	1 h	24 h	1 h	8 h	1 h	1 h	24 h
	μl/L	μl/L	μl/L	μl/L	μl/L	μl/L	μg/m³
25	0.17	0.06	13	5	0.105	0.05	25
50	0.34	0.11	30	11	0.21	0.08	50
100	2	0.3	64	17.4	0.53	0.15	100

表 6.6 加拿大空气质量指数对应的区间含义

空气质量健康指数级别	空气质量健康指数	对健康危害	
		敏感人群	一般人群
低健康风险	1～3	可正常活动	可正常活动
中健康风险	4～6	心脏病或呼吸系统疾病患者根据医生建议安排户外活动，或减少外出活动	如不出现特殊病症，不需改变正常活动
高健康风险	7～10	儿童、老人、心脏病或呼吸系统疾病患者应减少户外运动和体力消耗，发病几率增加。指数较低时，心脏病和呼吸系统疾病患者外出活动谨遵医嘱	会出现喉咙发炎、咳嗽等不适症状，在指数较低时，避免户外重体力劳动，减少体力消耗
非常高健康风险	＞10	儿童、老人、患有心脏病或有呼吸问题的人应避免户外活动。患有心脏病或有呼吸问题的人根据医生意见安排出行	减少外出和重体力劳动，避免体力消耗

我国香港环保署除了公布即时的空气污染指数外，还进行空气污染指数的预测（http://pc211.epd-asg.gov.hk/gb/www.epd-asg.gov.hk/cindex.php）。见表 6.7、表 6.8。

表 6.7 我国香港空气质量分级指数 单位：μg/m³

空气污染指数分级	相应污染物浓度							
	PM_{10}	SO_2		NO_2		CO		O_3
	24 h	24 h	1 h	24 h	1 h	8 h	1 h	1 h
0	0	0	0	0	0	0	0	0
25	28	40	200	40	75	2 500	7 500	60
50	55	80	400	80	150	5 000	15 000	120
100	180	350	800	150	300	10 000	30 000	240
200	350	800	1 600	280	1 130	17 000	60 000	400
300	420	1 600	2 400	565	2 260	34 000	90 000	800
400	500	2 100	3 200	750	3 000	46 000	120 000	1 000
500	600	2 620	4 000	940	3 750	57 000	150 000	1 200

表 6.8 我国香港空气质量指数对应的区间含义

API	空气污染水平		对健康影响
201～500	黑	严重	心脏病和呼吸系统疾病患者会受到明显影响，一般人普遍会感到不适。包括眼睛不适、气喘、咳嗽、痰多、喉痛等
101～200	红	很高	心脏病和呼吸系统疾病患者病情加重，一般人稍感不适
51～100	黄	偏高	一般人健康不会受到影响，但长期暴露在污染空气中会产生不良影响
26～50	蓝	中等	对一般人没有影响
0～25	绿	轻微	对一般人没有影响

二、环境空气质量 AQI 日报与实时报

2012 年 2 月 29 日，《环境空气质量指数（AQI）技术规定（试行）》（HJ 633—2012）与《环境空气质量标准》（GB 3095—2012）同步实施。与 2000 年制定的《城市空气质量日报技术规定》相比，新的《环境空气质量指数（AQI）技术规定》增加了 O_3、CO 和 $PM_{2.5}$ 等评价指标，调整了日报时间周期，调整了空气质量分级方案，完善了空气质量指数发布方式，增加了空气质量实时报，有利于提高环境空气质量评价工作的科学水平，更好地为公众提供健康指引，努力消除公众主观感受与监测评价结果不完全一致的现象。

（一）空气质量指数（AQI）

空气质量指数是定量描述空气质量状况的无量纲指数。

《环境空气质量指数（AQI）技术规定（试行）》（HJ 633—2012）中规定污染物项目包括二氧化硫（SO_2）、二氧化氮（NO_2）、可吸入颗粒物（PM_{10}）、一氧化碳（CO）、细颗粒物（$PM_{2.5}$）、臭氧-1 小时（O_3-1 h）、臭氧-8 小时（O_3-8 h）等 7 项评价指标。AQI 计算过程如下：

首先计算空气质量分指数，污染物 P 的空气质量分指数按公式（6-1）计算：

$$\mathrm{IAQI}_p = \frac{\mathrm{IAQI}_{\mathrm{Hi}} - \mathrm{IAQI}_{\mathrm{Lo}}}{BP_{\mathrm{Hi}} - BP_{\mathrm{Lo}}}(C_p - BP_{\mathrm{Lo}}) + \mathrm{IAQI}_{\mathrm{Lo}} \tag{6-1}$$

式中：IAQI_p——污染物 p 的空气质量分指数；

C_p——污染物 p 的浓度值；

BP_{Hi}——表 6.9 中与 C_p 相近的污染物浓度限值的高位值；

BP_{Lo}——表 6.9 中与 C_p 相近的污染物浓度限值的低位值；

$\mathrm{IAQI}_{\mathrm{Hi}}$——表 6.9 中与 BP_{Hi} 对应的空气质量分指数；

$\mathrm{IAQI}_{\mathrm{Lo}}$——表 6.9 中与 BP_{Lo} 对应的空气质量分指数。

根据空气质量分指数计算空气质量指数，按公式（6-2）计算：

$$\mathrm{AQI} = \max(\mathrm{IAQI}_1, \mathrm{IAQI}_2, \mathrm{IAQI}_3, \cdots, \mathrm{IAQI}_n) \tag{6-2}$$

式中：IAQI——空气质量分指数；

n——污染物项目。

空气质量指数（AQI）分级方案：空气质量分指数级别及对应的污染物项目浓度限值见表 6.9。

表 6.9 空气质量分指数级别及对应的污染物项目浓度限值 单位：μg/m³

空气质量分指数（IAQI）	污染物项目浓度限值									
	SO_2 24 h 平均	SO_2 1 h 平均[(1)]	NO_2 24 h 平均	NO_2 1 h 平均[(1)]	PM_{10} 24 h 平均	CO 24 h 平均	CO 1 h 平均[(1)]	O_3 1 h 平均	O_3 8 h 滑动平均	$PM_{2.5}$ 24 h 平均
0	0	0	0	0	0	0	0	0	0	0
50	50	150	40	100	50	2	5	160	100	35
100	150	500	80	200	150	4	10	200	160	75
150	475	650	180	700	250	14	35	300	215	115
200	800	800	280	1 200	350	24	60	400	265	150
300	1 600	[(2)]	565	2 340	420	36	90	800	800	250
400	2 100	[(2)]	750	3 090	500	48	120	1 000	[(3)]	350
500	2 620	[(2)]	940	3 840	600	60	150	1 200	[(3)]	500

注：（1）SO_2、NO_2和 CO 的 1 h 平均浓度限值仅用于实时报，在日报中需使用相应污染物的 24 h 平均项目；
（2）SO_2 1 h 平均质量浓度值高于 800 μg/m³ 的，不再进行其空气质量分指数计算；
（3）O_3 8 h 平均质量浓度值高于 800 μg/m³ 的，不再进行其空气质量分指数计算。

空气质量指数（AQI）级别见表 6.10。

表 6.10 空气质量指数及相关信息

空气质量指数	空气质量指数级别	空气质量指数类别及表示颜色		对健康影响情况	建议采取的措施
0～50	一级	优	绿色	空气质量令人满意，基本无空气污染	各类人群可正常活动
51～100	二级	良	黄色	空气质量可接受，但某些污染物可能对极少数异常敏感人群健康有较弱影响	极少数异常敏感人群应减少户外活动
101～150	三级	轻度污染	橙色	易感人群症状有轻度加剧，健康人群出现刺激症状	儿童、老年人及心脏病、呼吸系统疾病患者应减少长时间、高强度的户外锻炼
151～200	四级	中度污染	红色	进一步加剧易感人群症状，可能对健康人群心脏、呼吸系统有影响	儿童、老年人及心脏病、呼吸系统疾病患者避免长时间、高强度的户外锻炼，一般人群适量减少户外运动
201～300	五级	重度污染	紫色	心脏病和肺病患者症状显著加剧，运动耐受力降低，健康人群普遍出现症状	儿童、老年人和心脏病、肺病患者应停留在室内，停止户外运动，一般人群减少户外运动
＞300	六级	严重污染	褐红色	健康人群运动耐受力降低，有明显强烈症状，提前出现某些疾病	儿童、老年人和病人应当留在室内，避免体力消耗，一般人群应避免户外活动

（二）空气质量 AQI 日报与实时报

1. 发布内容

空气质量监测点位 AQI 日报和实时报的发布内容包括评价时段、监测点位置、各污染物的浓度及空气质量分指数、空气质量指数、首要污染物及空气质量级别。报告时说明监测指标和缺项指标。日报和实时报由各地级及以上环境保护行政主管部门或其授权的环境监测站发布。

日报时间周期为 24 h，时段为当日零点前 24 h。日报的指标包括二氧化硫（SO_2）、二氧化氮（NO_2）、颗粒物（粒径小于等于 10 μm）、细颗粒物（粒径小于等于 2.5 μm）、一氧化碳（CO）的 24 h 平均，还包括臭氧（O_3）的日最大 1 h 平均以及臭氧（O_3）的日最大 8 h 滑动平均 7 个指标。

实时报时间周期为 1 h，每一整点时刻后即可发布各监测点位的实时报，滞后时间不应超过 1 h。实时报的指标包括二氧化硫（SO_2）、二氧化氮（NO_2）、臭氧（O_3）、一氧化碳（CO）、颗粒物（粒径小于等于 10 μm）和细颗粒物（粒径小于等于 2.5 μm）的 1 h 平均，还包括臭氧（O_3）8 h 滑动平均以及颗粒物（粒径小于等于 10 μm）、细颗粒物（粒径小于等于 2.5 μm）的 24 h 滑动平均等 9 个指标。实时报滞后时间不应超过 1 h。

2. 空气质量 AQI 日报和实时报格式

空气质量指数日报和实时报的数据格式见表 6.11 和表 6.12。

表 6.11 空气质量指数日报数据格式

时间：20□□年□□月□□日																				
城市名称	监测点位名称	污染物浓度及空气质量分指数（IAQI）														空气质量指数（AQI）	首要污染物	空气质量指数级别	空气质量指数类别	
		二氧化硫（SO_2）24 h 平均		二氧化氮（NO_2）24 h 平均		颗粒物（粒径小于等于 10 μm）24 h 平均		一氧化碳（CO）24 h 平均		臭氧（O_3）最大 1 h 平均		臭氧（O_3）最大 8 h 滑动平均		细颗粒物（粒径小于等于 2.5 μm）24 h 平均					类别	颜色
		质量浓度/（$\mu g/m^3$）	分指数	质量浓度/（$\mu g/m^3$）	分指数	质量浓度/（$\mu g/m^3$）	分指数	质量浓度/（mg/m^3）	分指数	质量浓度/（$\mu g/m^3$）	分指数	质量浓度/（$\mu g/m^3$）	分指数	质量浓度/（$\mu g/m^3$）	分指数					

注：缺测指标的浓度及分指数均使用 NA 标识。

表 6.12 空气质量指数实时报数据格式

时间：20□□年□□月□□日□□时																						
城市名称	监测点位名称	污染物浓度及空气质量分指数（IAQI）																空气质量指数（AQI）	首要污染物	空气质量指数级别	空气质量指数类别	
		二氧化硫（SO_2）1 h 平均		二氧化氮（NO_2）1 h 平均		颗粒物（粒径小于等于 10 μm）1 h 平均		细颗粒物（粒径小于等于 10 μm）24 h 滑动平均		一氧化碳（CO）1 h 平均		臭氧（O_3）1 h 平均		臭氧（O_3）8 h 滑动平均		颗粒物（粒径小于等于 2.5 μm）1 h 平均		细颗粒物（粒径小于等于 2.5 μm）24 h 滑动平均				类别	颜色
		质量浓度/（$\mu g/m^3$）	分指数	质量浓度/（$\mu g/m^3$）	分指数	质量浓度/（$\mu g/m^3$）		质量浓度/（$\mu g/m^3$）	分指数	质量浓度/（mg/m^3）	分指数	质量浓度/（$\mu g/m^3$）	分指数	质量浓度/（$\mu g/m^3$）	分指数	质量浓度/（$\mu g/m^3$）		质量浓度/（$\mu g/m^3$）	分指数			

注：缺测指标的浓度及分指数均使用 NA 标识。

（三）城市空气质量 AQI 日报与实时报

2013 年 1 月 1 日起，中国环境监测总站通过“全国城市空气质量实时发布平台”发布空气质量新标准监测信息，为公众提供了健康指引和出行参考，为管理部门提供了技术支持和服务。在空气质量指数（AQI）的计算方法上，根据 HJ 633—2012 要求，只发布各点位的空气质量 AQI 日报和实时报，其中，PM_{10} 和 $PM_{2.5}$ 的 AQI 采用最近 24 小时滑动平均浓度来计算，O_3 AQI 包括 1 小时和 8 小时滑动平均浓度。

但是由此带来两个问题，一是缺少城市整体空气质量的发布内容；二是在颗粒物浓度由较差变好的情况下，或由较好变差的情况下，使用颗粒物 24 小时滑动评价法会出现评价结果和实际状况不一致的情况。同时臭氧 8 小时滑动评价法也存在类似的问题，在最近 8 小时臭氧小时浓度变化幅度较大时，也会出现发布的 8 小时滑动 AQI 与当前实际污染水平不一致的现象。

为完善空气质量信息的发布内容，使发布结果更加贴近公众的实际感受，增加城市整体空气质量的发布内容，改进颗粒物小时 AQI 的算法，取消臭氧 8 小时 AQI 指标的发布。城市日空气质量指数、城市小时空气质量指数和颗粒物小时空气质量指数计算方法如下：

1．城市日空气质量指数（AQI）计算方法

（1）评价项目

城市日 AQI 的评价项目包括：SO_2、NO_2、CO、PM_{10}、$PM_{2.5}$ 的 24 小时平均和 O_3 日最大 8 小时滑动平均等 6 个指标。

（2）各污染物的城市日均值计算方法

根据《空气质量评价技术规范（试行）》（HJ 663—2013）中数据统计方法，计算城市范围内 6 项评价项目的城市日均值及 O_3 日最大 8 小时值。

（3）城市日 AQI 计算方法

根据《环境空气质量指数（AQI）技术规定（试行）》（HJ 633—2012）中 SO_2、NO_2、PM_{10}、CO、$PM_{2.5}$ 24 小时平均和 O_3 8 小时平均的空气质量分指数计算方法，分别计算各污染物的日空气质量分指数，然后计算城市日 AQI，并确定空气质量级别和首要污染物等信息。

2．城市小时 AQI 计算方法

（1）评价项目

城市小时 AQI 的评价项目包括 SO_2、NO_2、PM_{10}、CO、O_3 和 $PM_{2.5}$ 的 1 小时平均等六项指标

（2）各污染物的城市小时浓度值计算方法

按照公式（1）计算各污染物的城市小时浓度值：

$$C_{\mathrm{P}} = \frac{1}{n}\sum_{i=1}^{n} C_{\mathrm{P},i} \tag{6-1}$$

式中：C_{P}——污染物项目 P 的城市小时浓度值；

n——城市内对污染物项目 P 开展有效监测的环境空气质量评价城市点的数量；

$C_{\mathrm{P},i}$——环境空气质量评价城市点位 i 处污染物项目 P 的小时浓度值；

（3）城市小时 AQI 计算方法

根据《环境空气质量指数（AQI）技术规定（试行）》（HJ 633—2012）中 SO_2、NO_2、CO 和 O_3 1 小时平均浓度的空气质量分指数计算方法，分别计算各污染物的小时空气质量分指数（PM_{10} 和 $PM_{2.5}$ 1 小时平均浓度的空气质量分指数见本方法第 3 部分），确定城市小时 AQI、空气质量级别和首要污染物等信息。

3．颗粒物小时空气质量分指数计算方法

在点位或城市的小时 AQI 中，颗粒物小时 AQI 不再使用最近 24 小时滑动平均浓度计算，而是使用当前 1 小时的点位或城市的颗粒物浓度进行计算。颗粒物 1 小时浓度的 AQI 分级浓度限值参照 24 小时浓度的 AQI 分级浓度限值。

三、环境空气质量预报

（一）目的与意义

空气质量预报就是通过一定的方法和手段，对未来的空气质量进行预测。开展城市环境空气质量预报是一个城市文明程度的标志，良好的城市空气质量是城市可持续发展的珍贵资源。一方面，开展城市环境空气质量预报具有良好的社会效益，可以保护城市居民的身心健康、提高群众的环境保护意识，指导居民的日常活动和行为，促进人们生活质量的提高；另一方面，开展城市环境空气质量预报也具有明显的环境效益，可以指导污染物排放量的削减和控制，防止和减少污染事件的发生，促进企业强化空气污染治理最终实行清洁生产，带动相关环保产业的发展，促进经济的繁荣，增加经济效益。

按国家环境保护总局的统一部署，《重点城市空气质量预报》于 2001 年 6 月 5 日起在中央电视台一套节目播出。空气质量预报的正式发布，是我国空气质量监测和环境管理上一新台阶的一个重要标志，我国对大气环境的管理，从发布过去的空气质量状况，到预测未来的空气质量状况，为最终建立空气质量的预测预警，对大气环境进行主动管理，预防空气污染发生，达到保护人民身体健康的目的奠定了基础。

（二）预报分类

城市空气质量预报从时间尺度上一般可分为中期预报、短期预报及分时段预报；从预报因子来讲，包括二氧化硫、二氧化氮、臭氧、一氧化碳、颗粒物（PM_{10} 和 $PM_{2.5}$）等。

（三）预报方法

国外对于空气污染预报的研究开始于 20 世纪 60 年代。限于当时的条件和认识，美国、英国、日本、荷兰、前苏联等国家大都采用污染潜势预报进行定性分析。其中，美国、日本、德国、荷兰、瑞典等发达国家还采用包括边界层气象资料库在内的大气质量实时动态监测系统以利于开展空气污染浓度预报和潜势预报。

20 世纪 80 年代后，国际上开始致力于定量的空气污染预报，包括统计预报和数值预报。统计预报方法是以污染物浓度观测资料和气象观测资料为基础，通过因子初选和相关性分析，应用逐步回归法、一元线性回归分析、自然正交分解、逐步回归方法等统计方法，建立大气污染方程，方法相对简单且易于推广。数值预报模式则是以大气动力学理论为基础，基于对大气物理和化学过程的理解，利用数学方法建立大气污染浓度在空气中稀释扩散的数值模型，通过计算机高速计算来预报大气污染物浓度在空气中的动态变化。韩国、墨西哥等国家及我国的香港、台湾地区发展了统计预报方法，而美国、日本、德国、荷兰等发达国家则发展了数值模式预报。

我国空气污染预报工作始于20世纪80年代，北京、沈阳、兰州、天津、南京、昆明、太原等城市环保局在当地政府的支持下，利用城市环境观测资料和相应的气象资料，通过统计方法建立空气质量预报模型来预测空气质量。2000 年开始，中国环境监测总站组织47 个环境保护重点城市开展城市空气质量预报工作，应用统计预报的方法对城市主要污染物 PM_{10}、SO_2和 NO_x浓度的 API 指数进行预报。从 20 世纪 90 年代开始，关于空气质量数值预报模式的研究也开始发展。中科院大气所、北大、清华、气象局等科研部门开展了数值预报模式的研发工作。沈阳等城市监测站也开始应用数值预报模式对城市空气质量进行预报。其中，中科院大气所在集成多个数值模式（NAQPMS、CMAQ、CAMx 等）优点的基础上，开发了集合预报模式，该模式较大程度地提高了确定性预报的预报技巧，在我国近期一系列国际重大活动（北京奥运会、上海世博会和广州亚运会）的空气质量保障行动中均取得了较好的预报效果。

目前，我国很多城市及城市群出现复杂的区域性大气复合污染，涉及众多的物理化学过程，如大气边界层内污染物的输送、扩散和沉降过程以及大量非线性化学转化过程等，在统计预报模式中无法得到反映。此外，传统的统计预报仅预报 PM_{10}、SO_2和 NO_x的浓度变化，不包括 O_3、$PM_{2.5}$、酸沉降和沙尘等污染，也无法对有毒有害气体及重金属等污染进行预报预警，不能满足现阶段对于准确预测城市空气质量变化的需求。

基于大气物理-化学过程耦合的数值模式预报，具有科学性强、信息丰富等优点，是大气污染预报的发展方向。随着集合预报技术和资料同化技术的快速发展，空气质量数值预报的准确率得到大幅提高。应用数值模式进行空气质量预报，可以量化众多物理化学过程的综合作用，解析不同过程和来源相对贡献的时空分布，综合发挥城市地理环境、气象背景资料、大气条件等手段，方便进行各种污染控制的效果评估，能协助制定污染协同控制方案，是各国空气质量预报发展的主流。

第七章　环境空气质量评价与表征技术

一、环境空气质量评价体系现状

（一）我国环境空气质量评价体系现状

1．我国环境空气质量评价发展历程

环境空气质量评价是指按照一定目的、对一定区域的环境空气质量进行总体的定性和定量的评定。我国的环境空气质量评价技术从 20 世纪 80 年代初开始起步，各城市、各省、全国历年以及五年环境质量报告书的编制迄今已逾 30 年。环境空气质量评价的最初目标是弄清环境空气质量状况，指出环境问题，为有效地开展环境保护工作提供依据。随着环境管理需求的不断增加，环境空气质量评价技术在向单要素、预警方向发展，评价的社会服务功能进一步加强。

目前我国还没有系统的全国通用的《环境空气质量评价技术规范》，在开展日报预报业务和分析环境质量状况时，主要以《环境空气质量标准》（GB 3095—1996、GB 3095—2012）、《环境空气质量自动监测技术规范》（HJ/T 193—2005）和《环境空气质量手工监测技术规范》（HJ/T 194—2005）为依据。对 23 个省及省会城市、4 个直辖市共计 50 本环境质量报告书（2006—2010 年）的调查表明，报告书中一般采用空气污染指数、综合污染指数、百分位数、超标倍数、超标率等方法，得出主要污染物、污染程度和污染级别，环境空气质量变化趋势分析采用 Spearman 秩相关系数法进行验证。

依据我国环境质量报告书中环境空气质量评价方法的具体应用，可以大体将环境空气质量评价分为以下四个阶段：

1）起步阶段（1980—1989 年），环境空气质量评价的描述表达阶段。随着当时社会经济的迅速发展，部分地区环境空气质量迅速恶化，环境问题突出。主要工作对象是环境污染严重的大中型城市，环境空气质量评价采用的最主要的评价方法是综合污染指数和污染分担率，超标率和超标倍数也得到广泛应用。

2）探索和完善阶段（1990—1999 年），环境空气质量评价的定性表达阶段。经过起步阶段的探索，在监测布点、数据来源、环境空气质量标准和评价方法等方面都逐步得到规范。工作对象由局部走向全国，环境空气质量变化和对比分析开始启动。评价方法仍然以综合污染指数为主，但以达标率、环境空气质量级别为代表的环境空气质量达标评价开始逐步得到应用。

3）快速发展阶段（2000—2006 年），环境空气质量评价的定量表达阶段。环境问题受

到人们的普遍关注，成为社会热点，各环境空气质量要素评价逐渐脱离以综合污染指数为代表的污染程度评价，基于人体健康和环境安全的各类指数评价方法和环境空气质量级别评价方法得到广泛应用。

2000 年 6 月 5 日起，原国家环保总局组织 42 个重点城市开展了空气质量日报。近年来，各城市、各省、全国纷纷在网站上发布环境质量公报和空气质量日报。环境空气质量信息由仅限于政府管理部门内部使用逐步转变为社会公众和管理部门使用的大众信息。环境空气质量评价工作一方面使得社会公众了解了环保工作，增强了公众保护环境的自觉性，同时也促进了城市环境管理、治理和建设的力度。

4）综合达标评价阶段（2007 年以后），环境空气质量评价向管理服务型发展。针对环境保护“十一五”规划的目标要求，环境空气质量评价与主要污染物统计、监测和考核相结合，综合、定量评价比重逐渐增加，国家环境质量报告向公开化方向发展。

为开展相关的环境空气质量评价工作，我国相继编制和出台了一些空气质量评价的技术指导性文件，如《环境质量报告书编写技术规定》（报批稿）、《城市空气质量日报技术规定》（总站办字[2000]026 号）、《城市环境空气质量评价办法（试行）》（环办函[2011]469 号）。我国现行的环境空气质量评价方法为环境空气质量评价提供了技术支撑，为环境空气质量管理和公众了解环境信息提供了科学服务。

2．我国现行的环境空气质量评价方法

1）环境空气污染指数（API）。空气污染指数（Air Pollution Index，API）是一种反映和评价空气质量的数量尺度方法，即将常规监测的几种空气污染物浓度简化成为单一的概念性指数值形式，并分级表征空气污染程度和空气质量状况，适合于表示城市的短期空气质量状况和变化趋势。

空气污染指数计算方法：《城市空气质量日报技术规定》（总站办字[2000]026 号）中规定 API 必测项目包括二氧化硫（SO_2）、二氧化氮（NO_2）和可吸入颗粒物（PM_{10}）等 3 项评价指标。API 计算过程中，SO_2、NO_2 和 PM_{10} 取多测点的浓度平均值来计算，在得出各污染物的分指数后，以最大的分指数代表 API 值。

2）环境空气质量指数（AQI）。空气质量指数（Air Quality Index，AQI）是定量描述空气质量状况的无量纲指数。

空气质量指数计算方法：《环境空气质量指数（AQI）技术规定（试行）》（HJ 633—2012）中规定污染物项目包括二氧化硫（SO_2）、二氧化氮（NO_2）、可吸入颗粒物（PM_{10}）、一氧化碳（CO）、细颗粒物（$PM_{2.5}$）、臭氧-1 小时（O_3-1 h）、臭氧-8 小时（O_3-8 h）等 7 项评价指标。

3）日均空气质量级别。日均浓度空气质量级别（即优良天数和各级污染天数）由空气污染指数或空气质量指数确定。根据环境空气质量标准和各项污染物对人体健康和生态环境的影响来确定污染指数或质量指数的分级及相应污染物浓度限值。日均空气质量的好坏取决于危害最大的污染物的污染程度。

4）综合污染指数法。重点城市的综合污染水平通过综合污染指数分析。污染指数是依据环境质量标准将有关的污染物浓度各自归一化，叠加得到简单的无量纲的指数，可以用于比较同等项目下环境污染的相对程度。空气综合污染指数是各项空气污染物的单项因子指数之和，其表达式为：

$$P_i = \frac{C_i}{S_i};\quad P = \sum_{i=1}^{n} P_i$$

式中：P——空气综合污染指数；

P_i——第 i 项空气污染物的分指数；

C_i——第 i 项空气污染物的季或年均浓度值；

S_i——第 i 项空气污染物的环境质量标准限值；

n——计入空气综合污染指数的污染物项数。

目前计入空气综合污染指数的参数为空气质量常规监测的 SO_2、NO_2、PM_{10} 或 TSP 三项污染物。根据 TSP 和 PM_{10} 的数据完整性和代表性，选择其中一项计入综合污染指数。各项污染物的评价标准为《环境空气质量标准》中的年均浓度值二级标准。空气综合污染指数越大，表示空气污染程度越重，空气质量越差。单项污染物的分指数在综合指数中所占的比例（即污染负荷系数）越大，其对综合指数的贡献率越大，对空气污染程度的影响越大。

5）浓度超标率法。污染物浓度超过《环境空气质量标准》中对应平均时间的标准浓度限值的倍数。

6）空气质量级别。全国总体的空气质量分析通过由年报数据确定的单项污染物水平和级别以及综合的空气质量级别进行评价，其中年均单项污染物级别由环境空气质量的年平均标准确定。根据目前执行的《环境空气质量标准》（GB 3095—1996 及 2000 年修改单），选取 SO_2、NO_2 和 PM_{10} 中最差一个单项污染物级别确定空气质量级别。达到国家空气质量二级标准（一级和二级）为达标，超过二级标准（三级和劣三级）为超标。其中一级为空气接近良好背景水平的优级，二级为空气有一定程度的污染但影响程度尚可接受的合格水平，三级为空气污染已经显著到危害性程度，劣三级为空气污染相当严重。

（二）国际环境空气质量评价方法

国外环境空气质量现状评价已形成了由单目标向多目标、由单环境要素向多环境要素、由单纯的自然环境系统向自然环境与社会环境的综合系统、由静态分析向动态分析的发展趋势，表征环境空气质量的综合污染指数也有多种形式。

美国、欧盟等发达国家和地区及印度、巴西等发展中国家根据各国大气污染防治相关法律法规要求，依据环境空气质量标准开展空气质量评价工作。具有以下特点：

1）环境空气质量评价均以环境空气质量标准为制定依据，围绕环境空气质量标准确定各评价要素内容。环境空气质量评价的技术指导文件作为环境空气质量标准的解释说明文件，往往与标准同时发布。技术指导文件针对标准浓度限值的使用方法和使用条件、达标判定方法以及数据统计方法等各环节均进行了明确的规定，具有较强的可操作性，可直接用于指导地方的环境空气质量评价工作。

2）多数国家均制定了污染物短期评价的允许超标天数（即达标统计要求），兼顾长期健康效应评价和短期健康效应评价，但各国制定的达标统计要求不尽一致。年均值标准浓度和日均值标准浓度反映了对人体的长期暴露影响和短期暴露影响，环境空气质量评价应同时考虑两类健康效应影响。在制定达标统计要求时，主要考虑的因素包括人体健康风险评价研究成果、年均值浓度限值与短历时标准限值间的内在统计关系以及当地的污染物浓度特征等。在表达方式上，达标统计要求可按照允许超标天数、百分位数浓度或达标率等方式制定，其本质是一致的。不同国家依据其自身实际情况而制定的达标统计要求不尽相同，各国制定的达标统计要求如表 7.1 所示。

表 7.1 国外环境空气质量标准的达标统计要求

	国家/组织	长期标准	短期标准	达标统计要求
SO_2	美国	无	1 h：75 μl/L 无 24 h 标准	日最大 1 h 浓度的 99 百分位数的三年平均不能超过 75 μl/L
	WHO	无	日：20 μg/m^3 10 min：500 μg/m^3	
	新西兰	无	1 h：350 μg/m^3	1 年允许超标 9 次
	欧盟	无	日：125 μg/m^3 1 h：350 μg/m^3	1 年不超过 3 天 1 年不超过 24 次
	澳大利亚	年：0.02 μl/L	日：0.08 μl/L 1 h：0.20 μl/L	1 年不超过 1 天 1 年不超过 1 次
	英国	无	日：125 μg/m^3	1 年不超过 3 天
	日本	无	日：0.04 μl/L 1 h：0.1 μl/L	没有规定 没有规定
	印度	年：80 μg/m^3	日：120 μg/m^3	允许 2%超标，连续超标不能超过 2 天
NO_2	WHO	年：40 μg/m^3	1 h：200 μg/m^3 无 24 h 标准	无达标统计要求
	美国	年：53 μl/L	1 h：100 μl/L 无 24 h 标准	日最大 1 h 浓度的 98 百分位数的 3 年平均不能超过 100 μl/L
	欧盟	年：40 μg/m^3	1 h：200 μg/m^3 无 24 h 标准	1 年超过 18 次
	英国	年：40 μg/m^3	1 h：200 μg/m^3 无 24 h 标准	1 年超过 18 次
	澳大利亚	年：0.03 μg/m^3	1 h：0.12 μl/L 无 24 h 标准	1 年内日最大 1 h 浓度允许超标 1 次
	新西兰	无	1 h：200 μg/m^3	1 年允许超标 9 次
	日本	无	日：0.04～0.06 μl/L	没有规定
	印度	年：80 μg/m^3	日：120 μg/m^3	允许 2%超标，连续超标不能超过 2 天
$PM_{2.5}$	WHO	年：35 μg/m^3	日：75 μg/m^3	99 百分位数不超过 75 μg/m^3
	美国	年：15 μg/m^3	日：35 μg/m^3	98 百分位数的 3 年平均不能超过 35 μg/m^3
	欧盟	年：25 μg/m^3	没有规定	没有规定
	英国	年：25 μg/m^3	没有规定	没有规定
	苏格兰	年：12 μg/m^3	没有规定	没有规定
	澳大利亚	年：8 μg/m^3	日：25 μg/m^3	1 年允许超标 5 天
	日本	年：15 μg/m^3	日：35 μg/m^3	没有规定
	印度	年：40 μg/m^3	日：60 μg/m^3	允许 2%超标，连续超标不能超过 2 天

	国家/组织	长期标准	短期标准	达标统计要求
PM_{10}	WHO	年：70 μg/m³	日：150 μg/m³	99 百分位数的不能超过 70 μg/m³
	美国	无	日：150 μg/m³	1 年内超标不超过 1 次（3 年平均）
	欧盟	年：40 μg/m³	日：50 μg/m³	1 年不超过 35 次
	英国	年：40 μg/m³	日：50 μg/m³	1 年不超过 35 次
	澳大利亚	无	日：50 μg/m³	1 年允许超标 5 天
	新西兰	无	日：50 μg/m³	1 年允许超标 1 次
	日本	无	日：0.1 mg/m³ 1 h：0.2 mg/m³	没有规定 没有规定
	印度	年：60 μg/m³	日：100 μg/m³	允许 2%超标，连续超标不能超过 2 天
CO	美国	无	8 h：9 μl/L 1 h：35 μl/L	1 年允许超标 1 次
	欧盟	无	8 h：10 mg/m³	没有规定
	英国	无	8 h：10 mg/m³	没有规定
	澳大利亚	无	8 h：9 μl/L	1 年允许超标 1 天
	新西兰	无	8 h：10 mg/m³	1 年允许超标 1 次
	日本	无	日：10 μl/L 8 h：20 μl/L	没有规定
	印度	无	1 h：4 mg/m³ 8 h：2 mg/m³	允许 2%超标，连续超标不能超过 2 天 允许 2%超标，连续超标不能超过 2 天
O_3	WHO	无	8 h：160 μg/m³	没有规定
	美国	无	8 h：75 μl/L	年第 4 大的日最大 8 h 滑动平均值不超过 75 μl/L
	欧盟	无	8 h：120 μg/m³	3 年中平均每年不超过 25 次
	英国	无	8 h：100 μg/m³	1 年不超过 10 次
	澳大利亚	无	1 h：0.1 μl/L 4 h：0.08 μl/L	1 年允许超标 1 天 1 年允许超标 1 天
	日本	无	1 h：0.06 μl/L	没有规定
	新西兰	无	1 h：150 μg/m³	不允许超标
	印度	无	1 h：180 μg/m³ 8 h：100 μg/m³	允许 2%超标，连续超标不能超过 2 天 允许 2%超标，连续超标不能超过 2 天

3）空气质量达标评价主要针对各监测点位开展，都市区域内某项污染物的达标是指该区域内所有监测点位的污染物浓度均达标（即污染最高的点须达标）。在进行达标评价时，同一区域内的监测点位浓度通常不进行空间平均，而在进行变化趋势分析时则会使用监测点位浓度的平均值等统计量。

4）空气质量评价主要针对各单项污染物进行，当进行多项污染物综合评价时以污染最重的项目为判定结果，即多指标综合评价时选取各单因子中的最大值。评价项目的选取方面与环境空气质量标准一致。

（三）环境空气质量评价意义

自从 20 世纪 80 年代初在全国范围内开展空气质量评价工作以来，各城市、省份乃至全国历年以及五年环境质量报告书的编制迄今已逾 30 年。环境保护部网站上发布环境空气质量日报的城市由最初的 47 个城市已发展到了 120 个城市，全国共有近 300 个城市在地方媒体上发布各自地方城市的环境空气质量情况，促进了城市环境空气质量不断改善，公众环境保护意识不断提高，为政府环境信息公开作出重要贡献。

近年来随着我国经济的快速发展，能源消耗量明显上升，机动车保有量急剧增加，城市建设蔓延式发展，空气污染形势发生了巨大转变，光化学污染和灰霾污染问题日益凸显，给人们生产生活造成了一定的影响。研究表明，目前我国臭氧和灰霾污染形势相当严峻，从大的区域范围看，我国已形成京津冀、长三角、珠三角和成渝地区等 4 个明显的臭氧和灰霾复合型污染区。同时，因为中日韩东亚环境、全球气候变化等热点问题，臭氧等大气复合型污染问题已引起国内外的高度关注。现行评价方法存在很多的局限性，不能客观反映城市空气质量，对此环境管理部门以及专家学者都给予高度关注，多次强调评价内容应增加反映区域复合型大气污染特征的因子（如臭氧、$PM_{2.5}$ 等指标）、修改评价方法，以便使监测评价结果能够更全面地反映现实的环境空气质量状况，因此有必要出台一个完善的评价技术规范。

（四）环境空气质量评价面临的主要问题及对策

我国以空气污染指数（API）为主的环境空气质量评价方法得到了广泛的业务应用，对环境管理决策起到了积极作用，促进了城市大气环境质量的改善。但随着监测手段的不断发展及我国环境空气质量改善工作的不断深入，特别是新标准的发布和实施，要求环境空气质量评价工作既要能更加科学客观地评估环境空气质量状况和其变化趋势，同时也要能够反映环境管理工作的努力和成效。我国现行的环境空气质量评价方法已不能适应环境保护工作的需要，主要表现在：

1）没有关于环境空气质量评价办法的国家标准。现行的环境空气质量评价办法大多以技术文件的形式由中国环境监测总站或环保部办公厅下发，作为国家统一的法规文件，现行评价缺乏对监测数据有效引用、评价方法选择、评价结果表达、定性评价内容等环境空气质量评价全过程的统一规范。对开展环境空气质量评价业务指导性不强。因此我国应尽快制定《环境空气质量评价办法》的标准性文件。

2）评价目的与定位需要重新界定。新的《环境空气质量标准》和《环境空气质量指数（AQI）技术规定（试行）》发布后，虽然解决了以保护人体健康为目的向公众发布短期的环境空气质量信息的问题，但对于客观评价城市及区域的长期环境空气质量和环境管理工作成效方面还需要进一步完善。

3）评价项目不全。以往环境空气质量评价主要采用可吸入颗粒物、二氧化硫、二氧化氮等主要污染物进行评价，没有将臭氧、$PM_{2.5}$ 纳入评价项目中，另外一些对社会经济及人体健康影响大的污染物项目也没有纳入评价体系中。由于评价项目有限，不仅不能客观地反映城市环境空气质量的整体污染水平，也导致评价结果比较单一，使评价结果与公众感官感受不一致。

4）缺少实时和区域空气质量评价规定，环境空气质量得不到全面、及时、客观的评价。在现行的空气质量评价方法中，缺少区域空气质量污染状况和污染趋势评价，不能适应区域性空气污染问题日趋明显的需要，不能及时反映空气污染出现的新情况新问题。现行空气质量监测网已实现了日报制度，但其评价结果存在滞后现象，不能实时反映环境空气质量现状，对突发性的空气质量变化不能做出及时有效的反应。与公众对空气质量的感官认识不一致，与人体健康结合不紧密，对公众的生活指导性差，对环境管理部门不能及时提供有力的技术依据。

二、环境空气质量评价方法

为贯彻《中华人民共和国环境保护法》和《中华人民共和国大气污染防治法》，加强环境空气质量的管理，保护和改善生态环境，保障人体健康，规范环境空气质量评价工作，保证环境空气质量评价结果的统一性和可比性，制定本标准。2013 年 9 月 22 日发布《环境空气质量评价技术规范（试行）》（HJ 663—2013），规定了环境空气质量评价的范围、评价时段、评价项目、评价方法及数据统计方法等内容，为环境管理部门开展环境空气质量状况比较评价提供方法参考。

（一）术语和定义

1）环境空气质量评价。以《环境空气质量标准》（GB 3095—2012）为依据，对某空间范围内的环境空气质量进行定性或定量评价的过程，包括环境空气质量的达标情况判断、变化趋势分析和空气质量优劣相互比较。

2）单点环境空气质量评价。指针对某监测点位所代表空间范围的环境空气质量评价。监测点位包括城市点、区域点、背景点、污染监控点和路边交通点。

3）城市环境空气质量评价。指针对城市建成区范围的环境空气质量评价。对地级及以上城市，评价采用国家环境空气质量监测网中的环境空气质量评价城市点（简称“国控城市点”）。对县级城市，评价采用地方监测网络中的空气质量评价城市点。城市不同功能区的环境空气质量评价可参照执行。

4）区域环境空气质量评价。指针对由多个城市组成的连续空间区域范围的环境空气质量评价，包括城市建成区环境空气质量状况评价和非城市建成区（农村地区及 GB 3095—2012 中的一类区）环境空气质量状况评价。其中城市建成区评价采用环境空气质量评价城市点进行评价，非城市建成区评价采用环境空气质量评价区域点进行评价。

5）环境空气质量达标。污染物浓度评价结果符合 GB 3095—2012 和本标准规定，即为达标。所有污染物浓度均达标，即为环境空气质量达标。

6）超标倍数。污染物浓度超过 GB 3095—2012 中对应平均时间的浓度限值的倍数。

7）达标率。指在一定时段内，污染物短期评价（小时评价、日评价）结果为达标的百分比。

（二）评价范围和评价项目

1. 评价范围

评价范围包括点位、城市以及区域，根据评价范围不同，环境空气质量评价分为单点环境空气质量评价、城市环境空气质量评价和区域环境空气质量评价。

2．评价项目

评价项目分为基本评价项目和其他评价项目两类。

基本评价项目包括二氧化硫（SO_2）、二氧化氮（NO_2）、一氧化碳（CO）、臭氧（O_3）、可吸入颗粒物（PM_{10}）、细颗粒物（$PM_{2.5}$）共 6 项。各项目的评价指标见表 7.2。

其他评价项目包括总悬浮颗粒物（TSP）、氮氧化物（NO_x）、铅（Pb）和苯并[*a*]芘（B[*a*]P）共 4 项。各项目的评价指标见表 7.3。

表 7.2　基本评价项目及平均时间

评价时段	评价项目及平均时间
小时评价	SO_2、NO_2、CO、O_3 的 1 小时平均
日评价	SO_2、NO_2、PM_{10}、$PM_{2.5}$、CO 的 24 小时平均、O_3 的日最大 8 小时平均
年评价	SO_2 年平均、SO_2 24 小时平均第 98 百分位数 NO_2 年平均、NO_2 24 小时平均第 98 百分位数 PM_{10} 年平均、PM_{10} 24 小时平均第 95 百分位数 $PM_{2.5}$ 年平均、$PM_{2.5}$ 24 小时平均第 95 百分位数 CO 24 小时平均第 95 百分位数 O_3 日最大 8 小时滑动平均值的第 90 百分位数

表 7.3　其他评价项目及平均时间

评价时段	评价项目及平均时间
日评价	TSP、B[*a*]P、NO_x 的 24 小时平均
季评价	Pb 的季平均
年评价	TSP 年平均、TSP 24 小时平均第 95 百分位数 Pb 年平均 B[*a*]P 年平均 NO_x 年平均、NO_x 24 小时平均第 98 百分位数

（三）评价方法

1．现状评价

1）单项目评价

单项目评价适用于对单点、城市和区域内不同评价时段各基本评价项目和其他评价项目的达标情况进行评价。

单点环境空气质量评价：以 GB 3095—2012 中污染物的浓度限值为依据，对表 7.2 和表 7.3 中各评价项目的评价指标进行达标情况判断，超标的评价项目计算其超标倍数。污染物年评价达标是指该污染物年平均浓度（CO 和 O_3 除外）和特定的百分位数浓度同时达标。进行年评价时，同时统计日评价达标率。数据统计方法见附录 A。

城市环境空气质量评价是针对城市建成区范围的评价，评价方法同单点环境空气质量评价，但需使用城市尺度的污染物浓度数据进行评价，数据统计方法见附录 A。

区域环境空气质量评价包括对城市建成区和非城市建成区范围内的环境空气质量状况评价。区域环境空气质量达标指区域范围内所有城市建成区达标且非城市建成区中每个空气质量评价区域点均达标，任一个城市建成区或区域点超标，即认为区域超标。统计方法见附录A。

2）多项目综合评价

多项目综合评价适用于对单点、城市和区域内不同评价时段全部基本评价项目达标情况的综合分析。

多项目综合评价达标是指评价时段内所有基本评价项目均达标。多项目综合评价的结果包括：空气质量达标情况、超标污染物及超标倍数（按照大小顺序排列）。进行年度评价时，同时统计日综合评价达标天数和达标率，以及各项污染物的日评价达标天数和达标率。

2．变化趋势评价

变化趋势评价适用于评价污染物浓度或综合空气质量状况在多个连续时间周期内的变化趋势，采用 Spearman 秩相关系数法评价。国家变化趋势评价以国家环境空气质量监测网点位监测数据为基础，评价时间周期一般为5年，趋势评价结果为上升趋势、下降趋势或基本无变化，同时评价5年内的空气质量变化率。省级及以下和其他时间周期内的变化趋势评价可参照执行。

Spearman 秩相关系数计算及判定方法见附录B。

3．数据统计要求

数据统计的有效性规定：

各评价项目的数据统计有效性要求按照GB 3095—2012中的有关规定执行。

自然日内 O_3 日最大8小时平均的有效性规定为当日8时至24时至少有14个有效8小时平均浓度值。当不满足14个有效数据时，若日最大8小时平均浓度超过浓度限值标准时，统计结果仍有效。

日历年内 O_3 日最大8小时平均的特定百分位数的有效性规定为日历年内至少有324个 O_3 日最大8小时平均值，每月至少有27个 O_3 日最大8小时平均值（2月至少25个 O_3 日最大8小时平均值）。

日历年内 SO_2、NO_2、PM_{10}、$PM_{2.5}$、CO 日均值的特定百分位数统计的有效性规定为日历年内至少有324个日平均值，每月至少有27个日平均值（2月至少25个日平均值）。

统计评价项目的城市尺度浓度时，所有有效监测的城市点必须全部参加统计和评价，且有效监测点位的数量不得低于城市点总数量的75%（总数量小于4个时，不低于50%）。

当上述有效性规定不满足时，该统计指标的统计结果无效。

4．数据统计的完整性要求

多项目综合评价时，所有基本评价项目必须全部参与评价。当已测评价项目全部达标但存在缺测或不满足数据统计有效性要求项目时，综合评价按不达标处理并注明该项目。当已测评价项目存在不达标情况时，无论是否存在缺测项目，综合评价按不达标处理。

5．数据修约要求

进行现状评价和变化趋势评价前，各污染物项目的数据统计结果按照 GB/T 8170 中规则进行修约，浓度单位及保留小数位数要求见表 7.4。污染物的小时浓度值作为基础数据单元，使用前也应进行修约。

表 7.4 污染物的浓度单位和保留小数位数要求

污染物	单位	保留小数位数
SO_2、NO_2、PM_{10}、$PM_{2.5}$、O_3、TSP 和 NO_x	μg/m³	0
CO	mg/m³	1
Pb	μg/m³	2
BaP	μg/m³	4
超标倍数	/	2
达标率	%	1

附录 A（规范性附录） 数据统计方法

A.1 点位污染物浓度统计方法

点位环境空气质量评价中，各评价时段内评价项目的统计方法如表 A.1 所示：

表 A.1 点位污染物浓度数据统计方法

评价项目	数据统计方法
点位 1 小时平均	整点时刻前 1 小时时段内点位污染物浓度的算术平均值，记为该时刻的点位 1 小时平均值。一个自然日内点位 1 小时平均的时标分别记为 1:00、2:00、3:00……、23:00 和 24:00 时
点位 8 小时平均	使用滑动平均的方式计算。对于指定时间 X 的 8 小时均值，定义为：X-7、X-6、X-5、X-4、X-3、X-2、X-1、X 时的 8 个 1 小时平均值的算术平均值，称为 X 时的 8 小时平均值。一个自然日内有 24 个点位 8 小时平均值，其时标分别记为 1:00、2:00、3:00……、23:00 和 24:00 时
点位日最大 8 小时平均	点位一个自然日内 8:00 至 24:00 的所有 8 小时滑动平均浓度中的最大值
点位 24 小时平均	点位一个自然日内各 1 小时平均浓度的算术平均值
点位季平均	点位一个日历季内各 24 小时平均浓度的算术平均值
点位年平均	点位一个日历年内各 24 小时平均浓度的算术平均值

A.2 城市污染物浓度统计方法

城市环境空气质量评价中，各评价时段内污染物的统计指标和统计方法见表 A.2 和表 A.3。

表 A.2　不同评价时段内基本评价项目的统计方法（城市范围）

评价时段	评价项目	统计方法
小时评价	城市 SO_2、NO_2、CO、O_3 的 1 小时平均	各点位*1 小时平均浓度值的平均值
日评价	城市 SO_2、NO_2、CO、PM_{10}、$PM_{2.5}$ 的 24 小时平均	各点位*24 小时平均浓度值的算术平均值
	城市 O_3 的日最大 8 小时平均	各点位*臭氧日最大 8 小时平均浓度值的算术平均值
年评价	城市 SO_2、NO_2、PM_{10}、$PM_{2.5}$ 的年平均	一个日历年内城市 24 小时平均浓度值的算术平均值
	城市 SO_2、NO_2 24 小时平均第 98 百分位数	按附录 A.6 计算一个日历年内城市日评价项目的相应百分位数浓度
	城市 PM_{10}、$PM_{2.5}$ 24 小时平均第 95 百分位数	
	城市 CO 24 小时平均第 95 百分位数	
	城市 O_3 日最大 8 小时平均第 90 百分位数	

* 注：点位指城市点，不包括区域点、背景点、污染监控点和路边交通点。

表 A.3　不同评价时段内其他评价项目的统计方法（城市范围）

评价时段	评价项目	统计方法
日评价	城市 NO_x、Bap、TSP 的 24 小时平均	各点位*24 小时平均浓度值的算术平均值
季评价	城市 Pb 的季平均	日历季内城市 24 小时平均浓度的算术平均值，城市 24 小时平均浓度值为各点位*24 小时平均浓度值的算术平均值
年评价	城市 NO_x、Pb、Bap、TSP 的年平均	一个日历年内城市 24 小时平均浓度值的算术平均值
	TSP 24 小时平均浓度第 95 百分位数、NOx 24 小时平均浓度第 98 百分位数	按附录 A.6 计算一个日历年内城市 TSP、NO_x 的 24 小时平均浓度值的相应百分位数浓度

* 注：点位指城市点，不包括区域点、背景点、污染监控点和路边交通点。

A.3　区域数据统计方法

区域内城市建成区的评价以区域内各个城市的评价结果为基础，评价项目与表 A.2 和表 A.3 相同，分别统计区域内各个城市的达标情况。国务院环境保护主管部门进行的区域环境空气质量评价，以区域内地级及以上城市建成区为参评城市。省级或地市级环境主管部门进行的区域环境空气质量评价可将区域内县级市共同作为参评城市。

区域内非城市建成区空气质量评价以各空气质量评价区域点为单元进行统计。

区域环境空气质量达标指区域范围内所有城市建成区达标且非城市建成区中每个区域点均达标。

A.4　超标倍数计算方法

超标项目 i 的超标倍数按式（A.1）计算：

$$B_i = (C_i - S_i) / S_i \tag{A.1}$$

式中：B_i——超标项目 i 的超标倍数；

C_i——超标项目 i 的浓度值；

S_i——超标项目 i 的浓度限值标准，一类区采用一级浓度限值标准，二类区采用二级浓度限值标准。

在年度评价时，对于 SO_2、NO_2、PM_{10}、$PM_{2.5}$，分别计算年平均浓度和 24 小时平均的特定百分位数浓度相对于年均值标准和日均值标准的超标倍数；对于 O_3，计算日最大 8 小时平均的特定百分位数浓度相对于 8 小时平均浓度限值标准的超标倍数；对于 CO，计算 24 小时平均的第 95 百分位数浓度相对于浓度限值标准的超标倍数。

A.5　达标率计算方法

A.5.1　评价项目 i 的小时达标率、日达标率按式（A.2）计算

$$D_i(\%) = (A_i / B_i) \times 100 \tag{A.2}$$

式中：D_i——表示评价项目 i 的达标率；

A_i——评价时段内评价项目 i 的达标天（小时）数；

B_i——评价时段内评价项目 i 的有效监测天（小时）数。

A.5.2　多项目日综合评价的达标率参照式（A.2）计算。

A.6　百分位数计算方法

污染物浓度序列的第 p 百分位数计算方法如下：

1．将污染物浓度序列按数值从小到大排序，排序后的浓度序列为 $\{X_{(i)},\ i=1,2,\cdots,n\}$。

2．计算第 p 百分位数 m_p 的序数 k，序数 k 按式（A.3）计算

$$k = 1 + (n-1) \cdot p\% \tag{A.3}$$

式中：k——p%位置对应的序数；

n——污染物浓度序列中的浓度值数量。

3．第 p 百分位数 m_p 按式（A.4）计算：

$$m_p = X_{(s)} + (X_{(s+1)} - X_{(s)}) \times (k - s) \tag{A.4}$$

式中：s——k 的整数部分，当 k 为整数时 s 与 k 相等。

附录 B（规范性附录）　Spearman 秩相关系数计算及判定方法

B.1　Spearman 秩相关系数计算方法

Spearman 秩相关系数按照式（B.1）计算

$$\gamma_s = 1 - \frac{6}{n(n^2-1)} \sum_{j=1}^{n} (X_j - Y_j)^2 \tag{B.1}$$

式中：γ_s——Spearman 秩相关系数；

n——时间周期的数量，$n \geqslant 5$；

X_j——周期 j 按时间排序的序号，$1 \leqslant X_j \leqslant n$；

Y_j——周期 j 内污染物浓度按数值升序排序的序号，$1 \leqslant Y_j \leqslant n$。

B.2 变化判定标准

将计算秩相关系数绝对值与表 B.1 中临界值相比较。如果秩相关系数绝对值大于表中临界值，表明变化趋势有统计意义。γ_s 为正值表示上升趋势，负值表示下降趋势。如果秩相关系数绝对值小于等于表中临界值，表示基本无变化。

表 B.1 Spearman 秩相关系数γ_s的临界值γ（单侧检验的显著性水平为 0.05）

n	临界值γ	n	临界值γ
5	0.900	16	0.425
6	0.829	18	0.399
7	0.714	20	0.377
8	0.643	22	0.359
9	0.600	24	0.343
10	0.564	26	0.329
12	0.506	28	0.317
14	0.456	30	0.306

附录 C（资料性附录） 环境空气质量状况比较评价方法

当环境管理中需要对不同地区进行年度环境空气质量状况比较评价时，以单项目评价和多项目综合评价相结合，方法如下。进行月、季度比较评价时，可参照年度评价执行。

C.1 单项质量指数法

单项质量指数法适用于不同地区间单项污染物污染状况的比较。年评价时，污染物 i 的单项质量指数按式（C.1）计算：

$$I_i = \mathrm{MAX}\left(\frac{C_{i,a}}{S_{i,a}}, \frac{C_{i,d}^{\mathrm{per}}}{S_{i,d}}\right) \tag{C.1}$$

式中：I_i——污染物 i 的单项质量指数；

$C_{i,a}$——污染物 i 的年均值浓度值，i 包括 SO_2、NO_2、PM_{10} 及 $PM_{2.5}$；

$S_{i,a}$——污染物 i 的年均值二级标准限值，i 包括 SO_2、NO_2、PM_{10} 及 $PM_{2.5}$；

$C_{i,d}^{\mathrm{per}}$——污染物 i 的 24 小时平均浓度的特定百分位数浓度，i 包括 SO_2、NO_2、PM_{10}、$PM_{2.5}$、CO 和 O_3（对于 O_3，为日最大 8 小时均值的特定百分位数浓度）。

$S_{i,d}$——污染物 i 的 24 小时平均浓度限值二级标准（对于 O_3，为 8 小时均值的二级标准）。

C.2 最大质量指数法和综合质量指数法

C.2.1 最大质量指数和综合质量指数适用于对不同地区间多项污染物污染状况的比较，参评项目为表 7.2 中所有基本评价项目，分别按式（C.2）、式（C.3）计算：

$$I_{\max} = \max(I_i) \tag{C.2}$$

$$I_{\text{sum}} = \text{sum}(I_i) \tag{C.3}$$

式中：$I_{\max}$——最大质量指数；

I_{sum}——综合质量指数。

C.2.2 使用最大质量指数法和综合质量指数法进行空气质量状况比较时，需同时给出按各单项质量指数法进行比较的结果，为各地区环境管理提供明确导向。

第八章　酸雨监测

一、酸雨监测概况

（一）酸雨研究历史

早在 1872 年，英国化学家 R. A. Smith 在"Air and Rain：the Beginnings of a Chemical Climatology"中首次提出了酸雨的概念，但是直到 1972 年，瑞典政府给联合国人类环境会议提交了《穿过国界的大气污染：大气和降水中硫的影响》的报告后，酸雨才正式引起各国政府层面的关注，并因此引发政府治理行动，成为正视酸雨污染和开展酸雨防治的一个里程碑。为此，1973—1975 年欧洲经济合作与发展组织开展了专项研究，发现酸雨地区已经几乎覆盖了整个西北欧，证实了欧洲大面积酸雨影响的严重形势。1974 年，观测亦发现在美国东北部和与加拿大交界地区存在大面积酸雨区，北美几乎有 2/3 的陆地面积受到酸雨威胁。随后，在东亚的日本、韩国等工业发达地区也发现了大面积酸雨区。随着更多监测的进展，发现酸雨的影响已经波及全球范围，甚至影响到遥远和人迹罕至、长年冰封雪盖的极地地区。在格陵兰岛冰层钻井取样的科学研究发现，现在与约 200 年前的冰块相比酸度增长了约 100 倍。1975 年召开了第一次世界酸雨大会，主要讨论了酸雨对地表、土壤、森林和植被的危害，酸雨问题被广泛关注。1977 年，联合国承认酸雨属于全球性污染问题。目前，世界范围主要存在几个大的酸雨区：一是以德、法、英等欧洲工业国家为中心，覆盖面积涉及大半个欧洲的西北欧酸雨区；二是 20 世纪 50 年代后期开始形成的包括美国和加拿大在内的北美酸雨区，这两个酸雨区的总面积已达 1 000 多万平方千米；三是覆盖了日本、韩国、东南亚地区和中国南方的东亚酸雨区以及印度和巴基斯坦工业区的南亚酸雨区。随着酸雨观测和研究的进展以及世界主要国家尤其是工业发达国家对酸雨问题的重视，国际社会达成共识，将酸雨作为 20 世纪重要的全球性环境污染问题之一。

（二）酸雨定义

20 世纪 50 年代中期，瑞典斯德哥尔摩国际气象研究所主持建成了欧洲大气化学监测网，开始对降水进行系统观测，认为 CO_2 是大气中主要酸性物质。大气降水的酸度用 pH 表示，在自然条件下，大气中的 CO_2 溶入大气降水中，与大气降水达到平衡时 pH 即可作为未受污染的天然雨水的背景值。科学家在实验室条件下，研究得到大气 CO_2 与蒸馏水处于平衡态时，水的 pH 为 5.6，同时，观测到的冰川深层 pH 也在 5.6 左右，因此，多年来国际上把 pH 5.6 作为未受污染的天然雨水的背景值，即大气降水的 pH 小于 5.6 时被认为是酸雨。在 1982 年 6 月的国际环境会议上，国际上第一次统一将 pH 小于 5.6 的降水（包括雨、雪、霜、雾、雹、霰等）正式定义为酸雨。

但是，有些科学家提出 pH 低于 5.6 为酸雨的定义是在实验室条件下得到的，未考虑大气中天然源的影响，并认为应对酸雨的定义进行新的考虑。有研究人员对中国丽江玉龙雪山山麓、印度洋中的 Amsterdam 岛、北冰洋的阿拉斯加、太平洋的凯瑟琳、大西洋的委内瑞拉、百慕达群岛、北格陵兰与 Franz-Josefs 之间、日本岩手县等人为活动少、基本不受污染的地方进行研究，这些地方分别代表内陆、海洋以及海洋与内陆相连接的清洁降水背景点。经过长期监测，研究认为酸雨的定义是一个区间值，四大洋降水背景 pH 为 4.8，丽江降水背景 pH 为 5.0，因此建议用 pH≤4.8 作为海洋降水是否为酸雨的判断依据，用 pH≤5.0 作为内陆降水是否为酸雨的判断依据。研究还表明 pH 在 5.0 以上的降水对水域与陆地生态系统及人群健康不会产生重大影响。

（三）酸雨形成机理

工业生产和民用生活中燃烧大量化石燃料（如煤炭、石油以及天然气等）排放的硫氧化物和氮氧化物等酸性物质，经过一系列复杂的物理化学反应过程，形成硫酸或硝酸气溶胶，通过雨、雪、雹、雾等降水过程，迁移到地面的过程称为湿沉降，在此过程中，如果降水 pH 低于 5.6，则认为形成了酸雨。如果酸性物质形成时没有降水发生，则酸性物质在重力作用下运动，逐渐沉降到地面上，形成干沉降。

酸雨中含有多种无机酸和有机酸，绝大部分是硫酸和硝酸。酸雨的形成包含了复杂的大气化学和大气物理过程并与以下大气污染物有关。

含硫的化合物和基团：SO_2、SO_3、CS_2、H_2SO_4、硫酸盐（MSO_4）、二甲基硫[$(CH_3)_2S$ 即 DMS]、二甲基二硫[$(CH_3)_2S_2$ 即 DMDS]、羰基硫（COS，它是 CS_2 在大气中的光化学反应产物）、甲硫醇（CH_3SH）等。

含氮的化合物和基团：NO、N_2O、NO_2、NH_3、硝酸盐（MNO_3）、铵盐（NH_4^+）等。

含氯的化合物和基团：HCl、氯化物（MCl）等。

上述污染物对酸雨贡献最大的是 SO_x 和 NO_x 及与它们的大气化学相关的化合物。此外，在大气中也包含着某些酸雨形成的抑制剂，例如 NH_3、海盐颗粒、土壤尘粒等。

酸雨的形成机理如图 8.1 所示。

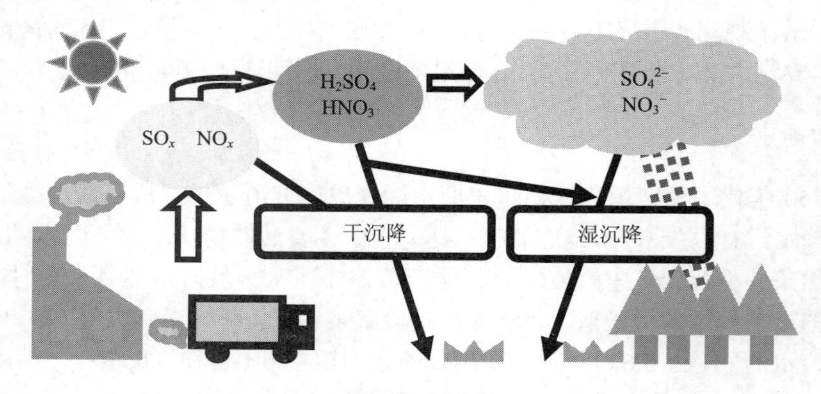

图 8.1 酸雨的形成机理示意图

（四）酸雨的危害

酸雨对江河湖泊、植物、土壤等均有影响，对自然生态造成破坏，危及野生动物的生存环境，甚至对整个生态系统的平衡造成破坏。

1. 酸雨破坏水环境

当降水 pH 低于 5.0 时，水环境中的鱼虾卵多数不能正常孵化，即使孵化，骨骼也多为畸形；此外，酸性降雨进入水环境中，可以溶解河底淤泥中的有毒金属，对水生生物产生毒害。

2. 酸雨破坏土壤环境

酸雨能使土壤酸化，影响和破坏土壤微生物的数量和群落结构，抑制土壤中有机物的分解和氮的固定，淋洗与土壤粒子结合的钙、镁、锌等营养元素，使土壤贫瘠化，影响地表植被的生长。

3. 酸雨危害植物

植物的叶片对酸雨的反应非常敏感。在酸性物质作用下，叶片受到损害，光合作用能力降低，抗病虫害能力减弱，导致植物生长缓慢甚至死亡，造成农作物减产。

4. 酸雨腐蚀建筑物

降水或空气中的酸性物质对文物古迹、建筑物、工业设备和通讯电缆等的腐蚀也非常明显。许多刚落成或装饰一新的建筑在几场酸雨之后变得暗淡无光，如有着 2 000 多年历史的雅典古城中，大理石建筑和雕塑在酸性物质的长期腐蚀下，层层剥落，变得千疮百孔。

5. 酸雨危害人体健康

含酸性物质的空气能加重人的呼吸道疾病。酸雨中含有的甲醛、丙烯酸等对人的眼睛有强烈的刺激作用。硫酸雾和硫酸盐雾的毒性比二氧化硫气体本身要高 10 倍，其微粒可侵入人体的深部组织，引起肺水肿和肺硬化等疾病，甚至导致死亡。当空气中的硫酸雾质量浓度达到 0.8 mg/L 时，就会使人难受而致病。人们饮用酸化的地表水或者土壤溶出金属含量较高的地下水，食用酸化湖泊和河流的鱼类等，造成重金属元素通过食物链逐渐积累进入人体，最终对人体健康造成危害。

（五）酸性物质的来源及防治

酸性物质来源主要有天然源和人为源，分别叙述如下。

天然源主要包括：1）海洋雾沫，它们会夹带一些硫酸到空中；2）生物：土壤中动物尸体和植物败叶在细菌作用下可分解某些硫化物，继而转化为二氧化硫；3）火山爆发：喷出大量的二氧化硫气体；4）森林火灾：由于树木中含有微量硫，因此森林火灾是一种天然硫氧化物排放源；5）闪电：空气中的氮气和氧气在高空闪电的强能量作用下，部分化合生成一氧化氮，继而在对流层中被氧化为二氧化氮，一氧化氮和二氧化氮与空气中的水蒸气反应生成硝酸；6）细菌分解：土壤中含有微量的硝酸盐，施用的化肥也含有一定量的硝酸盐，土壤中的硝酸盐在细菌分解作用下生成一氧化氮、二氧化氮等。

含硫化合物与含氮化合物的天然排放源又可分为非生物源和生物源。非生物源排放包括海浪溅沫、地热排放气体与颗粒物、火山喷发等。海浪溅沫的微滴以气溶胶形式悬浮在大气中，其中硫的气态化合物，如 H_2S、SO_2、$(CH_3)_2S$ 在大气中被氧化，形成硫酸。火山活动也是主要的天然硫排放源，据估计，内陆火山爆发排放到大气中的硫约为 300 万 t/a。生物源排放主要来自有机物腐败、细菌分解有机物的过程，以排放 H_2S、DMS、COS 为主，它们可以氧化为 SO_2、NO_x 而进入大气。

全球天然源硫排放量估计为 500 万 t/a，由于闪电造成的 NO_x 很难测定而较难准确估算全球天然源氮排放量。

人为源主要包括：1）煤、石油和天然气等化石燃料燃烧，煤中含有硫，燃烧过程中生成大量二氧化硫，此外煤燃烧过程中的高温使空气中的氮气和氧气化合为一氧化氮，继而转化为二氧化氮；2）金属冶炼，如铜、铅、锌等有色金属矿石中含有硫化物，在冶炼过程中释放大量二氧化硫气体，部分回收为硫酸，部分进入大气；3）化工生产，特别是硫酸生产和硝酸生产可分别产生大量二氧化硫和二氧化氮；4）石油炼制能产生一定量的二氧化硫和二氧化氮；5）交通运输，如汽车尾气的发动机内，活塞频繁打出火花，像天空中闪电，氮气变成二氧化氮。

大气中大部分硫和氮的化合物是由人为活动产生的，其中化石燃料燃烧造成的 SO_2 与 NO_x 排放，是产生酸雨的根本原因。这已从欧洲、北美历年排放 SO_2 和 NO_x 的递增量与出现酸雨的频率及降水酸度上升趋势得到证明。

由于燃烧化石燃料及施用农田化肥，全球每年约有 0.7 亿～0.8 亿 t 氮进入自然界，同时向大气排放约 1 亿 t 硫。这些污染物主要来自占全球面积不到 5%的工业化地区——欧洲、北美东部、日本及中国部分区域。上述区域人为硫排放量超过天然排放量的 5～12 倍。

近一个多世纪以来，全球 SO_2 排放一直在上升，然而近年来上升趋势有所减缓，主要是因为减少了对化石燃料的依赖，更广泛地采用低硫燃料以及安装污染控制装置（如烟气脱硫装置）。

综上所述，大气中的 SO_2 和氮氧化物是形成酸雨的主要物质。因此，防治酸雨最根本的措施是减少人为硫氧化物和氮氧化物的排放。实现这一目标主要有两个途径：一是调整以矿物燃料为主的能源结构，增加无污染或少污染的能源比例，发展太阳能、核能、水能、风能、地热能等不产生酸雨污染的能源。二是加强技术研究，减少废气排放，积极开发利用煤炭的新技术，推广煤炭的净化技术、转化技术，改进煤燃烧技术，改进污染物控制技术，采取烟气脱硫、脱氮技术等措施。

同时，政府职能部门应制定严格的大气环境质量标准和排放标准，调整工业布局，改造污染严重的企业，加强大气污染的监测和科学研究，及时掌握大气中的硫氧化物和氮氧化物的排放和迁移状况，了解酸雨的时空变化和发展趋势，为制定对策提供依据。

在酸雨的防治过程中，生物防治可作为一种辅助手段。在污染重的地区可栽种一些对二氧化硫有吸收能力的植物，如垂山楂、洋槐、云杉、桃树、侧柏等。

（六）我国酸雨监测发展回顾

我国的酸雨监测始于 20 世纪 70 年代末期，起初北京、上海、重庆、贵阳等少数城市开展了降水 pH 监测。为了掌握我国酸雨分布状况，1982 年国家环保部门建立了全国酸雨监测网，1989 年中国气象局也建立了气象部门的全国性酸雨监测网络。全国性酸雨监测网络的建立，积累了大量的监测数据，为我国酸雨控制和研究起了重要作用。2000 年 9 月 1 日《中华人民共和国大气污染防治法》正式实施，该法案第十八条中规定国务院环境保护行政主管部门会同国务院有关部门，根据气象、地形、土壤等自然条件，可以将已经产生、可能产生酸雨的地区或者其他二氧化硫污染严重的地区，经国务院批准后，划定为酸雨控制区或者二氧化硫污染控制区。2002、2004、2005 年，原国家环境保护总局组织开展了三年酸雨普查工作，全面调查全国酸雨状况，获得了全国的酸雨分布状况信息，期间全国有超过 600 个城市开展了降水监测，设置的监测点位超过 1 200 个。截至 2010 年年底，全国开展例行降水监测的城市（包括区、县）数量在 500 个左右，监测点位超过 1 000 个（图 8.2）。

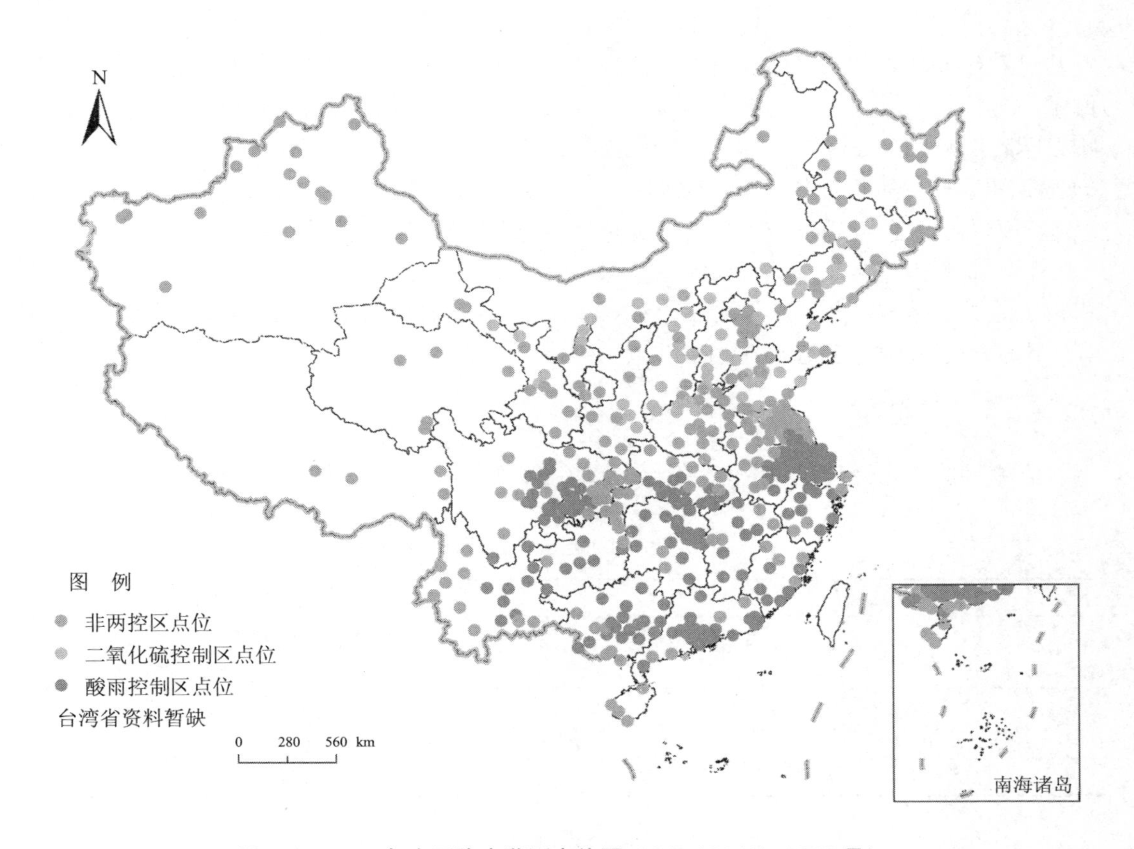

图 8.2　2010 年全国降水监测点位图（GS（2011）1955 号）

二、酸雨监测点位的设置

（一）点位类型

根据监测目的不同，酸雨监测点位可分为例行酸雨监测点与研究性酸雨监测点。两者侧重点不同，因此点位设置的要求也不一样。例行酸雨监测主要是为了解一定区域或城市的酸雨污染现状，掌握酸雨变化的趋势，监测具有长期性的特点。研究性酸雨监测根据研究对象而不同，有针对区域或城市降水现状的监测，也有对排放源的监测、研究远距离输送的监测等，为短期性监测，一般持续数月到数年。

例行酸雨监测点位又分为边远监测点（也叫背景监测点、清洁对照点）、远郊监测点（也叫乡村监测点、郊区监测点）和城市监测点（也叫城区监测点）。

边远监测点是为了评估背景地区的酸雨状况，监测数据可用于评估大尺度酸性污染物质的长距离传输和区域间的相互影响。边远监测点应设置在不受或很少受当地排放源和污染源影响的地方，应远离城市、大型工厂、热电厂等大的固定源（在《酸沉降监测技术规范》中明确为 50 km 以上），还应远离公路、港口、铁路等主要的流动源。

远郊监测点是为了评估区域的酸雨状况，监测数据可用于评估中尺度酸性污染物传输及其对农作物和森林的影响。远郊点应设在不受城镇、乡村等人类活动影响，相对清洁而偏僻的地区。不应受工业、排灌系统、水电站、炼油厂、商业、机场及自然资源开发的影响。远郊点距大污染源 20 km 以上；距主干道公路（500 辆/d）500 m 以上；距局部污染源 1 km 以上。应尽可能在城市的上风向区域选择远郊点，并且远郊点应距城市建成区 10 km 以上。如果远郊点位于城市下风向，则应距城市建成区 20 km 以上。

城市监测点是为了评估城市地区的酸雨状况和变化趋势，包括城区、近郊区、工业区和相邻的周边地区，监测数据可用于评估小尺度范围内的酸性污染物对人群健康、建筑物等的影响。点位设置应选择在相对开阔的地方。

（二）点位数量

监测目的决定点位的数量。对于例行酸雨监测，一般点位设置原则见表 8.1。

表 8.1　点位设置原则

城市	点位设置
50 万人口以上的城市	城区点位：2 个 远郊点位：1 个
50 万人口以下的城市	城区点位：1 个 远郊点位：1 个
一般的县城	1 个采样点

（三）点位设置要求

酸雨监测点选择要考虑城市的总体发展规划，避开将来可能纳入城市区域或可能进行各种开发建设的地带，以避免因点位周边环境变化影响酸雨监测的连续性。

采样点周围应无遮挡雨、雪的障碍物，其中包括房屋、桥梁、高大树木等；障碍物与采样器之间的水平距离不得小于该障碍物高度的 2 倍；或从采样器至障碍物顶部与地平线夹角应小于 30°。

采样点应设置在离开树林、土丘及其他障碍物足够远的地方。宜设置在开阔、平坦、多草、周围 100 m 内没有树木的地方。采样器周围基础面要坚固，或有草覆盖，避免大风扬尘给采样带来影响。

监测点应有电力供应和基本道路条件，便于酸雨监测设备的运行和维护。

三、降水样品采集与保存

降水样品的采集与保存包括前期准备、样品采集、样品运输保存等过程。

（一）前期准备

在实验室应完成采样容器的清洗，采样容器第一次使用前应用体积分数为 10%的盐酸或硝酸溶液浸泡一昼夜，用自来水清洗至中性，再用去离子水冲洗多次，然后加少量去离子水振荡，用离子色谱法检查水中 Cl^-离子含量，若和去离子水相同，即为合格。

每次使用之后的采样容器应用刷子刷洗，再用自来水冲洗干净，然后用去离子水冲洗三次。

清洗干净之后倒置晾干并加盖保存在清洁的橱柜内。

（二）样品采集

湿沉降样品采集分为自动采样和手工采样。

1. 降水自动采样器

降水自动采样器是具有自动采集降雨（混合样、分段样）等功能的采样器，分为直入式和非直入式。雨水能直接落入采样容器的为直入式采样器，通过其他部件如漏斗、管道等进入采样容器的为非直入式采样器，通常认为直入式降水自动采样器为较适宜的采样器。我国于 2005 年颁布了环境保护行业标准《降雨自动采样器技术要求及检测方法》（HJ/T 174—2005），该标准规定了降水采样器的技术要求及检测方法。降水自动采样器应具有采集混合样或分段样、样品保存、自动测量降雨量、查询等功能，主要由感雨器、防尘结构、接水容器及加热装置等部件组成。

感雨器：能感应到的最低降雨强度为 0.05 mm/h 或 0.5 mm 直径的雨滴。

自动测量降雨量功能：能够与降雨采样器同步、平行地进行降雨量的自动测量。雨量计测量最小分度为 0.1 mm。

防尘盖在无雨时应处于关闭状态，其内表面与密封材料间应压合紧密、均匀、无缝隙。在开关时应动作平稳、灵活，同时在降雨后 60 s 内应打开，降水结束 5 min 内关闭。

接水容器的开口应距离基础面 1.2 m 以上。

加热装置用于确保采集雪水样品时的加热，可用手触摸检查感雨器是否有加热功能。

2. 降水手工采样

没有自动采样器的监测点位可进行手工采样。手工采样器一般由聚乙烯塑料漏斗、放漏斗的架子、样品容器（聚乙烯瓶）组成，漏斗的口径和样品容器体积大小与自动采样器的要求相同；也可采用无色聚乙烯塑料桶采样，采样桶上口直径及体积大小与自动采样器的要求相同。

每次采样前应按容器清洗方法认真清洗。

（三）样品运输保存

1．现场样品保存与运输

采集样品时，操作者应戴上塑料手套处理收集容器，将采集到的样品保存于专用的聚乙烯塑料瓶中，不得与其他水样瓶混用。建议一般降雨结束 6 h 内在现场进行样品 pH 和 EC（电导率）的测定。至送到实验室之前，样品应于 4℃条件下冷藏或添加抑菌剂，原则上样品应于 1～2 周内送到实验室。在实验室采用 0.45 μm 的滤膜过滤并保存于聚乙烯塑料瓶中。经常采用减少运输时间、运输期间冷藏样品等方法来保持样品的化学稳定性。

2．样品记录

采集的样品应做好详细的记录，包括采样点名称和点位环境、设备运行情况、样品编号、采样开始日期和时间、结束日期和时间、样品体积和重量（降水量）、降水类型、样品是否污染等信息及意外情况等，同时采样人员应签字。样品记录信息应与样品同时送达实验室。

四、样品分析

送达实验室的样品应放置在冰箱中，并尽早完成分析工作，分析测试项目包括 pH、电导率、NO_3^-、NH_4^+、SO_4^{2-}、Cl^-、F^-、K^+、Na^+、Ca^{2+}、Mg^{2+}。

降水样品送达实验室后应首先取部分样品进行电导率和 pH 测定，其他样品应用 0.45 μm 有机微孔滤膜过滤，然后存放于聚乙烯塑料瓶中，进行离子组分分析或做好标记后存放于冰箱中（4℃）待日后分析，最长不超过一个月。

监测方法首先选用国家标准方法，也可选用与国家标准方法具有可比性的等效方法。

（一）电导率的国家标准测定方法——电极法

在《大气降水电导率的测定方法》（GB 13580.3—92）中规定采用电极法测定大气降水电导率。

需要特别注意的是降水样品采集后应尽快测定电导率，如有粗大悬浮物等干扰物质，应采用过滤法除去。测定时应保证 25℃恒温水浴，最好控制水温变化在±0.2℃，对于有温度补偿的电导率仪则不需要水浴，直接读 25℃电导率值即可。

（二）pH 测定

在 1992 年颁布的《大气降水　pH 值的测定　电极法》（GB 13580.4—92）中规定了测定大气降水 pH 的电极法，测定可精确到 0.02 pH 单位。

pH 是水溶液中酸碱度的一种表示方法。pH 的应用范围在 0～14 之间，当 pH=7 时，水呈中性；pH＜7 时为酸性，pH 越小，则溶液酸性越强；pH＞7 时为碱性，pH 越大，则溶液碱性越强。

需要特别注意的是玻璃电极在使用前应在水中浸泡 24 h，开始测定前应预热仪器半小时；每次测定溶液前应使用去离子水对电极进行彻底清洗，并对仪器进行定位和校正。

pH 测定主要问题是电极老化，用已知 pH 的参比溶液检查 pH 电极，参比溶液应冷藏保存，当 pH 有所改变时应及时更换参比溶液。

（三）降水中阴离子测定

降水中的 SO_4^{2-}、NO_3^-、Cl^-等阴离子可采用表 8.2 中的方法进行测定。

表 8.2 降水中阴离子测定方法

阴离子	方法一	方法二	方法三	方法四
SO_4^{2-}	离子色谱法（GB 13580.5—92）	硫酸钡浊度法（GB 13580.6—92）	铬酸钡-二苯碳酰二肼光度法（GB 13580.6—92）	改良硫酸钡比浊法（与 GB 13580.6—92 等效）
NO_3^-		紫外光度法（GB 13580.8—92）	镉柱还原光度法（GB 13580.8—92）	
F^-		新氟试剂光度法（GB 13580.10—92）		
Cl^-		硫氰酸汞高铁光度法（GB 13580.9—92）		
NO_2^-		*N*-(1-萘基)-乙二胺光度法（GB 13580.7—92）		

1．硫酸根离子测定

在 1992 年颁布的《大气降水中氟、氯、亚硝酸盐、硝酸盐、硫酸盐的测定 离子色谱法》（GB 13580.5—92）中规定了测定大气降水中硫酸盐的离子色谱法；《大气降水中硫酸盐测定》（GB 13580.6—92）中规定了测定大气降水中硫酸盐的硫酸钡浊度法和铬酸钡-二苯碳酰二肼光度法。《空气和废气监测分析方法》（第四版增补版）中的改良硫酸钡比浊法与 GB 13580.6—92 等效。硫酸根离子测定方法见表 8.3。

表 8.3 硫酸根离子测定方法

方法	原理	仪器	最低检出浓度	测定范围	备注
离子色谱法	利用离子交换原理进行分离，由抑制柱抑制淋洗液，扣除背景电导后，用电导检测器测定溶液电导，根据离子出峰的保留时间以及峰高定性、定量样品中的离子浓度	具有电导检测系统的离子色谱仪； 色谱柱； 抑制器； 记录仪和积分仪； 微孔滤膜过滤器	根据仪器的不同灵敏挡而定	根据仪器的不同灵敏挡而定	所用去离子水的电导率应小于 0.5 μS/cm，并用微孔滤膜过滤； 为克服负峰干扰，样品中需加入一定量的淋洗贮备液，使其浓度与淋洗液相同； 整个系统不能进入气泡，气泡对分离效果有影响； 在与绘制校准曲线相同的色谱条件下测定样品的保留时间及峰面积； 在淋洗液、再生液改变时，或分析了 20 个样品后，应对校准曲线进行重新校准； 离子响应值或保留时间超过预期值的±10%时，需用新的校准标样重新测定，如果结果仍不理想，应重新绘制标准曲线

方法	原理	仪器	最低检出浓度	测定范围	备注
硫酸钡浊度法	降水中硫酸盐和钡离子生成硫酸钡悬浮体，使溶液浑浊，其浑浊程度与样品中硫酸盐的含量成比例，因此，通过测量硫酸钡悬浮液吸光度，即可由校准曲线求出硫酸盐的含量	分光光度计或光电比色计；电磁搅拌器	0.4 mg/L	1.0～70 mg/L	
铬酸钡-二苯碳酰二肼光度法	在弱碱性溶液中，硫酸根与铬酸钡发生交换反应，生成硫酸钡沉淀和铬酸根，在氨-乙醇溶液中，分离除去硫酸钡及过量的铬酸钡。交换出的铬酸根离子与二苯碳酰二肼反应，生成紫红色产物，用分光光度法测定，间接测定硫酸根离子浓度	分光光度计；过滤装置：直径 25 mm 的抽滤装置和 0.45 μm 的微孔滤膜；具塞比色管：10 mL、25 mL	0.1 mg/L	0.5～10 mg/L	交换反应释放出的铬酸根离子与悬浮态的铬酸钡、硫酸钡沉淀的去除，对结果影响较大； 一般用滤膜抽气过滤反应样品，效果优于定量滤纸；若没有抽气过滤装置，可使用离心机分离 5 min（转速 3 000 r/min），待溶液清亮即可； 为防止铬酸根污染，不应采用铬酸洗液洗涤玻璃仪器
改良硫酸钡比浊法	在酸性介质中硫酸根与氯化钡反应，生成硫酸钡悬浊液，根据浊度程度，用分光光度法测定。 用明胶作为分散剂和稳定剂，生成的硫酸钡悬浊液的浊度比较稳定	容量瓶：100 mL、1 000 mL；烧杯：50 mL；分光光度计；磁力搅拌器；秒表	0.4 mg/L	1.0～70 mg/L	也可使用聚乙烯醇溶液代替明胶溶液，结果相似

2. 硝酸根离子的测定

在 1992 年颁布的《大气降水中氟、氯、亚硝酸盐、硝酸盐、硫酸盐的测定 离子色谱法》（GB 13580.5—92）中规定了测定大气降水中硝酸盐的离子色谱法；《大气降水中硝酸盐测定》（GB 13580.8—92）中规定了测定大气降水中硝酸盐的紫外光度法和镉柱还原法。《空气和废气监测分析方法》（第四版增补版）中的离子色谱法与 GB 13580.6—92 等效。硝酸根离子测定方法见表 8.4。

3. 亚硝酸根离子测定

在 1992 年颁布的《大气降水中氟、氯、亚硝酸盐、硝酸盐、硫酸盐的测定 离子色谱法》（GB 13580.5—92）中规定了测定大气降水中亚硝酸盐的离子色谱法；《大气降水中亚硝酸盐测定 *N*-(1-萘基)-乙二胺光度法》（GB 13580.7—92）中规定了测定大气降水中亚硝酸盐的测定方法。《空气和废气监测分析方法》（第四版增补版）中的盐酸萘乙二胺分光光度法与 GB 13580.7—92 等效。亚硝酸根离子测定方法见表 8.5。

表 8.4　硝酸根离子测定方法

方法	原理	仪器	最低检出浓度	测定范围	备注
离子色谱法	与硫酸根的离子色谱法相同				
紫外分光光度法	硝酸根离子对紫外光有强烈的吸收，利用硝酸根离子在 220 nm 处的吸光度来定量测定硝酸根离子浓度	具塞比色管：25 mL；容量瓶：500 mL，1 000 mL；紫外分光光度计	0.2 mg/L	0.4～10.0 mg/L	三价铁、六价铬及一些有机物在 220 nm 波段也有吸收，产生正干扰。降水样品中这些离子含量较少，可通过测定 275 nm 处的吸光度加以修正。若 $A_{275}/A_{220} \geqslant 0.2$，证明有干扰，应对样品进行预处理。 玻璃容器应使用（1+2）的盐酸-乙醇混合溶液洗涤，不用硝酸溶液洗涤，避免带来玷污。 因氨基磺酸水溶液逐渐水解生成重硫酸铵，所以该溶液不能存放过久
镉柱还原光度法	在 pH 8～10 的条件下，硝酸盐经镉柱被还原成亚硝酸盐，亚硝酸盐与对氨基苯磺酸重氮化，再与 *N*-(1-萘基)-乙二胺盐酸盐偶合，形成红色偶氮染料，于 540 nm 波长处进行光度测量。经镉柱还原测得的是硝酸盐和亚硝酸盐的总量，减去不经过镉柱还原而直接测得的亚硝酸盐含量，即可得出硝酸盐含量	分光光度计；镉还原柱	0.004 mg/L	0.01～0.2 mg/L	

表 8.5　亚硝酸根离子测定方法

方法	原理	仪器	最低检出浓度	测定范围	备注
离子色谱法	与硫酸根的离子色谱法同				
N-(1-萘基)-乙二胺光度法	在 pH 1.7 以下，亚硝酸盐和对氨基苯磺酸反应生成重氮盐，再与 *N*-(1-萘基)-乙二胺偶联生成红色染料，于 540 nm 波长处测量吸光度，由于试样吸光度和亚硝酸盐浓度成正比，因此用分光光度法可直接定量测定亚硝酸根含量	分光光度计；具塞比色管：25 mL；容量瓶	0.04 mg/L	0.01～0.02 mg/L	
盐酸萘乙二胺分光光度法	与 GB 13580.7—92 等效	分光光度计；具塞比色管：25 mL；容量瓶	0.004 mg/L	0.004～0.2 mg/L	降水中的离子一般不干扰亚硝酸根的测定

4．氯离子的测定

降水中的氯离子主要来源于气溶胶中氯化物的溶解、气态氯化物的污染以及海雾中的氯化物。

在 1992 年颁布的《大气降水中氟、氯、亚硝酸盐、硝酸盐、硫酸盐的测定　离子色谱法》（GB 13580.5—92）中规定了测定大气降水中氯离子的离子色谱法；《大气降水中氯化物的测定　硫氰酸汞高铁光度法》（GB 13580.9—92）中规定了测定大气降水中氯离子的硫氰酸汞高铁光度法。《空气和废气监测分析方法》（第四版增补版）中的硫氰酸汞分光光度法与 GB 13580.9—92 等效。氯离子测定方法见表 8.6。

表 8.6　氯离子测定方法

方法	原理	仪器	最低检出浓度	测定范围	备注
离子色谱法	与硫酸根的离子色谱法同				
硫氰酸汞分光光度法	氯离子与硫氰酸汞反应，生成难电离的氯化汞分子，置换出的硫氰酸根离子与三价铁离子反应，生成橙红色的硫氰酸铁络合物，根据颜色深浅，于 460 nm 处用分光光度法测定	具塞比色管：10 mL；容量瓶：500 mL、1 000 mL；砂芯漏斗：G_3 或 G_4；分光光度计	0.03 mg/L	0.4～6.0 mg/L	用过的比色管和玻璃容器应使用（1+1）硝酸溶液洗涤，然后用去离子水充分洗涤，不能用自来水洗涤，以防止有氯化物污染容器。降水样品中含有极微量的其他卤化物、硫化物及氰化物，因此不会影响本方法对氯离子的测定

5．氟离子的测定

降水中氟离子质量浓度通常在 0.01～1 mg/L 之间，主要来自工业污染、燃料及空气颗粒物中的可溶性氟化物。

在 1992 年颁布的《大气降水中氟、氯、亚硝酸盐、硝酸盐、硫酸盐的测定　离子色谱法》（GB 13580.5—92）中规定了测定大气降水中氟离子的离子色谱法；《大气降水中氟化物的测定　新氟试剂光度法》（GB 13580.10—92）中规定了测定大气降水中氟化物的氟试剂光度法。在《空气和废气监测分析方法》（第四版增补版）中介绍了氟试剂光度法的等效方法。氟离子测定方法见表 8.7。

（四）降水中阳离子测定

降水中的主要阳离子为 NH_4^+、Ca^{2+}、Mg^{2+}、Na^+、K^+，可采用表 8.8 中的方法进行定性和定量测量。

表 8.7 氟离子测定方法

方法	原理	仪器	最低检出浓度	测定范围	备注
离子色谱法	与硫酸根的离子色谱法同				
氟试剂分光光度法	在 pH 4.1 的乙酸缓冲介质中，氟离子与氟试剂及硝酸镧反应生成蓝色的三元络合物，根据颜色深浅，在 620 nm 波长处测定吸光度可定量测量氟离子浓度	具塞比色管：25 mL；容量瓶：100 mL，1 000 mL；分光光度计；酸度计	0.05 mg/L	0.06～1.5 mg/L	降水中的共存离子不干扰本方法对氟离子的测定。用增色反应的氟试剂法测定氟，灵敏度较用茜素锆褪色法时高，色泽可稳定 24 h 左右，蓝色络合物的吸光度受显色剂的 pH 值、丙酮及缓冲溶液用量的影响较大。由于温度对显色有影响，为了准确定量，在测定时应与绘制标准曲线时的条件一致

表 8.8 阳离子测定方法

阳离子	方法一	方法二	方法三
NH_4^+	离子色谱法	纳氏试剂光度法（GB 13580.11—92）	次氯酸钠-水杨酸光度法（GB 13580.11—92）
Ca^{2+}	离子色谱法	原子吸收分光光度法（GB 13580.13—92）	偶氮氯膦（III）分光光度法
Mg^{2+}	离子色谱法	原子吸收分光光度法（GB 13580.13—92）	
Na^+	离子色谱法	原子吸收分光光度法（GB 13580.12—92）	
K^+	离子色谱法	原子吸收分光光度法（GB 13580.12—92）	

1. 降水中铵离子的测定

降水中的铵离子来自空气中的氨及颗粒物中的铵盐，氨来自工业排放及含氮化肥的分解挥发，也来源于含氮有机物质腐败时生物分解的产物（人体、动物排放的尿液），冬季浓度低，夏季浓度高。氨对降水的酸性具有中和作用。铵离子测定方法见表 8.9。

2. 降水中钙、镁离子的测定

钙、镁离子是降水中的主要阳离子，对降水中酸性物质起着重要的中和作用。

测定方法有原子吸收分光光度法、络合滴定法、偶氮氯膦（III）分光光度法。三种测定方法的精密度和准确度均较好。钙、镁离子测定方法见表 8.10。

表 8.9 铵离子测定方法

方法	原理	仪器	最低检出浓度	测定范围	备注
离子色谱法	利用离子交换原理进行分离，由抑制器抑制淋洗液，扣除背景电导后，利用电导检测器进行测定，根据保留时间及峰高（峰面积）可定性和定量离子浓度	具有电导检测器的离子色谱仪； 色谱柱：阴离子分离柱和阳离子保护柱； 抑制器； 记录仪、积分仪（或微机数据处理系统）； 微孔滤膜过滤器			与硫酸根的离子色谱法同
纳氏试剂分光光度法	在碱性溶液中，铵离子同纳氏试剂反应生成黄棕色化合物，根据颜色深浅，用分光光度法测定	具塞比色管：25 mL； 容量瓶：250 mL、500 mL； 分光光度计	0.02 mg/L	0.06～1.5 mg/L	铵离子是降水中的主要阳离子，在降水中不稳定，因此取样后应尽快分析；在强碱性介质中，钙离子、镁离子等会有所干扰，可用酒石酸钾钠掩蔽
次氯酸钠-水杨酸分光光度法	在碱性介质中，氨与次氯酸盐和水杨酸反应生成一种非常稳定的蓝色化合物，根据颜色深浅进行分光光度测定	具塞比色管：10 mL； 容量瓶：200 mL、250 mL、500 mL； 分光光度计	0.01 mg/L	0.02～1.2 mg/L	

表 8.10 钙、镁离子测定方法

方法	原理	仪器	最低检出浓度	测定范围	备注
离子色谱法	与铵根的离子色谱法同				
原子吸收分光光度法	火焰原子吸收分光光度法是根据元素的基态原子对该元素的特征光谱辐射产生选择性吸收来进行测定的分析方法。将降水样品喷入空气-乙炔火焰中，分别在波长 422.6 nm 和 285.2 nm 处测定钙、镁离子的吸光度，绘制标准曲线	具塞比色管：10 mL； 容量瓶：100 mL、500 mL、1 000 mL； 原子吸收分光光度计； 钙、镁元素空心阴极灯	钙离子：0.02 mg/L； 镁离子：0.002 55 mg/L	钙离子：0.2～7.0 mg/L； 镁离子：0.02～0.5 mg/L	样品中若有 Al^{3+}、Be^{2+}、Ti^{4+}等离子存在，会产生负干扰，可加入释放剂氯化镧、硝酸镧或氯化锶予以消除
偶氮氯膦（III）分光光度法	在 pH2.2 的酸性介质中，钙离子与偶氮氯膦（III）反应生成蓝紫色络合物，根据颜色深浅，用分光光度法测定	具塞比色管：25 mL； 容量瓶：100 mL、500 mL； 分光光度计	0.007 mg/L	0.007～1.2 mg/L	当掩蔽剂 Na_2-EDTA 存在时，降水中的共存离子不干扰测定

3．降水中钠、钾离子的测定

钠、钾离子也是降水中的主要阳离子。测定方法有原子吸收分光光度法和离子色谱法，见表 8.11。

表 8.11 钠、钾离子测定方法

方法	原理	仪器	最低检出浓度	测定范围	备注
离子色谱法	与铵根的离子色谱法同				
原子吸收分光光度法	火焰原子吸收分光光度法是根据元素的基态原子对该元素的特征波长辐射产生选择性吸收进行测定的分析方法。将降水样品喷入空气-乙炔火焰中，分别在波长 766.4 nm 和 589.0 nm 处测定钠、钾离子的吸光度，绘制标准曲线	具塞比色管：10 mL；容量瓶：200 mL、500 mL、1 000 mL；原子吸收分光光度计；钠、钾元素空心阴极灯	钠离子：0.008 mg/L；钾离子：0.013 mg/L	钠离子：0.008～4.0 mg/L；钾离子：0.08～4.0 mg/L	由于钠、钾离子易电离，有干扰，因此在试样中加入消电离剂（氯化铯或硝酸铯），可消除干扰

五、数据分析与评价

在《酸沉降监测技术规范》（HJ 165—2004）中对湿沉降监测数据处理与报告形成做了介绍，主要包括 1）监测点、采样、运输、实验室操作、分析等信息；2）采样及测定结果报告格式及内容要求；3）监测报告的制度要求等方面的要求。

在对降水监测数据进行分析时，通常需要计算降水 pH、各项离子浓度的月均值和年均值，降水 pH 的主要计算方法包括以下几种。

1．每场降雨 pH 算术平均法

$$\mathrm{pH}_{均值}=\frac{1}{n}\sum_{i=1}^{n}\mathrm{pH}_i \tag{8-1}$$

式中：i——第 i 次降水；

n——降水次数。

2．pH 的雨量加权平均法

$$\mathrm{pH}_{均值}=\frac{\sum_{i=1}^{n}\mathrm{pH}_i\times V_i}{\sum_{i=1}^{n}V_i} \tag{8-2}$$

式中：V_i——第 i 次降水的降雨量，mm；

n——降水次数。

3．氢离子与降水量的加权算术平均法

假设降水样品中的氢离子浓度呈正态分布，则 pH 均值计算公式为：

$$\mathrm{pH}_{均值} = -\lg \frac{\sum_{i=1}^{n} 10^{-\mathrm{pH}_i} \times V_i}{\sum_{i=1}^{n} V_i} \tag{8-3}$$

式中：V_i——第 i 次降水的降雨量，mm；

n——降水次数。

4．氢离子浓度平均值的负对数

$$\mathrm{pH}_{均值} = -\lg \frac{\sum_{i=1}^{n} 10^{-\mathrm{pH}_i}}{n} \tag{8-4}$$

式中：n——降水次数。

5．pH 中位数法

n 次降水事件中，将各次降水 pH 由小到大排序。

当 n 为奇数时：

$$\mathrm{pH}_{均值} = \mathrm{pH}_{\frac{n+1}{2}} \tag{8-5}$$

当 n 为偶数时：

$$\mathrm{pH}_{均值} = \frac{1}{2}(\mathrm{pH}_{\frac{n}{2}} + \mathrm{pH}_{\frac{n}{2}+1}) \tag{8-6}$$

6．pH 加权算术平均法

假设降水样品中的 pH 呈正态分布，即假设降水样品中氢离子浓度呈对数正态分布，则 pH 均值计算公式为：

$$\mathrm{pH}_{均值} = -\lg\left(\sum_{i=1}^{n} V_i \sqrt{[\mathrm{H}^+]_1^{V_1}[\mathrm{H}^+]_2^{V_2}\cdots[\mathrm{H}^+]_n^{V_n}}\right) \tag{8-7}$$

式中：V_i——第 i 次降水的降雨量，mm；

n——降水次数。

研究表明，氢离子雨量加权计算 pH 均值的方法，能与降水中其他离子的计算方法协调一致，并具有明确的物理意义，便于阴阳离子浓度平衡的计算及一定时间内单位面积上沉降量的计算，同时，与国外计算 pH 均值方法一致，因此，在日常工作中较常采用氢离子浓度与雨量加权方法计算 pH 均值。

各项离子浓度的平均值计算方法与氢离子计算方法相同，即也用各离子浓度与雨量加权方法计算。

六、数据报送要求

负责现场采样的单位和进行样品分析的实验室都应记录保存相关信息。

1．监测点位的信息

1）监测点的位置、类型、测定项目；

2）点位周边小尺度环境（建筑物、树木、公路及周围土地利用情况等信息）；

3）点位周边较大尺度环境（主要的固定源、流动源、人口等信息）；

4）点位周边区域尺度环境（大的固定排放源、主要的公路、城市、人口等）。

2．采样信息

1）采集样品的仪器信息，如型号、名称、生产商、生产日期等；

2）样品采集条件，如日期、温度、点位详细信息等；

3）现场测定记录，如野外空白值、样品体积、标准雨量器测定的降水量等；

4）样品种类和污染情况等；

5）采样记录，如样品递送的频率、包装措施等。

3．样品分析信息

1）分析仪器的校准和测定程序；

2）为保证数据准确性而进行的其他测定。

4．质量保证和质量控制措施

实验室标准操作程序、仪器运行情况、仪器灵敏度情况、结果评估等信息。

数据报送的格式见表 8.12。

表 8.12 酸雨监测数据报表

省年降水监测数据报表

行政代码	市（县，区）	点位名称	开始时间				结束时间				降水类型	降水量	pH	电导率	SO_4^{2-}	NO_3^-	F^-	Cl^-	NH_4^+	Ca^{2+}	Mg^{2+}	Na^+	K^+
			月	日	时	分	月	日	时	分		mm		mS/m	mg/L								

七、质量保证与质量控制（QA/QC）

酸雨监测涉及采样—运输—保存—实验室分析—数据处理等多个环节，每个环节都需要进行良好的质量保证和质量控制，才能得到有效的监测数据；对操作人员、分析仪器、实验室环境等方面也有严格要求。

（一）采样前的 QA/QC

1）采样器具的准备工作。

a．采样器具的材质应不会对降水样品产生污染，在化学和生物方面具有惰性，不会与某些组分发生化学反应，其器壁不会吸附某些待测组分。采样器具、样品容器一般选用聚乙烯或聚四氟乙烯等，不能采用玻璃、搪瓷、金属容器、有色塑料等，因为这些材料在采样、存放样品时将有离子溶出，从而污染样品。

b．样品容器要带盖，在使用前应进行密封实验，并进行防漏检查。

c．样品容器应按样品类型、监测项目配置，采样容器的容积以大于过去 10 年中监测点最大降水量准备。降水样品容器为专用物品，不得挪用，以免其他离子干扰。

d．采样容器在第一次使用前，应处理容器内壁，以减少其对样品的污染以及对样品痕量组分的吸附或其他相互作用。用 10%HNO_3 或 10%HCl 浸泡一昼夜，用自来水冲洗干净，再用蒸馏水洗多次，可用离子色谱检查清洗后蒸馏水中的 NO_3^-或 Cl^-，若与原蒸馏水离子相同，即可使用，并将容器晾干加盖保存，盖子一般选用聚乙烯塑料螺口盖，并保证良好的密闭性。

e．采样容器每次使用后，先用自来水及洗涤剂刷洗干净，再用蒸馏水冲净，晾干加盖保存。

2）准备好现场监测记录表、塑料手套、刷子、去离子水（500 mL 洗瓶）。

3）如运送距离较远，应准备便携式冷藏设备，如无冷藏条件，应携带抑菌剂。

（二）采样过程中的 QA/QC

1．采样需要的基本条件

由于样品离子浓度较低，非常容易受到污染，现场监测要有较大的采样量，并保证样品受污染小，因此采样时应具备以下条件：

1）采样直径不小于 20 cm 的采样器（自动监测设备应有稳定的电源）。

2）专人负责每日采样，确保采集到每场降水，并负责每日清洗工作。

3）监测仪器设备应受到保护，避免受到损坏而影响降水样品的采集。

4）运送距离较远时，应使用提前准备好的冰箱等冷藏设备保存样品，并尽快运送到分析实验室。

5）配备去离子水（＜0.15 mS/m）进行采样器的清洗工作。

6）用来测量降雨量的雨量计（器）；如无雨量计（器）应使用电子秤称量采集到的降水样品，根据采样器口径进行雨量计算。由于用量筒会引起降水样品的污染，同时温度的变化也会造成体积变化，所以不建议使用量筒测量降水体积。

7）采样桶、漏斗、连接管应具有化学惰性（聚乙烯或聚四氟乙烯）。

8）雨感器的高度与采样桶的高度一致，防止互相遮挡；接雨器口径直径不小于 20 cm，对于雨量偏小的地区应使用口径较大接雨器（如直径 30 cm、40 cm 等）；采样容器应足够大，遇到当地最大降水也不会有样品溢出。

9）对自动采样器采样的监测点位应配备几个聚乙烯采样桶，停电时可进行人工采样；要求自动采样器必须在降水开始 1 min 内自动打开（最低感雨量 0.05 mm/h 或 0.5 mm 直径的雨滴）；未降水时，自动采样器必须能够防止干沉降污染。在降水结束后 5 min 内关闭；必须预防干沉降污染，下雨时，落在防尘盖或其他部位的雨滴不能溅入接雨器内；感雨器具有加热装置，能够防止雾、露水启动采样器，并且能够蒸发感雨器上的湿残留物，在雨停后及时关闭防尘盖；采样器能够在当地极端气候下正常工作；采样器对电源的适应性强，在 180～250V 电压范围内能正常工作；为防止鸟类落在感雨器上，可在感雨器上面竖一些针状物。

10）人工采样过程中必须有专人负责按时收放采样桶，并及时清洗采样设备。

2．放置采样器的要求

1）最好在空旷、平坦、有草的区域，离树、山和其他影响采样的障碍物足够远，采样器周围几米范围内不应有高于采样器的物体；还要注意电线、电缆不能影响采样。

2）周边障碍物和采样器间的水平距离至少应该是障碍物高度的 2 倍，或者是采样器到障碍物顶角应小于 30°。

3）采样器应免受本地排放和污染源如酸碱物质、烟尘、粉尘排放和生活排放源、废物堆放场、停车场、交通干线等的影响；采样器应离开这些排放点和污染源 100 m 以上。

4）测点周围下垫面无裸露土壤，周围基础要牢，或有草覆盖，避免大风扬尘影响采样。

5）采样器漏斗（或采样桶）上口边缘处于水平，距支撑面的高度在 1.2 m 以上，采样器高度太低会使雨水溅起的泥水进入采样器中。

6）自动采样器要有稳定的电源。

7）多个采样器之间的水平距离应大于 2 m。

8）对于干湿采样器，应将干罐处于下风向，使湿罐不受干罐影响。

9）采样器与雨量器保持一定的水平距离（大于 2 m）。

10）用于样品称重的天平，最大称样量不小于 15 kg，最小感量为 1 g。

3．样品采集的基本步骤

1）用于采样的容器、桶、漏斗、瓶、连接管，每次野外采样时须洗净（当连续下雨时不用清洗），操作者应戴上塑料手套处理容器。

2）将含雨样的样品容器从采集器中取出后，称重，去除样品容器重量得到雨样重。与同步监测的降雨量进行比较，根据采集雨样重量计算得到的降雨量的计算值（mm），应大于雨量计实测值的 80%，才能证明采样器采到足够的分析样品。

3）对样品中的电导率、pH 在采样后应尽快测定，并检查样品和采样记录是否相符，其余样品用 0.45 μm 孔径的干净滤膜过滤，并保存于聚乙烯瓶中于 4℃的条件下冷藏，以备分析离子组分。如果样品体积大于 200 mL，称重后，超过 200 mL 的部分可以丢弃。

4）将接雨器和样品容器洗净下次备用。

5）无雨期间，对自动采集器接雨装置，每 3～5 d 进行 1 次清洗；人工采样装置无雨期间应在室内密封保存，如在采样点放置 2 h 以上仍未下雨，则需将接雨器重新清洗后，方可用于下次采样。

6）如果采样点离实验室太远，可考虑在采样点附近设立一个简单操作间。

7）样品从采样到所有离子分析完，以 10 d 之内为宜，原则不超过 15 d。

4．现场空白要求

每月采一次野外现场空白，即将 100 mL 去离子水加于采样器中，用和采集样品同样的方式收集并送到实验室进行项目分析测定，剩余的去离子水也应送至实验室进行分析，如果现场空白离子浓度明显高于去离子水，则应检查采样容器及管子，查找可能的原因。

5．现场采样记录

仪器检查：检查降水自动采样器是否能正常自动开关盖，检查传感器响应状况和加热状况。

对采集的每一个样品都要做好记录，每一个样品都有相应标记。现场监测项目的测定值及有关资料可直接记录在记录表上。其他项目应在采样记录或样品送检表上按登记内容记录。采样记录应填写完整、准确，做到字迹端正、清楚。修正处应用统一画线删除，不能随意涂改。

样品记录应包括：1）点位名称、样品编号；2）采样开始和结束时间（日、时、分）；3）降雨量及样品重量；4）降水类型（雨、雪、冻雨、冰雹）；5）样品污染情况（鸟粪、昆虫、明显的悬浮物等）；6）意外环境污染问题（工业、农业、车辆、烟火等）；7）采样人员签名；8）仪器状况，监测过程中是否停电等故障记录；9）气温、风向等气象资料；10）点位周围变化（新出现的局地污染源等）。

（三）运输与储存过程中的 QA/QC

1）为保证样品稳定，应最大限度减少样品运输时间。

2）样品运输最好保存在冷藏状态，并避免运输过程中样品溢出或被污染。

3）储存时应选用适当材质的容器，一般为聚乙烯材质的容器。

4）降水样品分析完 pH、EC 后，用不与样品中的化学成分发生吸附或离子交换作用的 0.45 μm 的有机微孔滤膜作过滤介质。

5）应保存在 4℃左右的暗处或冰箱中。低温可抑制细菌活动（生物活性可影响到溶解氧、二氧化碳、氮、磷化合物等）对降水化学成分的影响。

6）降雪样品应完全自然融化后方可进行样品的过滤及储存。

7）如果没有冰箱，应在样品中适量加入杀菌剂（如百里酚），阻止生化作用并防止有机酸的转化。同时，如果使用了百里酚，铵离子分析时只能采用离子色谱法，不能采用分光光度法。

（四）实验室分析的 QA/QC

1. 分析环境和条件要求

1）分析的实验室条件要求。实验室必须具备相应的实验条件，电源、温度、湿度等都必须符合分析项目及所用仪器的要求。

2）分析的仪器要求。分析仪器的灵敏度、检出限等必须符合所分析项目的要求，仪器设备应按规定检定，并在有效期内使用。

3）分析的试剂及用水要求。实验室用水应严格按照《实验室用水规格》中规定的三个等级净化水的要求，根据不同的用途和不同的分析项目选用不同等级的实验用水。试剂、标准溶液应按规定配制、标定，并在规定的时间内使用。

4）分析的操作要求。分析人员根据分析项目确定相应的分析方法，操作时应严格按照相应的分析实施步骤开展分析工作；涉及分析仪器的使用时，也应严格按照相应的仪器操作规程进行仪器操作。

5）分析人员的要求。分析人员应持有相应分析项目的技术考核合格证，并按规定定期复查。

6）分析记录的要求。原始记录一律按要求用钢笔或签字笔填写，若有修改，应加盖记录人的印章或签字，原始记录必须有分析人、校对人、实验室负责人审核签字。

2．分析方法的要求

样品 EC、pH 以及离子成分的测定，全部采用标准分析方法或国际通用分析方法。

3．样品分析

1）测试仪器。实验室内所用的仪器包括各类玻璃量器等都要按规定定期送当地计量部门检定。实验室分析人员应备有所使用分析仪器的说明书，便于随时查阅。

2）测试分析用水。配制标准溶液或缓冲溶液应用二次去离子水，EC 值在 25℃时应小于 0.15 mS/m，pH 在 5.6～6.0 之间。配好的溶液储于聚乙烯瓶中，有效期一个月，定期更换。

3）实验室空白实验。除 EC 值和 pH 外，所有离子成分分析项目在每次测定时均应带实验室空白，实验室空白的分析结果应小于各项目分析方法的检出限。

每月测定一次从采样到样品过滤等操作的全程序空白，所测离子浓度结果应不大于该离子分析方法的检出限。对浓度接近检出限下限的标准溶液进行 5 次平行测定，可计算出标准偏差。最低检出浓度因分析仪器和分析条件的不同而不同，每建立一个分析条件或分析条件有变动时，都应重新测定最低检出浓度。

4）工作曲线及线性检验。进行离子组分分析时，每批样品分析前应先绘制工作曲线，相关系数绝对值≥0.999 时才能开始分析。工作曲线各点的浓度值建议以当地降水中各离子的平均浓度值为依据。

5）外控样的分析。每分析一批样品时，均要求对各离子的外控样进行分析，如果分析结果不合格，则不能进行样品分析。

6）仪器稳定性检验。pH 计和电导仪的稳定性检验；离子组分分析时仪器的稳定性检验。

7）加标回收率的测定。样品分析时，应随机抽取 10%的样品进行加标回收率测定，加标量为样品中原物质量的 0.5～2 倍。要求加标回收率的范围为 85%～115%，用离子色谱分析阳离子，其加标回收率合格范围可放宽为 80%～120%。

8）准确度和精密度控制。

精密度控制：样品分析时，要求做 10%的平行双样。

准确度控制：可通过分析质控样或加标回收率的方法进行实验室内的准确度控制。

（五）酸雨数据质量控制

数据质量控制是 QA/QC 工作的一个重要组成部分。

1．数据质量控制的目标

酸雨监测数据质量控制的目的有三个：

1）确保所有的样品数据都以适当的方式和格式保存在数据库中；

2）对数据准确度和代表性有疑问的数据进行标记；

3）对没有用标准方法测定的样品加以考虑和描述，这些样品包括受污染的样品、采样时采样装置出现问题的样品等。

2．数据检查

数据检查主要包括对反常数据和漏记数据的处理、有效数据的判断两个方面。

1）反常数据和漏记数据的处理。当仪器的灵敏度不稳定、重复测定结果不一致、重新测定的结果明显不同时、离子平衡超过允许范围、电导率理论值和实际值差别很大等情况出现时，需重新进行测定。

对于污染样品的测量结果应当作不记录的数据处理。

2）有效数据判断。对湿沉降样品进行阴、阳离子浓度和 EC、pH 测定后，可通过计算降水溶液的阴、阳离子平衡参数（R_1）和理论电导率与实测电导率比较参数（R_2）来检验湿沉降样品阴、阳离子浓度测定结果和 EC 测定结果。

当 R_1 和 R_2 值偏离参考值范围，一般应重新对样品进行分析。如仍然偏差较大，应对引起偏差的原因进行分析并作说明。

a．R_1 平衡计算。

$$R_1 = \frac{C - A}{C + A} \times 100\% \tag{8-8}$$

式中：R_1——湿沉降（降水）中阴、阳离子微摩尔总数的平衡情况；

C——降水样品中阳离子的当量浓度，μeq/L；

A——降水样品中阴离子的当量浓度，μeq/L。

$$A = 10^{-3} \times \sum \frac{A_i \times N_i}{M_i} \tag{8-9}$$

式中：A_i——第 i 个阴离子的浓度，mg/L；

N_i——第 i 个阴离子的价态数；

M_i——第 i 个阴离子的摩尔质量。

$$C = \frac{10^{(6-\mathrm{pH})}}{1.008} + 10^{-3} \times \sum \frac{C_j \times N_j}{M_j} \tag{8-10}$$

式中：C_j——第 j 个阳离子的浓度，mg/L；

N_j——第 j 个阳离子的价态数；

M_j——第 j 个阳离子的摩尔质量。

用上述方程计算所得的 R_1 值与表 8.13 中范围值相比较，如果 R_1 值不在所列的范围之内，则应重新测定、核对标样或检查标准工作曲线或标注出数据库中不合格的数据。

若 pH 大于 6 且 R_1 值明显大于零时，则应考虑 HCO_3^- 的影响，重新计算 R_1 和 R_2 值。当需要测定甲酸或乙酸的浓度，或两者均需测定时，在计算 R_1 和 R_2 时应考虑其影响。

表 8.13　R_1 值在不同的浓度范围内所允许的变动范围

C+A/（μeq/L）	R_1/%
＜50	±30
50～100	±15
＞100	±8

b．R_2 表示湿沉降中阴、阳离子的 EC 值（电荷）平衡情况。

$$R_2 = \frac{\Lambda_{计算} - \Lambda_{实测}}{\Lambda_{计算} + \Lambda_{实测}} \times 100\% \quad (8\text{-}11)$$

式中：$\Lambda_{计算}$——在 25℃时，理论上计算出的湿沉降溶液的 EC 值，mS/m；

$\Lambda_{实测}$——湿沉降样品的实测 EC 值（应换算成 25℃时的 EC 值），mS/m。

对于稀溶液（＜10^{-3} mol/L）来说，总 EC 值可以由各个离子的摩尔浓度和摩尔 EC 值求得：

$$\Lambda_{计算} = \sum C_i \times \Lambda_i^0 \times 10^{-3} \quad (8\text{-}12)$$

式中：$\Lambda_{计算}$——溶液 EC 值，mS/m；

C_i——第 i 个离子浓度，μmol/L；

Λ_i^0——25℃无限稀溶液摩尔 EC 值，Scm^2/mol。

用上述方程计算所得的 R_2 值与表 8.14 中范围值相比较，如果 R_2 值不在所列的范围之内，则应重新测定、核对标样或检查标准工作曲线或标注出数据库中不合格的数据。

表 8.14　R_2 值在不同的浓度范围内所允许的变动范围

Λ测定值/（mS/m）	R_2/%
＜0.5	±30
0.5～3	±13
＞3	±9

c．无效数据应做如下标记：

999：漏测，未说明原因；

899：未按规定测定，未说明原因；

783：降水量低，浓度未知；

782：降水量低，稀释样品后的测定值；

781：低于检出限；

701：比平常的准确度低，未说明原因；

699：机械故障，未说明原因；

599：没有说明污染情况；

477：测定的电导值与估计的值不一致。

3．数据完整性

数据完整性定义为在给定的监测时期内有效数据所占的比例。对沉降样品测定数据的完整性可用以下两种方法来评估。

采样时间百分率（%PCL）：指在一定的时期样品采集时间占降水过程总时间的百分比；

有效降水百分率（%TP）：指在一定时期内有效样品降水量占总降水量的百分比。

一季度或一年时间段内的数据完整性要求不同，一般要求大于80%。

第九章　沙尘天气影响空气质量监测

一、沙尘天气监测

（一）沙尘天气的定义

沙尘天气是在一定的气候背景和天气形势下，因土壤风蚀、植被破坏，大风将沙土尘粒卷入空中而爆发的。沙尘天气的形成既是沙粒运动学问题，也与一定的天气、气候背景有关，同时还与沙源地区的人类活动以及土壤、植被、水分等生态环境因素有关。

在地面气象观测规范中，沙尘天气是风将地面尘土、沙粒卷入空中，使空气混浊的一种天气现象的统称。它包括浮尘、扬沙、沙尘暴、强沙尘暴和特强沙尘暴天气等。沙尘天气是影响我国北方地区的主要灾害性天气系统之一，沙尘暴更是一种灾害性天气现象。每年沙尘天气的发生都严重威胁着当地人民的健康、生活质量、经济发展和国土生态安全。

沙尘天气形成总共需要 5 个物理阶段，分别为：起沙，移沙，扬沙，对流层水平输送和干、湿沉降过程。大气环流观测分析表明，沙尘天气冷锋的构造与一般冷锋模型一致，锋前暖区为一致的上升气流，锋后为下沉区，但由于沙尘天气冷锋暖区空气十分干燥，故沙尘天气冷锋附近基本无云，同时由于沙尘天气冷锋附近的气压梯度、水平温度梯度均比一般冷锋为强，使得沙尘天气冷锋附近的偏北风更大，同时锋面附近大气处于较强的不稳定状态，使得沙尘从地面分离并被带到高空。

为了提高沙尘天气预测的准确性，加强预警，减缓沙尘天气造成的影响，需要进行沙尘天气监测，以获取与沙尘天气发生、发展和变化有关的各种参数，提供描述沙尘天气的观测依据。科学设置沙尘暴监测站也是必要的，沙尘暴监测站是完成各种地基沙尘天气监测工作的场所，大气水平能见度、大气飘尘浓度、地面风速为必须开展的观测项目。

对于沙尘暴的详细定义为：由于强风将地面大量尘沙吹起，使空气相当混浊，水平能见度小于 1.0 km。根据能见度分为三个等级：

沙尘暴：能见度 0.5 km～小于 1.0 km；

强沙尘暴：能见度 0.05 km～小于 0.5 km；

特强沙尘暴：能见度小于 0.05 km。

（二）沙尘天气的分级

沙尘天气过程的等级依据成片出现沙尘天气的国家基本（准）站的数目和沙尘天气的等级划分，依次为浮尘天气过程、扬沙天气过程、沙尘暴天气过程、强沙尘暴天气过程和特强沙尘暴天气过程五个等级。若某次沙尘天气过程同时达到两种以上等级时，以最强的沙尘天气过程等级为准。

沙尘暴天气过程：在同一次天气过程中，相邻 3 个或 3 个以上国家基本（准）站在同一观测时次出现了沙尘暴或更强的沙尘天气。

强沙尘暴天气过程：在同一次天气过程中，相邻 3 个或 3 个以上国家基本（准）站在同一观测时次出现了强沙尘暴或特强沙尘天气。

特强沙尘暴天气过程：在同一次天气过程中，相邻 3 个或 3 个以上国家基本（准）站在同一观测时次出现了特强沙尘暴的沙尘天气。见表 9.1 和表 9.2。

表 9.1 沙尘天气分级颗粒物浓度限值

单位：mg/m^3

沙尘天气分级	TSP 浓度限值（小时值）	PM_{10} 浓度限值（小时值）	持续时间
一级沙尘天气（浮尘） drifting dust	1.0≤TSP＜2.0	$0.60 \leq PM_{10} < 1.00$	持续 2 h 以上
二级沙尘天气（扬沙） blowing dust	2.0≤TSP＜5.0	$1.00 \leq PM_{10} < 2.00$	
三级沙尘天气（沙尘暴） dust and sand storm	5.0≤TSP＜9.0	$2.00 \leq PM_{10} < 4.00$	持续 1 h 以上
四级沙尘天气（强沙尘暴） severe dust and sand storm	≥9.0	≥4.00	

表 9.2 各种天气现象下视程障碍现象的特征和区别

天气现象	特征或成因	影响能见度的程度/km	颜色	天气条件	大致出现时间
扬沙	本地或附近尘沙被风吹起，使能见度显著下降	1.0～10.0	天空混浊，一片黄色	风较大	冷空气过境或雷暴飑线影响时，北方春季易出现
沙尘暴		＜1.0		风很大	
浮尘	远处尘沙经上层气流传播而来或为沙尘暴、扬沙出现后尚未下沉的细颗粒浮游空中	＜10.0，垂直能见度也差	远物土黄色，太阳苍白或淡黄色	无风或风较小	冷空气过境前后

（三）监测项目

针对沙尘天气的监测项目主要包括：能见度，TSP，大气飘尘（PM_{10}），光学厚度，散射特性，大气降尘，浅层土壤湿度，地面风速等。

（四）典型沙尘天气影响过程分析

2006 年 4 月 9—11 日，出现当年范围最广、强度最大的一次沙尘天气过程，影响了北方 13 个省（自治区、直辖市）。4 月 9 日的沙尘天气导致 24 个重点城市环境空气质量超标，北京、天津、大连出现重污染（图 9.1）。

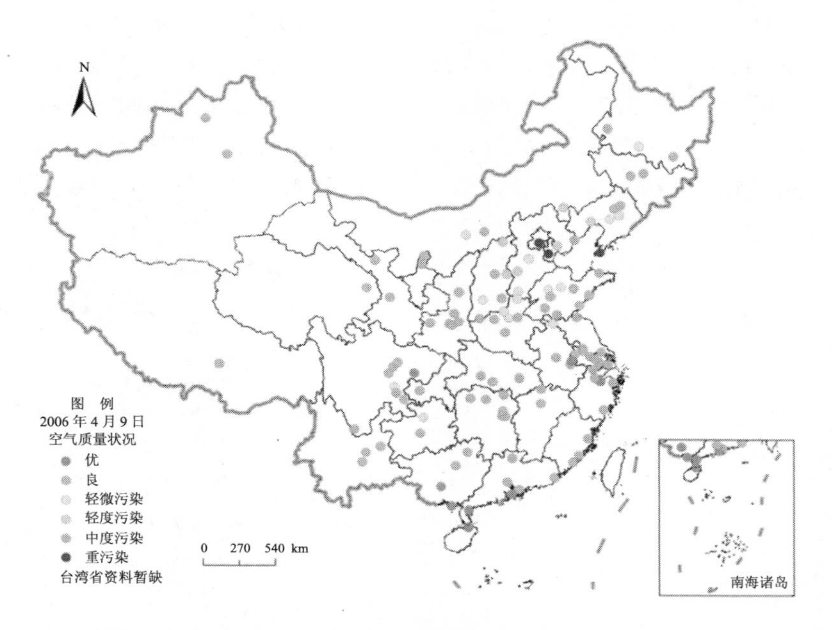

图 9.1　2006 年典型沙尘天气过程影响空气质量分布图（GS（2011）1995 号）

2007 年 3 月 30 日—4 月 2 日，受西西伯利亚强冷空气入境影响，我国新疆南疆、宁夏、陕西、山西、内蒙古西部和中部、河北、辽宁、河南、山东等地出现沙尘天气，并向南影响到上海、浙江等地。其中 4 月 1 日有 46 个环保重点城市环境空气质量超标，大连、锦州、徐州、连云港、济南、青岛 6 个城市出现重污染，天津、西安等 12 个城市出现中度污染（图 9.2）。

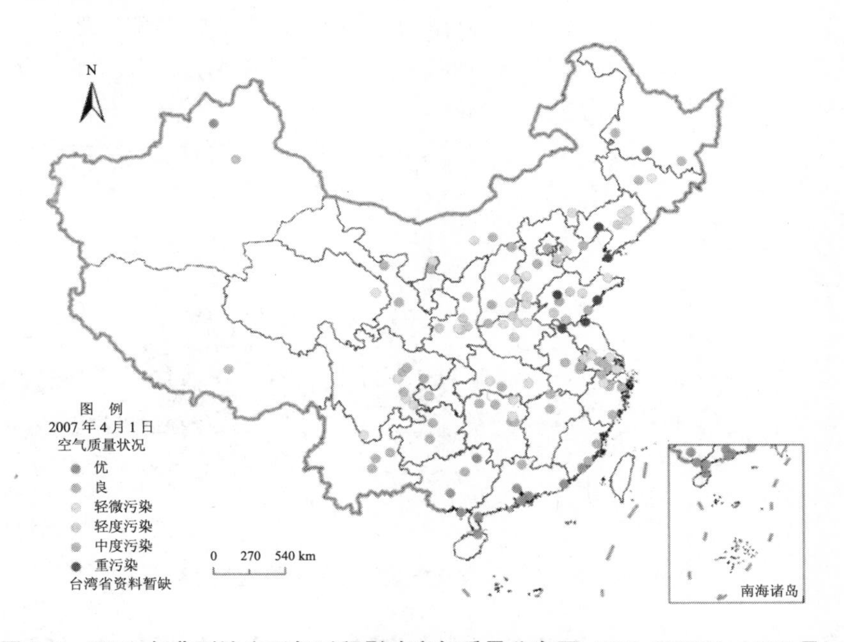

图 9.2　2007 年典型沙尘天气过程影响空气质量分布图（GS（2011）1995 号）

2008 年 5 月 26 日—6 月 3 日，受内蒙古中西部出现的沙尘天气影响，北京、天津、河北、山西、内蒙古、辽宁、吉林、黑龙江、江苏、安徽、山东、河南、湖北、湖南、陕西、甘肃、宁夏等地区部分城市空气质量下降。受其影响，79 个环保重点城市环境空气质量超标，其中北京、天津、包头、赤峰、大连、锦州、长春、吉林、哈尔滨、齐齐哈尔、南京、连云港、镇江、合肥、济南、青岛、烟台、兰州 18 个城市出现重污染（图 9.3）。

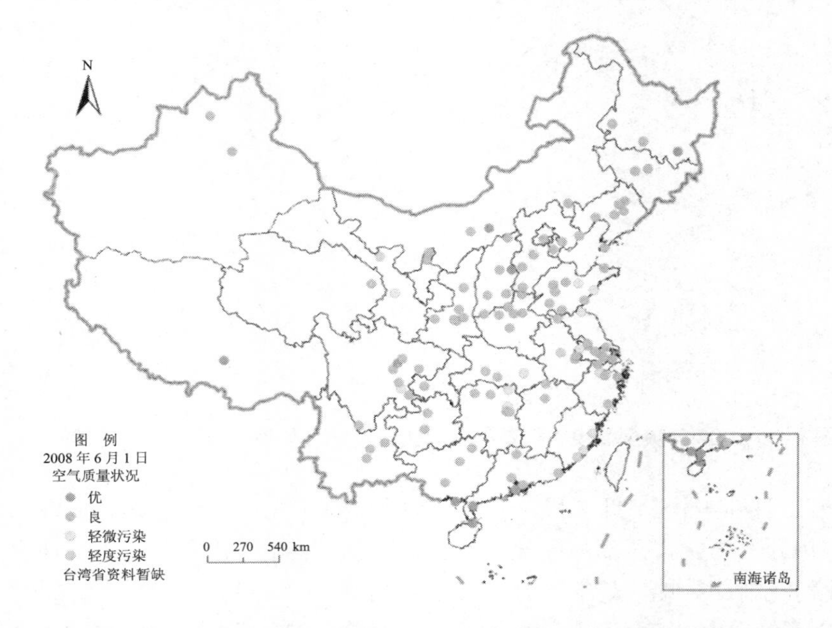

图 9.3 2008 年典型沙尘天气过程影响空气质量分布图（GS（2011）1995 号）

2009 年 3 月 14—15 日，受蒙古气旋东移南下影响，内蒙古西部、甘肃中西部、宁夏东北部、山西北部及陕西西北部等地发生沙尘天气。受其影响，9 个环保重点城市空气质量超标，其中包头和兰州出现重污染（图 9.4）。

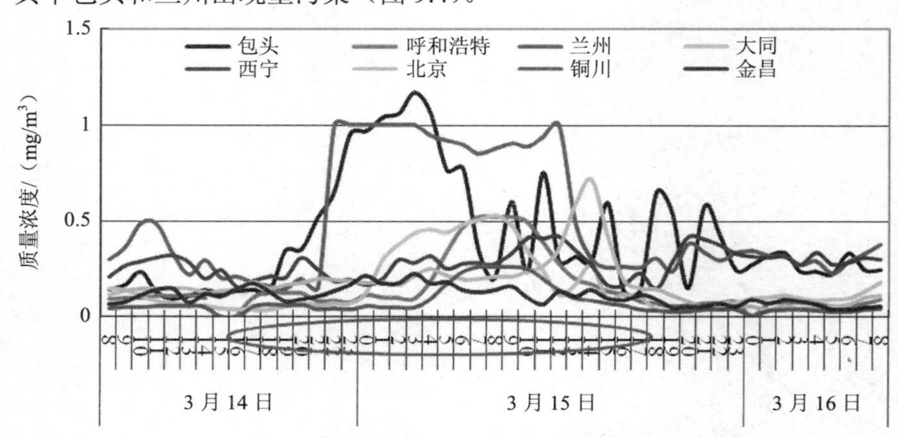

图 9.4 2009 年典型沙尘天气过程影响颗粒物浓度分布图

2009 年 4 月 23—26 日，受西伯利亚强冷空气入境及蒙古气旋东南移动影响，出现了当年影响范围最大、持续时间最长的区域性沙尘天气，对新疆、内蒙古、甘肃、宁夏、陕西、山西、河北、北京、河南、山东、四川、青海、湖北等13个省份的56个环保重点城市环境空气质量产生了严重影响（图9.5）。

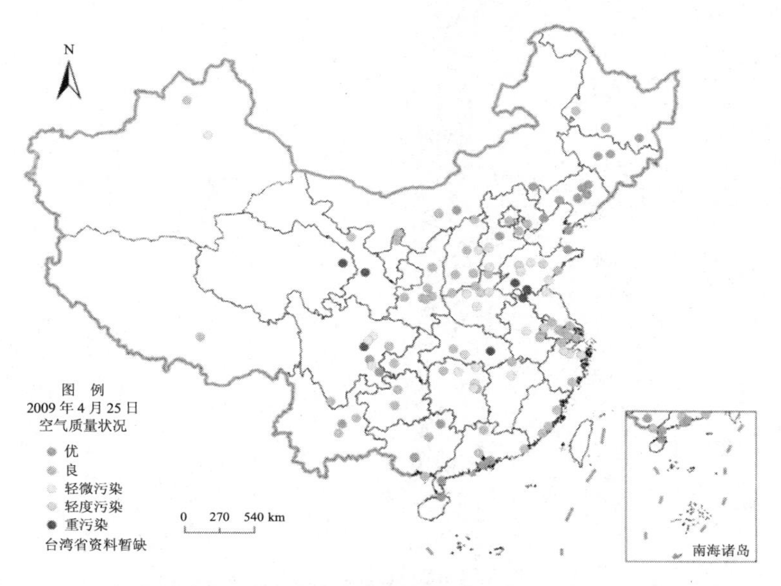

图9.5　2009年典型沙尘天气过程影响空气质量分布图（GS（2011）1995号）

2010年3月19—23日，受蒙古气旋和强冷空气影响出现的沙尘天气，影响了我国西北、华北大部（包括环渤海）和东北、中南、华东（包括长三角）、东南（包括台湾）、华南（包括粤港澳）和西南（四川）等大部分地区的空气质量（图9.6）。受其影响，环保重点城市环境空气质量累计超标421天次，其中重污染累计达74天次。敦煌、阿拉善左旗、呼和浩特、银川、榆林可吸入颗粒物小时质量浓度最高值分别达到了0.467、0.977、0.335、0.459、0.827 mg/m^3。

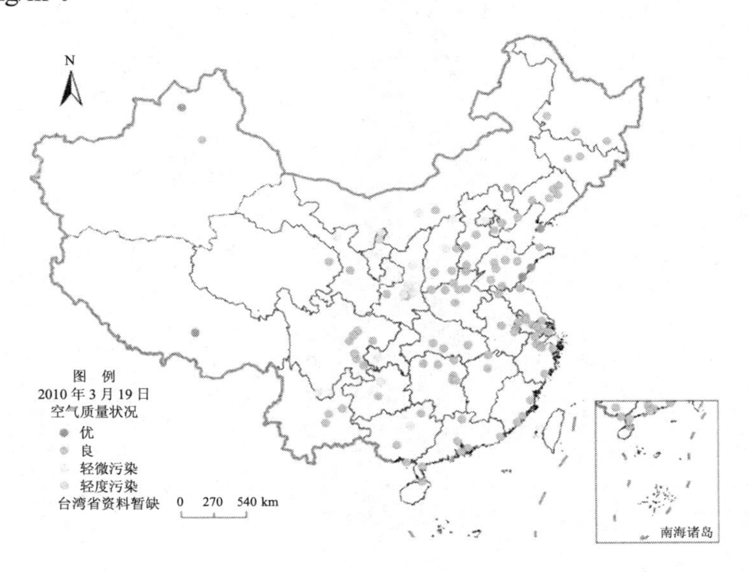

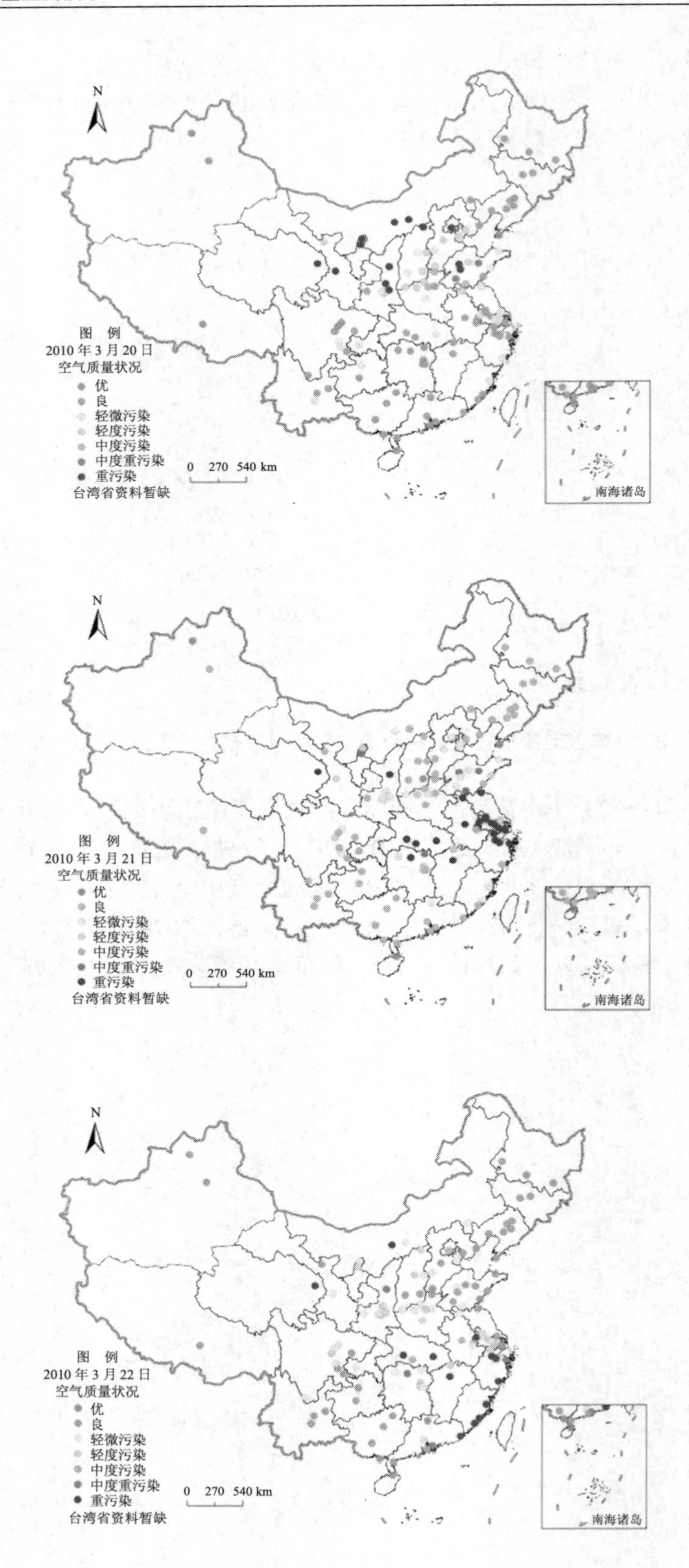
N
图 例
2010 年 3 月 20 日
空气质量状况
优
良
轻微污染
轻度污染
中度污染
中度重污染
重污染
台湾省资料暂缺
0 270 540 km
南海诸岛
N
图 例
2010 年 3 月 21 日
空气质量状况
优
良
轻微污染
轻度污染
中度污染
中度重污染
重污染
台湾省资料暂缺
0 270 540 km
南海诸岛
N
图 例
2010 年 3 月 22 日
空气质量状况
优
良
轻微污染
轻度污染
中度污染
中度重污染
重污染
台湾省资料暂缺
0 270 540 km
南海诸岛

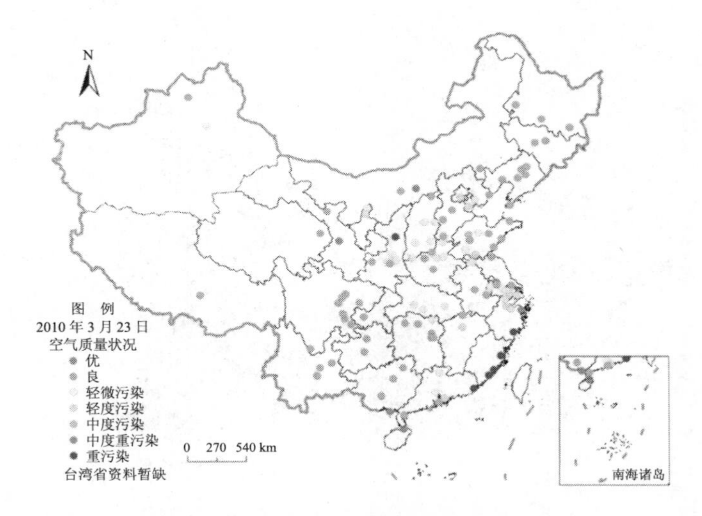

图 9.6　2010 年典型沙尘天气过程影响空气质量分布图（GS（2011）1995 号）

根据 2006—2010 年典型沙尘天气过程对城市环境空气质量影响的分析，以北京和呼和浩特为例，发生沙尘天气过程时，北京颗粒物月均浓度值是未发生沙尘天气时月均值的 1.6～3.0 倍，呼和浩特为 2.1～5.6 倍（图 9.7）。表明沙尘天气发生时对所出现地区的城市环境空气质量影响较大。

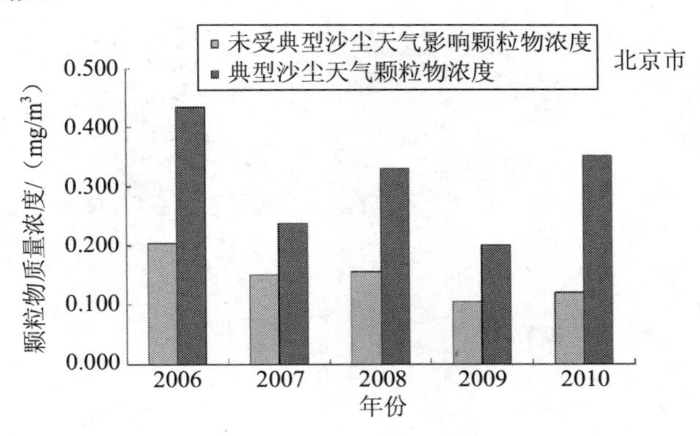

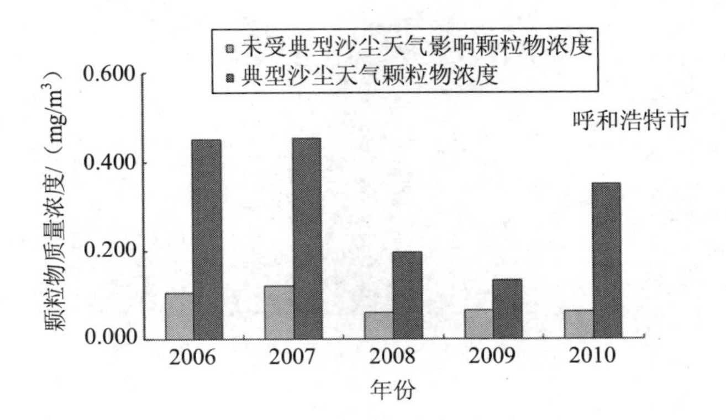

图 9.7　典型沙尘天气过程影响城市空气质量年际变化

北方地区沙尘等级卫星遥感监测图

（2011年4月28日）

北方地区沙尘等级卫星遥感监测图

（2011年4月29日）

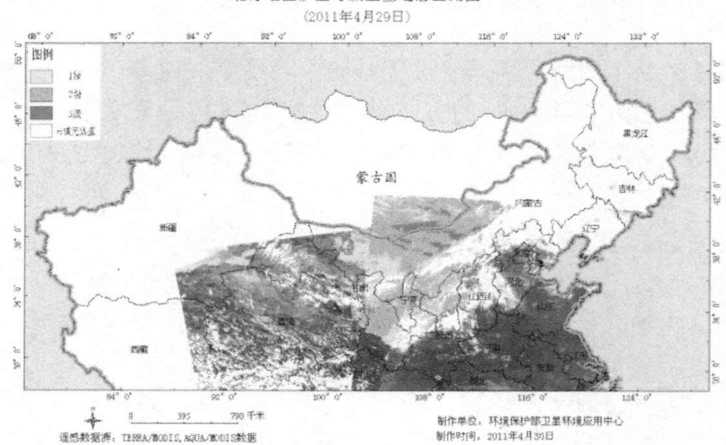

北方地区沙尘等级卫星遥感监测图

（2011年4月30日）

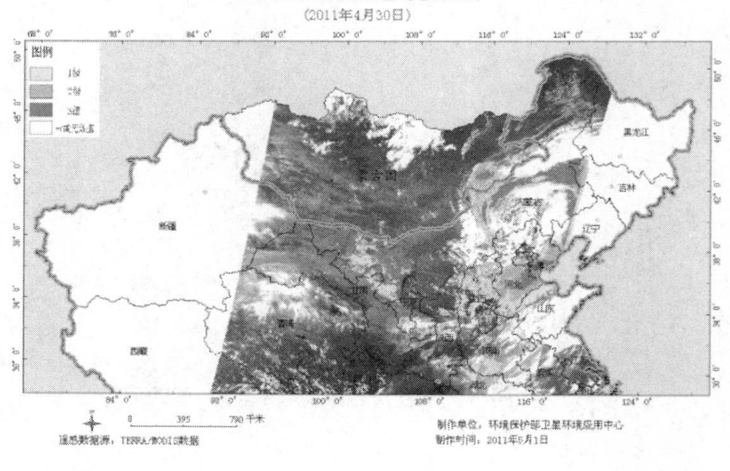

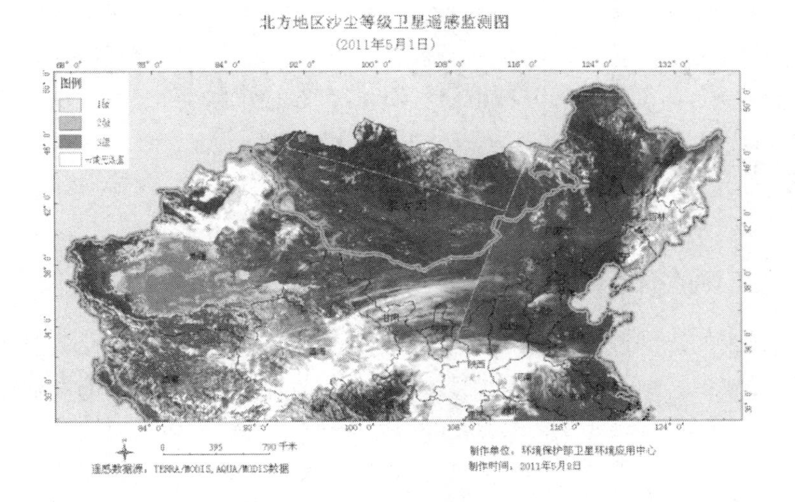

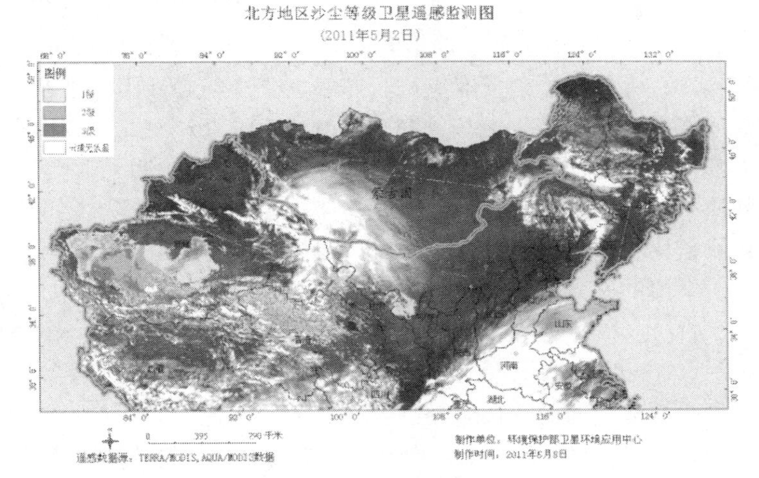

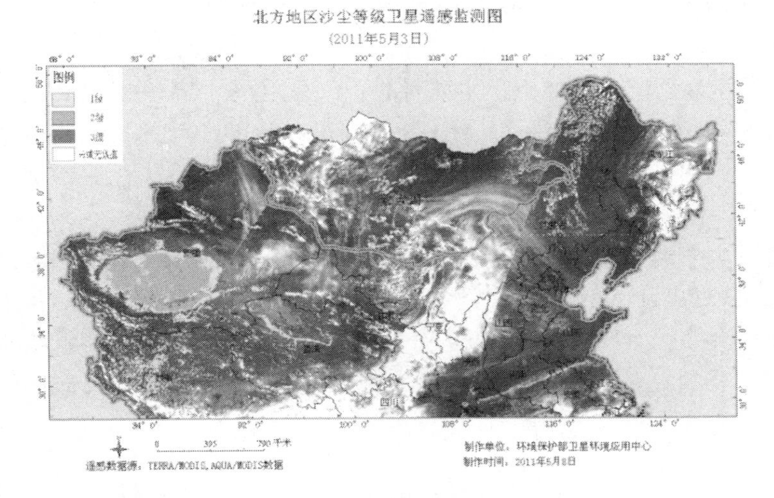

图 9.8　2011 年 4 月 28 日—5 月 3 日卫星遥感沙尘监测图（GS（2012）777 号）

2011 年 4 月 28 日—5 月 3 日，受冷空气影响，北方大部分地区出现年内最大范围沙尘天气过程。受其影响，西北、华北、华东等地城市出现空气质量超标现象，可吸入颗粒物小时浓度值明显上升，其中部分城市空气质量等级达到重污染（图 9.8）。

二、沙尘遥感监测介绍

（一）遥感监测的概念

对于沙尘天气的遥感监测主要是根据其他目标物（云系、地表）在放射率和辐射温度上的差异来进行沙尘暴信息的分离。沙尘在太阳反射波段表现为较高的反射率，反射率一般介于运河地表之间，可见光波段是探测沙尘气溶胶的主要通道。短波红外波段对沙尘也很敏感。沙尘粒子对入射光能量的吸收在各个探测波段皆不相同。在短波红外波段即包含太阳短波辐射，随着沙尘粒子的增大，沙尘散射的能量成倍增加，在热红外波段则为较低的辐射亮温，亮温值在运河地表之间。沙尘的反射率在反射光谱段随着波长的增加而增大，与土壤光谱特征相近，大粒径沙尘反射率增长速率大于小粒径沙尘；小粒径沙尘具有较典型的气溶胶特征，对 0.46 μm 蓝光波段敏感，对 1.6～2.1 μm 短红外波段不敏感；大粒径沙尘不具有气溶胶特性，对蓝光波段不敏感，对短红外波段敏感。

所以卫星观测到的辐射值与物体反射率及太阳天顶角有关。在一定的太阳天顶角下，卫星观测到的辐射值由物体的反射率决定，那么通过将传感器可见光波段的观测值转化为反射率，分析反射率值的差异即可识别雾、霾、沙尘。

（二）遥感分类

遥感监测技术主要分为四类，按平台高度可分为地面遥感、航空遥感、航天遥感；按波段范围可分为紫外遥感、可见遥感、红外遥感、微波遥感；按传感器的工作方式可分为主动遥感、被动遥感、成像遥感、非成像遥感；按卫星轨道类型可分为地球同步卫星遥感、太阳同步卫星遥感。

目前用于沙尘暴遥感监测的卫星主要有静止气象卫星（GMS/VISSR）、极轨气象卫星（NOAA/AVHRR）、激光雷达卫星（CALIPSO）。

（三）利用激光雷达等遥感手段立体监测一次沙尘事件

利用中科院大气物理所的北京铁塔分部（40.00°N，116.41°E，海拔 50 m）与河北香河观测基地（39.79°N，116.95°E，海拔 8 m）（两地相距 70 km 左右）的 Mie 散射激光雷达系统，对两地的气溶胶垂直分布进行了几乎不间断的连续观测。结合北京和香河两地的激光雷达资料、星载激光雷达 CALIOP 资料分析 2008 年 5 月底的一次沙尘事件（表 9.3）。

表 9.3　两台激光雷达系统的主要技术参数

	EZLidar	NIES
激光器	Nd：Yad	Nd：Yag
激光波长	355 nm	532 nm，1 064 nm
探测器	光电倍增管 PMT	532 nm，PMT，双偏振器 1 064 nm，雪崩光电二极管
频率	20Hz（可调）	10Hz（典型情况）
脉冲能量	16 mJ	20 mJ
滤光片半带宽	0.15 nm	
扫描范围	垂直	垂直
结果　沙尘气溶胶的垂直分布信息		

图 9.9 是北京铁塔分部的 NIES 雷达在 2008 年 5 月 25 日至 29 日观测到的颗粒物消光系数，两幅图分别表示沙尘粒子和人为气溶胶，单位是 km^{-1}。明显可以看出 25 日与 26 日（北京时）人为气溶胶污染较重，而且集中在离地高度 1 km 左右的边界层内。27 日凌晨沙尘气溶胶的消光系数突然增大，此时应对应于沙尘侵入北京的时间。沙尘入侵后迅速充满边界层，8 h 后边界层下部的沙尘量有所减少，但上部仍维持相对较高的水平，到 18 时左右边界层内的沙尘几乎全部清除。28 日凌晨沙尘再次来袭，且有垂直向分层的现象，低层的沙尘层很可能是粗沙尘粒子因重力作用下沉而来，上层的沙尘仍在往前输送，输送带的高度在 1～3.5 km 之间，输送高度与邱金桓以及 Iwasaka 的观测结果一致。与前一天的现象一样，下午 13 时左右沙尘再次完全消退，2 h 后近地层 500 m 内又一次充满沙尘，晚 18 时左右沙尘呈现出垂直向两层结构现象，沙尘顶高度超过 3 km。29 日凌晨沙尘逐渐消散。

距离北京铁塔分部 NIES 雷达 70 km 左右的香河站激光雷达 EZLidar 系统也观测到了这次沙尘事件（图 9.10）。沙尘入侵时间以及持续时间与 NIES 雷达观测到的相差不大，沙尘的几次撤退时间也很一致，与北京一样的是 25 日与 26 日（北京时）气溶胶的消光系数也较大，但沙尘在垂直向的发展高度比在北京观测到的低，且没有观测到垂直向的分层结构，这是由于两个激光雷达系统的波长不同造成的，NIES 雷达探测沙尘的是 532 nm 通道，而香河站 EZLidar 系统是 355 nm，EZLidar 的信号在沙尘中的衰减更快。

图 9.9 与图 9.10 是由地基激光雷达由下而上观测到的结果，图 9.11 则是星载激光雷达 CALIOP 自上而下观测的结果，记录的是 532 nm 波段总的削弱的后向散射系数。在图 9.11 中可以看到在 110°E 左右、36°—44°N（北京以西 900 km 左右）之间有连续的沙尘带，沙尘的厚度在 2～3 km 之间，垂直分层结构很明显，与在北京的地基观测结果对应很好。这条沙尘带的南北跨度达到 800 km，另外由同期的合成 MODIS（TERRA 卫星）真彩色图像（图 9.12）可以看出沙尘的东西向跨度约 1 500 km，说明这是一次影响范围比较大的沙尘事件。

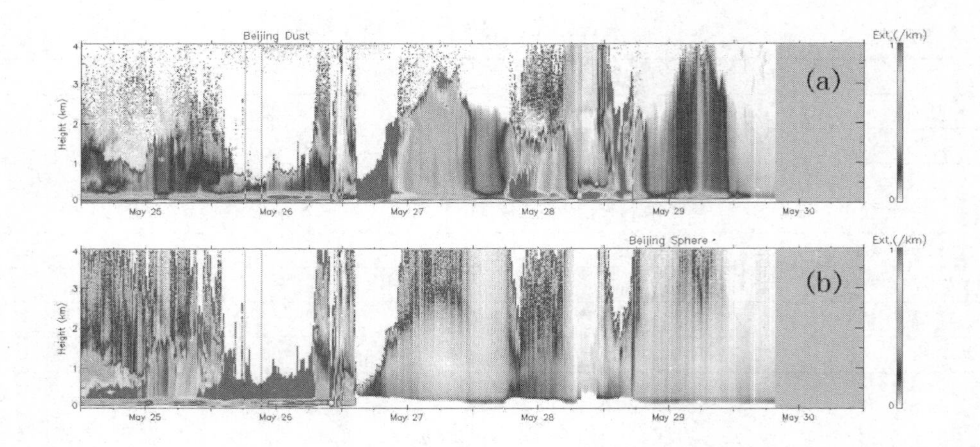

图 9.9 北京铁塔分部 NIES 激光雷达观测到的 532 nm 波长颗粒物消光系数

[单位 km^{-1}，（a）沙尘气溶胶的消光系数；（b）人为气溶胶的消光系数。2008 年 5 月 25 日至 5 月 29 日（UT）]

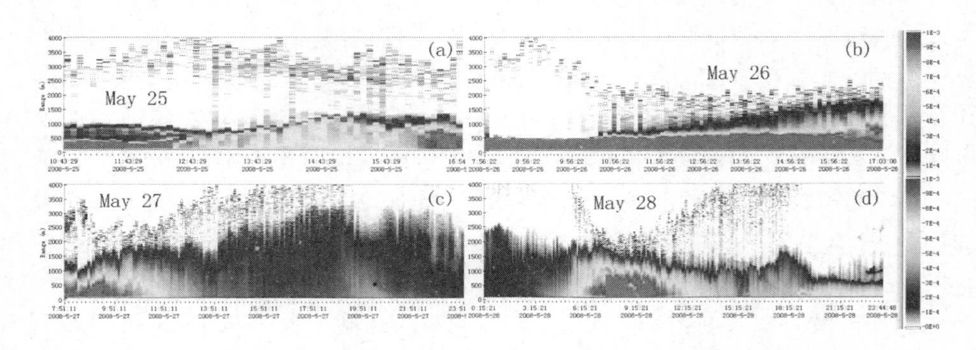

图 9.10 香河站激光雷达 EZLidar 观测到的 355 nm 波长颗粒物消光系数

[单位 m^{-1}（北京时），（a）2008 年 5 月 25 日，（b）5 月 26 日，（c）5 月 27 日，（d）5 月 28 日]

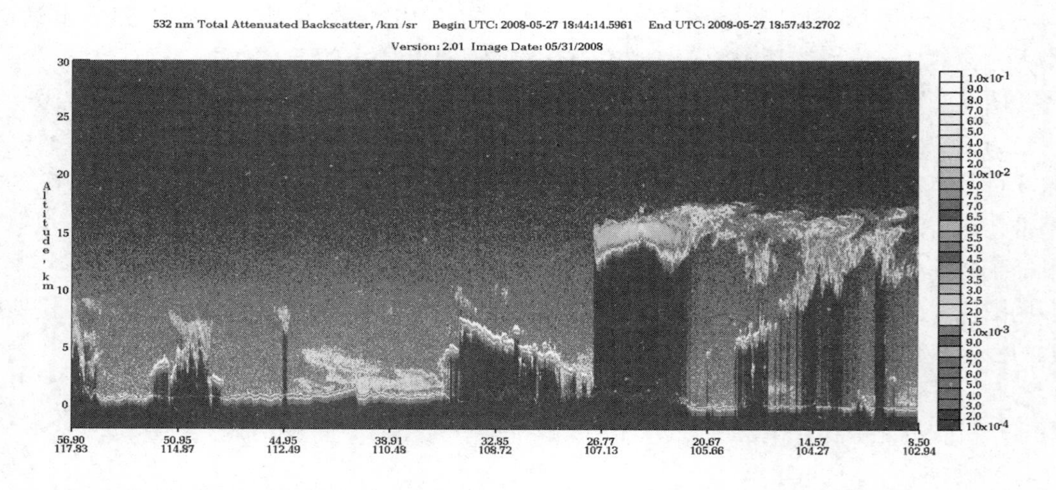

图 9.11 星载激光雷达 CALIOP 观测到的 532 nm 波长总的削弱的后向散射系数（UT）

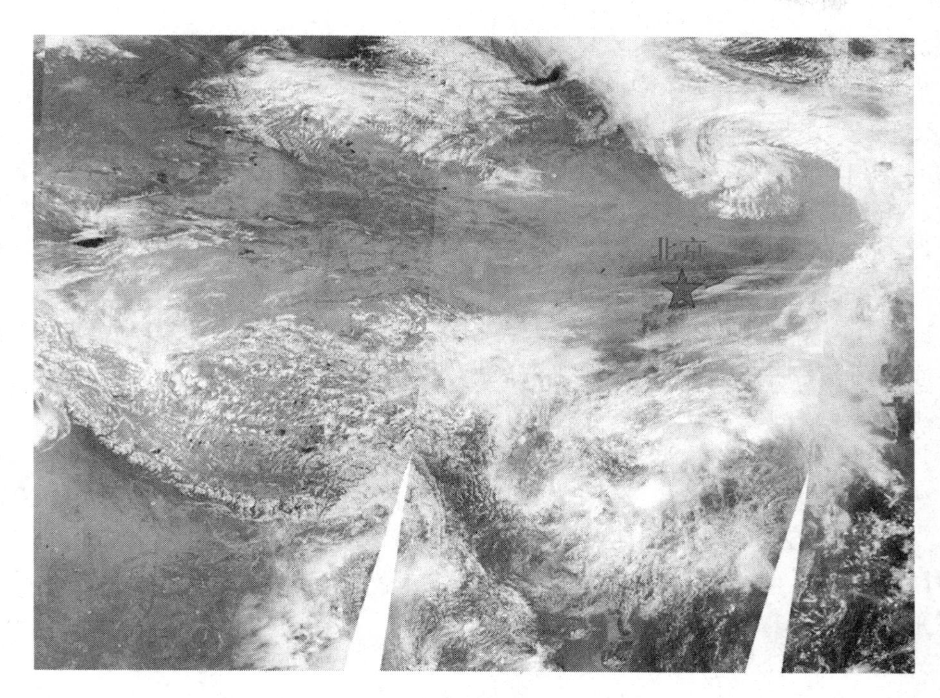

图 9.12　MODIS 真彩色图像，2008 年 5 月 27 日（UT）

三、我国沙尘监测网络介绍

为了监测沙尘天气对我国城市空气质量的影响，环境保护部组建了监测沙尘天气影响城市空气质量的环境监测网，该网覆盖面积约 330 多万 km^2，人口约 5 亿。目前监测网由两部分组成：国家沙尘天气影响城市环境空气质量监测网和国家环境空气质量监测网。

我国环保部门专门用于监测沙尘天气对城市空气质量影响的环保部沙尘天气影响城市环境空气质量监测网，由 82 个环境监测站组成，覆盖我国北方 14 个省、自治区和直辖市。主要监测总悬浮颗粒物和可吸入颗粒物，分析沙尘天气对环境空气质量的影响范围和程度。在沙尘天气发生期间，各城市通过网络向中国环境监测总站传输沙尘监测的小时数据或日报数据。

为准确观测沙尘暴并对其进行监测，沙尘暴天气监测站应选择相对于当地海拔的一个高地（高出当地地表 10～1 000 m）。在大范围较平坦地表设立的观测站则应选择高大建筑物或通过铁塔等架高观测平台；在城市中则应选择建筑物顶部，该建筑物原则上与四周障碍物的距离应大于障碍物高度的 10 倍，周围地形应开阔、平缓，尽量避免因复杂地形而引起的局地环流或易于形成稳定逆温层的区域。

四、中日韩沙尘监测与预警

当今，很多环境问题已经成为跨区域、跨国界的地区性问题，成为影响国家政治、经济、外交的重要因素之一。沙尘暴问题在近年来一直是东北亚区域国际环境合作与发展中的重要热点领域。我国参加了中日韩三国的沙尘暴监测与研究，积极适应国际区域环境合作与外交形势、维护环境保护良好的国家形象。

2001 年，国家环保总局所属中日友好环境保护中心与日本环境部的日本国立环境研究所合作，基本搞清了沙尘暴发生源区、加强源区、传输路径和环境影响等，并通过典型沙尘暴事件的分析和数字扩散模型，探讨了沙尘暴从蒙古国—中国内蒙古—中国中东部—朝鲜半岛—日本的传输基本规律，为中日韩合作提供了技术支撑。中国环境监测总站 2001 年组建沙尘暴监测监视网络，2002 年扩大到 50 多个站，覆盖全国沙尘暴源区和影响区，每年在沙尘暴多发期开展例行监测，随测随报。技术手段包括：卫星遥感图片分析、空气自动监测、人工监测。组织 86 个地方环境监测站（包括 89 个监测点）建立起沙尘暴监视网，并利用全国环境空气质量自动监测系统和其他监测方法的监测数据，结合对美国 NOAA 气象卫星部分遥感图片的分析，确定沙尘暴产生源地、路径和影响范围。2003 年 7 月中韩元首会晤时就沙尘暴问题加强合作达成共识。

中日韩三国沙尘暴环境影响研究监测网包括内蒙古（二连浩特、呼和浩特、达茂旗、阿拉善左旗、包头、集宁区）、宁夏（银川）、山东（青岛）、北京、天津、辽宁（沈阳、大连）、吉林（长春、白城）、甘肃（兰州、嘉峪关、敦煌、武威）、陕西（西安、榆林）等 9 个省市区的 20 个城市的监测点。我国的监测网络能力建设项目为这些监测站提供配套监测设备。监测项目包括在地面采集颗粒物样品，分析其浓度、粒径、化学组分等。

沙尘暴是一种沙尘源区的自然灾害，它同时也会造成沙尘暴下游地区的空气污染。在区域一级建立监测网络和预警系统是必要的，以便于及时监测沙尘暴的形成和传输。此外，在亚洲开发银行和全球环境基金项目建议书中提到，建议中国、日本、韩国和蒙古将地理位置较重要的沙尘暴监测站点联网，通过共享实时数据和建立预警系统，逐步提高气象预报的精度。在此项目建议的同时，鉴于沙尘暴问题的严重性，中日韩三国环境部长会议（TEMM）在 2008 年启动了一项联合研究。在第一工作组中，蒙古被认为是一个重要的合作国，在其持续参与下，中日韩三国开展了针对建立沙尘暴监测及预警系统的联合研究。

在 2010 年 5 月举行的三国环境部长会议上，中日韩三国制订了环境合作联合行动计划，2010 年至 2014 年行动计划中规定“中日韩三方将发展沙尘暴预测模型，开展联合研究，以提高其准确性，并加强典型沙尘暴事件数据共享方面的合作”。随后，2011 年 1 月举行的沙尘暴合作研究指导委员会认可了 2014 年中期战略发展的需要，按照在第 12 次三国环境部长会议上通过的联合行动计划，每个工作组在其指导下，讨论其中期战略，包括到 2014 年的明确的研究成果以及向 2012 年举行的第六届指导委员会提请批准的战略报告。

中日韩沙尘工作的监测和预警工作，为各种研究打下了良好的基础。借助于过去的观测数据，非常有益于验证预报模型和提高沙尘暴模型的准确性。这些数据还可以用来确定沙尘暴从源区到下游地区的传输路径，以及通过化学和物理特性研究来评估沙尘暴对健康和植被的影响。

第十章　温室气体监测

一、基本概念

（一）温室气体种类

大气中的一些微量气体，例如水汽、二氧化碳等，能够不断地吸收来自地表、大气和云层发出的长波辐射，同时也向外发射长波辐射，这些辐射的一部分又将返回地面，使地面温度升高。这种作用机制被形象地称为“温室效应”，能够产生温室效应的气体被称为温室气体。大气中主要的温室气体包括水汽（H_2O）、二氧化碳（CO_2）、甲烷（CH_4）、氧化亚氮（N_2O）、卤代烃化合物（CFCs、HFCs、HCFCs）、全氟碳化物（PFCs）及六氟化硫（SF_6）等。其中水汽是含量最多的温室气体，但由于其含量主要由自然调节，一般认为它不直接受人类活动的影响，所以通常监测与研究温室气体时并不包括水汽。温室效应为地球上的人类及其他动、植物等创造了适宜的生存温度。

（二）温室气体的主要来源

CO_2 是大气中最重要的温室气体，对全球总辐射强迫的贡献约为 64%。大气中的 CO_2 主要来源于化石燃料燃烧、水泥生产、土地利用变化以及低纬度海洋的释放，其汇主要是通过植物光合作用固定以及高纬度海洋的吸收。在工业革命之前的近 10 000 年内，大气中 CO_2 体积分数维持在 280 μl/L 左右。根据最新一期的世界气象组织（WMO）温室气体公报，由于工业革命之后的化石燃料燃烧排放及土地利用的改变等，大气中 CO_2 浓度持续上升，到 2010 年其全球平均体积分数达到了 389.0 μl/L，比工业革命前增长了 39%。

CH_4 是大气中含量及重要性仅次于 CO_2 的温室气体，其浓度增长率远高于 CO_2。CH_4 对温室效应的贡献约为 CO_2 的 25 倍，对全球总辐射强迫的贡献约为 18%。大气中 CH_4 的人为源包括天然气泄漏、石油煤矿开采及其他生产活动、热带生物质燃烧、反刍动物、城市垃圾处理场及稻田等，自然源包括天然沼泽、湿地、河流湖泊、海洋、热带森林、苔原、白蚁等。工业革命前大气中 CH_4 体积分数仅为 0.7 μl/L 左右，由于农业用地、城市垃圾填埋量及化石燃料排放的不断增多，导致大气中 CH_4 浓度不断上升，到 2010 年已达到了 1.808 μl/L，比工业革命前增长了 158%。

N_2O 也是一种重要的温室气体，对全球总辐射强迫的贡献约为 6%。其来源主要为海洋、土壤、生物质燃烧、化肥的使用以及众多的工业过程，其中人类活动的排放占到了总排放的40%左右。工业革命之前其体积分数约为270 μl/L，根据WMO温室气体公报，2010年N_2O全球平均体积分数为323.3 μl/L，比工业革命前增长了20%。

CFCs是人造化学物质，曾用于制冷设备和气溶胶喷雾罐，已被HFCs和HCFCs取代，但这两种物质也是温室气体，具有很强的温室效应，因此也被要求减排或停用。它们的排放源较为简单，主要来自工业生产，基本无自然源。

PFCs主要包括CF_4、C_2F_6及C_4F_{10}三种物质，其中CF_4占绝大部分，C_4F_{10}的量很少。铝生产过程是最大的CF_4、C_2F_6排放源。

SF_6全部是人为产物，主要来源于镁生产过程和绝缘器及高压转换器的消耗。

（三）温室气体剧增可能造成的后果

工业革命以来，由于人类活动持续加剧，大气中CO_2、CH_4、N_2O等温室气体浓度不断升高，而在同一时期，观测到的地球温度也在不断上升。政府间气候变化专门委员会第四次科学评估报告（IPCC4）指出，1906—2005年全球平均气温上升了0.174℃。虽然地球温度的升高是地球系统自然规律与人类干扰活动共同作用的结果，但近100年的全球气候变暖，很可能主要是由人类活动大量排放温室气体所导致。全球气候变暖将导致地球气候系统的深刻变化，对地球环境、自然资源（特别是水资源）、食物生产和人类自身的安全等具有重大的影响，使人类的生存和发展面临巨大挑战。

1. 自然灾害频发

极端天气气候事件发生频率的增加会增大天气灾害的风险。由于全球气候变暖，使得大气环流等随之发生改变，伴随而来的是台风等极端气候事件频频发生。据统计，20世纪90年代全球重大气象灾害比50年代高出5倍以上。

2. 水资源短缺

全球变暖使水循环的速度加快，降水的空间不均匀性增加。由于气温增高，水汽蒸发加速，全球雨量每年将减少，各地降水形态将会改变。对气候变化进行水分循环模拟显示，陆地生态系统将会频繁地遭受严重的干旱和洪水灾害。全球气候变暖可能使全球平均降水量趋于增加，但降水变率可能随着平均降水量的增加也发生变化，蒸发量随全球平均温度增加而增大，使未来旱涝等灾害出现频率增加。气候变暖可能会使一些地方蒸发量加大，河水流量趋于减少，可能会加重河流原有的污染程度。

3. 农作物产量发生改变

农业可能是受全球变暖影响最大的部门。由于温度升高，旱涝加剧，水资源短缺，改变植物、农作物的分布及生长力，并加快生长速度，造成土壤贫瘠，作物生长将受到限制，使许多地区作物减产，还间接破坏生态环境，改变生态平衡。

4. 疾病危害加剧

气候变暖使热量带向高纬移动，由此引起的环境改变会迫使一些动物迁徙，为疾病的传播提供了便利条件，某些感染源或携带病原体的昆虫、啮齿类动物分布区扩大，疟疾、登革热、黑热病和血吸虫病等流行蔓延。气候变暖给许多病菌提供了更为广阔的活动空间，病菌的繁殖率和传播速度将更大更快。气候变化还会使人的抵抗能力和免疫能力下降，这些因素综合在一起，就会增加瘟疫流行的几率。随着全球气候变暖，热死亡人数也将增加，如 2003 年夏欧洲西部的温度非常高，仅大巴黎地区就死亡 2 万人左右。

5．海平面上升

全球变暖将使极地冰川融化和海水热膨胀，从而导致海平面上升。近 50 年来海平面上升速率为 1.0～2.5 mm/a。随着全球变暖，未来 50～100 年，海平面将继续上升，到 2050 年约上升 12～50 cm。世界上一些低海拔地区将被海水淹没，饮用水也受污染。同时，海平面上升对人类的生存和经济发展也是一种自然灾害，导致海岸线后退、海水倒灌、洪水排泄不畅、海堤受损和农田盐碱化等，进而影响航运、水产养殖业等。

6．生物数量变化

植被模拟研究证实，气候变化使某些物种由于不能适应新环境而濒临灭绝，也可能出现新的物种体系。全球变暖对我国植被水平和垂直分布、面积和生产力会产生不同程度的影响。随着温度的变化，动植物对气候变化的典型反应需要有逐渐适应的时间，再加上森林的减少，森林格局发生变化，动植物生存将受到威胁，许多动植物将大量消失。

（四）应对措施

气候变化问题不仅受到了国际科学界的高度重视，而且也引起各国政府和公众的关注，成为当今国际政治、环境与外交的热点问题。1988 年，世界气象组织（WMO）和联合国环境规划署（UNEP）成立了政府间气候变化专门委员会（IPCC），旨在对人类活动引起的气候变化相关的科学、技术和社会经济信息进行评估，并商定对策。1992 年召开的联合国环境与发展大会上，154 个国家签署了《联合国气候变化框架公约》（UNFCCC），以限制人类活动造成的温室气体排放，该公约于 1994 年生效。UNFCCC 是世界上第一个为全面控制 CO_2 等温室气体排放，以应对全球气候变暖给人类经济和社会带来的不利影响的国际公约，也是国际社会在对付全球气候变化问题上进行国际合作的一个基本框架。1997 年，在 UNFCCC 第三次缔约方大会上通过了《京都议定书》，对减排温室气体的种类、主要发达国家的减排时间表和额度等作出了具体规定，并于 2005 年正式生效，中国于 1998 年签署了该议定书。2009 年，在哥本哈根召开的 UNFCCC 第 15 次缔约方大会上，中国政府首次提出具体的温室气体减排目标，到 2020 年单位国内生产总值（GDP）的二氧化碳排放比 2005 年下降 40%～45%，并作为约束性指标纳入国民经济和社会发展中长期规划。

（五）温室气体监测的必要性

全面、准确地掌握我国不同区域温室气体的浓度状况及各地区间的差异，在此基础上客观、准确地测算我国各区域温室气体排放和吸收的动态变化，研究其源、汇和输送规律，是我国因地制宜地制定减排政策、相关外交政策及检验减排措施成效的科学基础。另外，由于温室气体的全球性影响及其涉及的社会和经济发展问题，在全球环境和社会发展的国际活动及谈判中，均涉及温室气体研究和减排措施，因此，为了维护国家的经济利益并取得国际发言权，有必要开展工作探明我国温室气体的现状及变化趋势。

二、温室气体自动监测方法介绍

目前用于定点温室气体浓度自动监测的技术方法主要有非分散红外分析法（NDIR）、气相色谱法（GC）、可调谐半导体激光吸收光谱法（TDLAS）、光腔衰荡法（CRDS）、激光差分中红外法（IRIS）和傅立叶变换红外光谱法（FTIR）等。

（一）非分散红外分析法（NDIR）

1．基本原理

CO_2、CH_4 等温室气体在红外波段有特征吸收带，通过在特征吸收带对红外辐射的吸收，可以反映出气体的浓度大小。当红外辐射经过一定浓度的待测气体时，其特征吸收峰附近的红外辐射会被吸收，而光路上不存在待测气体时，红外辐射在其特征吸收峰处没有影响，因此气体就可以看做是一种可以吸收红外辐射的滤波器。

红外吸收分析法的基本检测原理是依据不同化学结构的气体分子对不同波长的红外辐射的吸收程度不同，当红外光通过待测气体时，这些气体分子对特定波长的红外光有吸收，其吸收关系服从朗伯-比尔（Lambert-Beer）吸收定律。

设入射光是平行光，其强度为 I_0，出射光的强度为 I，气体介质的厚度为 L。当由气体介质中的分子数 $\mathrm{d}N$ 的吸收所造成的光强减弱 $\mathrm{d}I$ 时，根据朗伯-比尔定律：

$$\mathrm{d}I / I = -K \cdot \mathrm{d}N \tag{10-1}$$

式中：K——比例常数。

经积分得：

$$\ln I = -kN + a \tag{10-2}$$

式中：N——吸收气体介质的总分子数；

a——积分常数。

显然有 $N \propto cL$，c 为气体浓度。则式（10-2）可写为：

$$I = I_0 \exp(-\mu cL) \tag{10-3}$$

式（10-3）表明，光强在气体介质中随浓度 c 及厚度 L 按指数规律衰减。吸收系数取决于气体特性，各种气体的吸收系数 μ 各不相同。对同一气体，μ 则随入射光的波长而变。

非分散红外分析法即光源采用一个波段的红外辐射，而不是某一特定波长的辐射，波段的范围较宽，或者为整个红外光谱。对于多种混合气体，为了分析特定组分，应在传感器或红外光源前安装一个适合分析气体吸收波长的窄带滤光片。以 CO_2 为例，CO_2 分子振动时对辐射的吸收主要发生在红外波段，对 4.26 μm 波长的红外光吸收最为强烈，分析时，红外光源发出的红外光（1～20 μm）通过窗口材料入射到测量气室，被测气体被采样气泵连续地通入测量气室，经过一个 4.26 μm 波长的窄带滤光片后，由红外传感器检测透过该波长红外光的强度，并经过数字滤波、线性插值及温度补偿等软件处理后，即可给出 CO_2

浓度测量值。

NDIR 法使用宽带吸收，结构简化、价格适中，对于大气 CO_2 等长期在线监测与瓶采样离线分析，NDIR 已具备足够的灵敏度和稳定性，并具有分析速度快、无污染、操作方便等优点。但由于系统对 CO_2 的响应为非线性，因此对仪器标校的要求很高，并且在测量中需要考虑到水汽吸收对 CO_2 浓度测量结果的影响。

2．主要结构

NDIR 监测仪主要是由红外辐射源、信号调制、样品气吸收池、信号接收和数据处理等部分构成的。图 10.1 是系统原理简图，由红外光源发出红外辐射，经过气体滤波相关信号调制后，进入多次反射吸收池，反射池的反射次数是一定的，红外辐射被吸收池里的 CO_2 充分吸收后，经过一个窄带滤光片的滤波，把待测气体特征吸收峰之外的红外能量滤除，只留下可以反映光谱光强变化的那部分能量，再被红外探测器接收，最后经过相关算法及数据处理，得出 CO_2 浓度值。

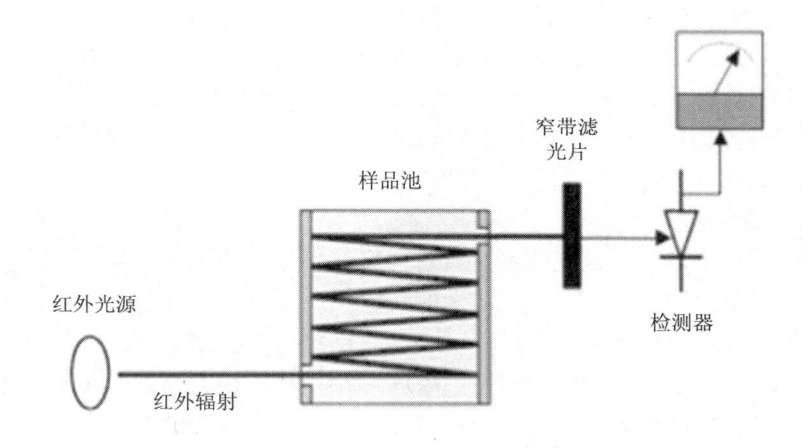

图 10.1　NDIR 仪器工作基本原理图

（二）气相色谱法（GC）

色谱法是一种高效的分离技术，特别适宜分离多组分的样品，是各种分离技术中效率最高和应用最广的一种方法。在色谱法中，将填入不锈钢柱内静止不动的一相称为固定相，单方向流动的一相称为流动相，装有固定相的柱子称为色谱柱。该技术根据待测气体各组分在色谱柱内的流动过程中，在其中的固定相及流动相的分配系数不同而产生差速迁移的原理，达到各组分分离的目的。按照流动相的物理状态可将色谱法分为气相色谱法、液相色谱法和超临界流体色谱法。

气相色谱法是温室气体监测的经典方法之一，与其他方法相比，其优点是分离效率高、速度快，可以采用多种灵敏度高、选择性好、线性范围宽的检测器，容易和其他方法联用。常用的检测器有热导池检测器（TCD）、氢火焰离子化检测器（FID）、电子捕获检测器（ECD）热离子化检测器（TID）和火焰光度检测器（FPD），各种检测器工作原理不同，性能及检测物种范围也各不相同。另外，GC 还可与其他分析设备（如质谱仪）联用，对多种痕量成分进行定量分析。

1．工作原理

GC-FID 系统：系统利用特定色谱柱对大气中不同组分进行分离，然后依次进入氢火焰离子化检测器（FID）进行检测和定量。FID 是利用氢火焰作为电离源，使有机物电离，产生微电流的检测器，是一种破坏性的质量型监测器。FID 由于结构简单、性能优异、稳定可靠、操作方便，因此经过几十年的发展，其结构仍无实质性的变化，目前国内外普遍采用此方法来观测分析大气中的 CO_2 和 CH_4。其主要缺点是需要较多的配套设备（如产生氢火焰所需要的空气和高纯度的 H_2）。

GC-ECD 系统：该系统配备的电子捕获检测器是一种有选择性的高灵敏度离子化检测器，只对具有电负性的物质有信号，如含卤素、硫、磷、氮的物质，因此可以对卤代烃类温室气体以及 N_2O 和 SF_6 进行监测分析。ECD 的不足之处是线性范围窄，通常仅为 10^2～10^4。

GC-MS 系统：该系统将气相色谱和质谱联用，一般由气相色谱仪、质谱仪和连接部件组成，其原理是利用 GC 对混合物中不同物种进行分离，待其依次进入质谱仪后，在热电子流的轰击下裂解。裂解后的质谱含有该物质所固有的信息，因此可用于组分定性鉴定。GC-MS 可以通过选择离子检测高灵敏度地监测特定离子，因此可以对环境样品中的痕量组分进行定量分析，可用于大气中卤代温室气体的监测。

2．主要结构

气相色谱分析系统一般由气路系统、进样系统、分离系统、温度控制系统及检测和记录系统这五大系统组成。高纯载气（常用的有氮气、氢气、氩气和氦气等）在减压阀的调节下，从高压气瓶中顺着管路流出，经过载气净化器的高度提纯后，将气样带入温控箱中的色谱柱，样品中各组分由于在色谱柱中的固定相和流动相上的分配比不同而分离，依次进入检测器，检测器则将被分离的组分的量转化为易于测量的信号。

气相色谱法精度高，检测限低，已被广泛地应用到全球很多大气本底站温室气体观测中，但需要较多的配套设备（如载气、H_2 等），并需要严格的载气流量和柱温控制。

（三）可调谐半导体激光吸收光谱（TDLAS）

可调谐二极管激光吸收光谱技术（TDLAS，Tunable Diode Laser Absorption Spectroscopy）是在二极管激光器与长光程吸收池技术相结合的基础上发展起来的一种新的痕量气体检测方法，通常又被称为可调谐半导体激光吸收光谱技术，其本质上与传统的非分散技术（如 NDIR）类似，也是一种基于朗伯-比尔定律的吸收光谱技术。其工作原理是光源发射一束光通过待测气体，在另一端接收，通过分析光被气体的选择吸收测得气体浓度。不同的是，TDLAS 技术的光源采用的是单色光谱技术，其核心技术是利用可调谐半导体激光器波长扫描特性，获得 CO_2 和 CH_4 等温室气体的特征吸收光谱，由二次谐波对其浓度进行高精度测定。

CO_2 和 CH_4 等温室气体分子在相当宽的范围内存在红外吸收谱线。但是只有满足下面条件的谱线才能被利用：

1）谱线中心波长必须与 TDL 的中心波长和光探测器的响应波长相适应。

2）谱线必须位于近红外波段区，与现有的普通通信光纤的低损耗传输窗门相适应。

3）谱线不能位于多种气体吸收的交叉谱带，否则容易产生交叉干扰，选择测量的吸收谱线必须要适合用到的 TDL 的中心波长，还要跟其他气体分子在吸收区域没有交叉吸收，这样可以排除其他分子吸收的干扰，从而提高测量精度。

TDLAS 系统工作时，首先选定被测气体某条吸收谱线的频率位置，然后选择相应发射频率范围的激光二极管，设置适宜的温度值以确定激光中心频率，通过注入低频率的锯齿波电流使激光频率扫描过整条吸收谱线，从而获得“单线吸收光谱”数据。吸收光谱的“单线”特性可以避免背景气体组分对被测气体的交叉吸收干扰，保证测量的准确性。为了实现最高的选择性，分析一般在低压下进行，这时吸收线不会因为压力而加宽。

系统主要由可调谐二极管激光器、高反射率的多次反射池和检测器等组成。可调谐半导体激光器是设备的核心部件，目前常用于 TDLAS 技术的 TDL 包括：法珀（Fabry-Perot）激光器、分布反馈式（Distributed Feedback）半导体激光器、分布布喇格反射（Distributed Bragg reflector）激光器、垂直腔表面发射（Vertical-cavity surface-emitting）激光器和外腔调谐半导体激光器。其中，分布反馈式半导体激光器作为光源的气体传感技术在灵敏度、选择性、动态范围、信噪比和响应时间等方面相比传统方法具有诸多优点，是研究吸收光谱学技术的首选光源，TDLAS 工作原理见图 10.2。

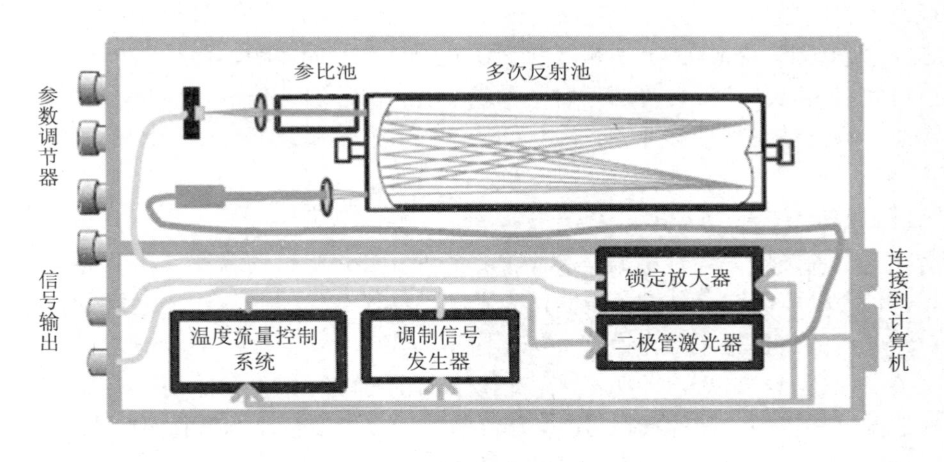

图 10.2　TDLAS 系统工作原理图

TDLAS 的主要特征包括：

1）它是一种高选择性、高分辨率的光谱技术，由于分子光谱的“指纹”特征，它不受其他气体的干扰。这一特性与其他方法相比有明显的优势。

2）它是一种对所有在红外有吸收的活跃分子都有效的通用技术，同样的仪器可以方便地改成测量其他组分的仪器，只需要改变激光器和标准气。由于这个特点，很容易就能将其改成同时测量多组分的仪器。

3）它具有速度快、灵敏度高的优点。在不失灵敏度的情况下，其时间分辨率可以在 ms 量级。应用该技术的主要领域有：分子光谱研究、工业过程监测控制、燃烧过程诊断分析、发动机效率和机动车尾气测量、爆炸检测、大气中痕量污染气体监测等。

在大气环境监测方面，国外较早将 TDLAS 系统用于衡量气体的检测、温室气体通量的监测等方面。国内主要是 20 世纪 90 年代末期开始应用，发展较快，特别是近十年来，以中科院安徽光学精密研究所、中科院半导体所为代表的国内科研机构，在环境监测、生态测量等方面出了很多研究成果。例如安光所利用可调谐二极管激光光谱、多次反射池和微弱信号检测等先进技术研制出了高灵敏度、高精度的大气温室气体在线连续自动监测仪，检测限达到 0.087 mg/m^3，检测上限高于 17.5 mg/m^3，满足了对环境空气中甲烷进行检测的需要，并对北京城区的甲烷进行了试监测。另外该所还利用 TDLAS 技术及其计算机自动识别技术，对机动车尾气成分中的 CO_2 进行实时遥测，实验表明，基于 TDLAS 技术的尾气遥测系统可以迅速、方便地获得大量机动车的实时尾气排放数据和车辆信息，从而快速筛选出高排放的车辆。

目前，超过 2.2 μm 的分布反馈式激光器技术仍不成熟，而在 1.579 μm 处 TDL 在通信领域应用较多，价格相对便宜，因此多采用中心波长在 1.579 μm 处作为 TDLAS 系统的光源。然而 CO_2 和 CH_4 的吸收强度最大的波段处于波长大于 3 μm 的中红外区域，这是目前 TDL 用于这两种温室气体测量最大的不足之处，只能依靠增加光程长度来提高检测限。

（四）光腔衰荡法（CRDS）

光腔衰荡光谱技术是近年来兴起的一种吸收光谱检测技术。与其他几种吸收光谱检测方法有本质区别的是，CRDS 技术测量的并非光能量衰减的多少，而是其在光腔中的衰荡时间，该时间仅与衰荡腔反射镜的反射率和衰荡腔内介质吸收有关，而与入射光强的大小无关。因此，测量结果不受脉冲激光涨落的影响，具有灵敏度高、信噪比高、抗干扰能力强等优点。

1．工作原理

目前在大气监测中比较常用的是美国 PICARRO 公司生产的温室气体分析仪，该公司的 G 2301 系列以可调谐半导体激光器作为光源，通过激光控制部件产生两束交替的激光脉冲来对光腔内的气体分子的光谱特征进行定量，交替时间为 5 s，其中 6 237 cm^{-1} 波数的激光用来测量 CO_2，6 057 cm^{-1} 波数的激光用来测量 CH_4。该设备能精准控制入射波长以及光腔内的温度和压力，因此能以 10^{-12} 量级的灵敏度以及很小的漂移测量大气中的 CH_4 和 CO_2。

测量时，样品气通过内置气泵被定量抽取至光腔（0.4 L），光腔会自动调控其内部气体的温度和压力，单波长激光在光腔中多次反射（光腔内有三面高反射率镜片），使有效光程达到约 20 km，因此可以大大提高气体的检测限，实现痕量气体的检测。当腔体内没有能吸收该波长光的介质时，能量只在其中一面镜片上（图 10.3 中的镜面 3）反射时投射损耗。根据空光腔和充满样品气时激光光强衰减到 0 的时间不同，衰荡时间差与样品气浓度呈线性相关关系，将时间信号经内置计算机分析处理，即可输出目标组分浓度结果。整个过程与光源强度无关，可以避免光源变化对测量精度的影响，从而提高信噪比。

早期的 G1301 系列分析仪的 CH_4 观测浓度易受水汽含量的影响，需对观测结果进行水汽校正。随后的 G2301 系列在上述基础上进行了改进，增加了水汽校正模块，无需加装低温除水装置，即可对大气中的 CO_2、CH_4、H_2O 等成分进行高精度监测。

2．主要结构

CRDS 分析单元主要由电源真空装置（PVU）、数据获取系统（DAS）和控制计算机组成。PVU 能使交流电转化为直流电来启动分析仪，它包含一个隔膜泵，主要用于将环境空气样品抽取到仪器中；DAS 包含分光计和光腔，并将获得的光谱信息发送到控制计算机；控制计算机用于控制系统的操作，并将光谱资料换算成待测气体的浓度资料。图 10.3 为 CRDS 工作原理图。

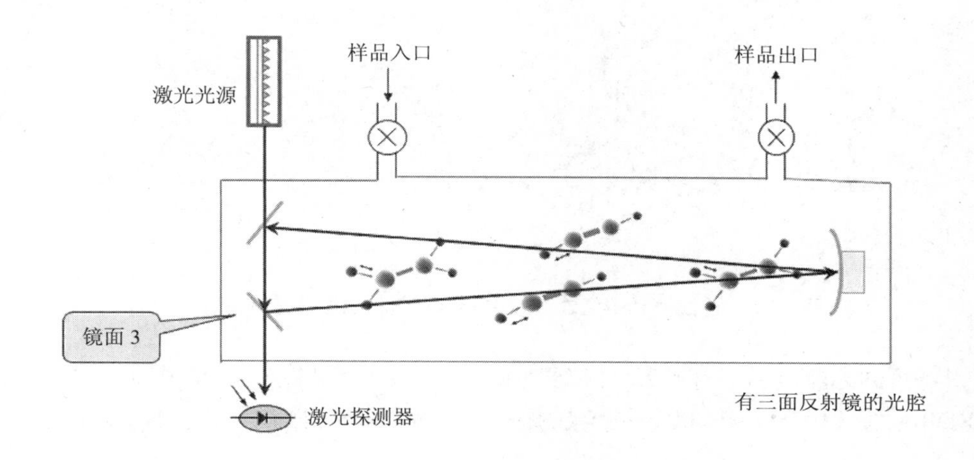

图 10.3　CRDS 工作原理图

CRDS 系统在实际使用过程中仅需设定进样时间和样品气流量 2 个工作参数，且由于线性好、漂移小，减少了工作标气的使用频次，特别适宜于监测背景大气中温室气体浓度。与非分散红外法测量 CO_2 相比，CRDS 受环境因素（温度、气压等）影响小，与气相色谱法相比，该系统不需要载气和助燃气等辅助设备。但尽管如此，由于 CRDS 法为光谱测量法，在测量 CO_2 浓度时存在同位素效应，由此会导致测量结果存在一定程度的偏差。这种技术已应用于我国气象部门的网络化本底大气 CO_2 和 CH_4 在线观测。

（五）激光差分中红外法（IRIS）

IRIS 系统的理论基础也是红外激光辐射光谱吸收，但其波长所处位置为中红外区域，与近红外相比，CH_4、CO_2 等温室气体以及几乎所有成分在这一区域有更强的吸收（如图 10.4 所示），因此可以对这些成分进行更为精确的定量分析，IRIS 系统市场化的难点是如何较简易地以较低成本产生中红外波段的激光。美国 TE 公司型号为 5500 的 CH_4 分析仪基于激光吸收光谱技术研制而成，与其他传统的光谱学方法相比，IRIS 独有的优势是其操作波段处于中红外区域（CH_4 在 3.3 μm 附近进行测量）。IRIS 系统的核心技术是美国热电公司独有的 DFG 激光技术，将两个 DFB 反馈式激光源产生的激光（波长分别为 1 060 nm 和 1 560 nm）结合到同一光学纤维中，汇聚进入一个被称为 PPLN 的非线性频率转换晶体，在这过程中产生了与两束光源波长不同的激光，同时对初始的两种频率的激光进行滤除，只留下后产生的中红外波段激光（图 10.5）。

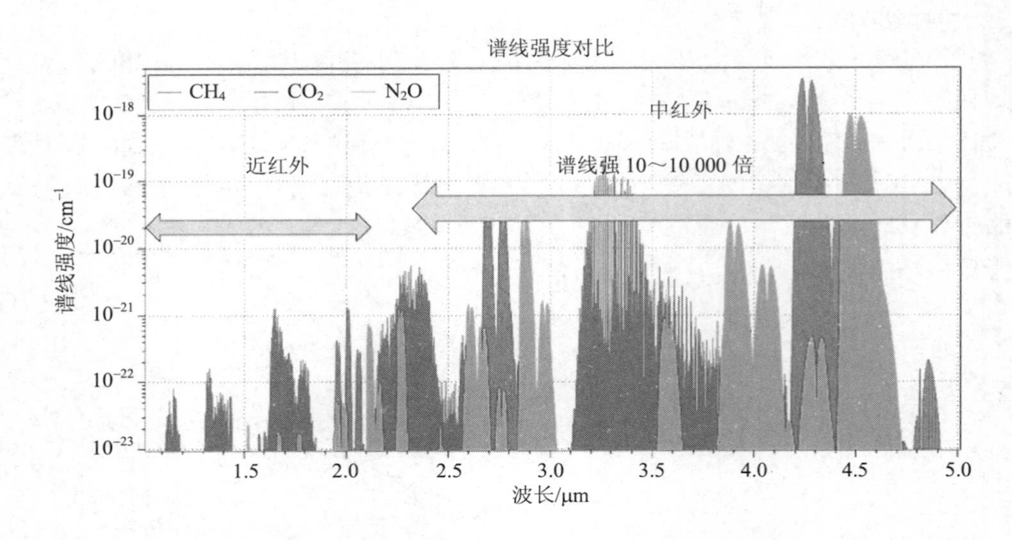

图 10.4 近红外和中红外波段主要温室气体吸收强度对比图

由于对中红外波段的辐射比近红外要强很多，因此光源在腔体中反射的次数（14 次）相比 CRDS 系统（10 000～15 000 次）要少很多，对镜面的反射率也没有过高要求（92%～98%）。

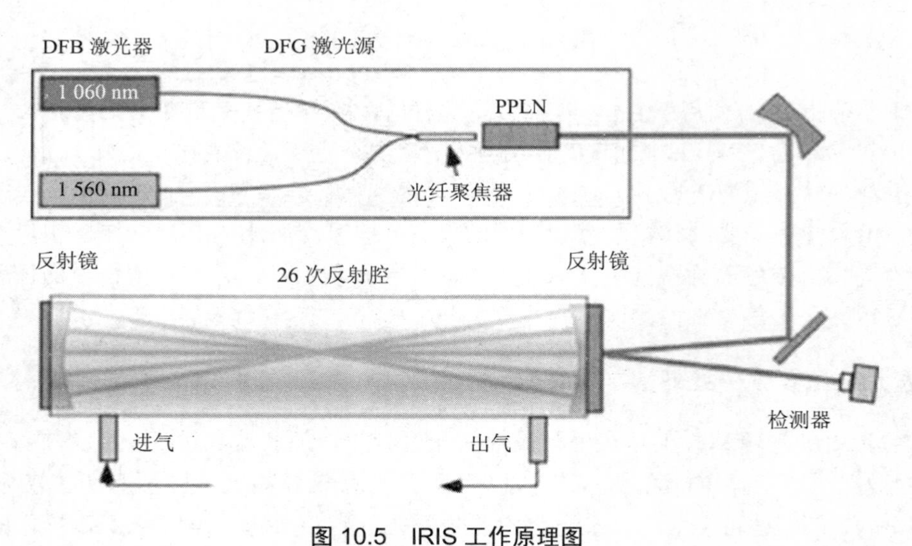

图 10.5 IRIS 工作原理图

（六）傅立叶变换红外光谱法（FTIR）

傅立叶变换红外光谱法（Fourier transform infrared spectrometry，FTIR）是 20 世纪 70 年代发展起来的一种新兴测量方法，由于其具有高灵敏度、高分辨率、高信噪比和较宽的波段覆盖范围等优点，所以它与长光程技术相结合就产生了较明显的优势（图 10.6）。

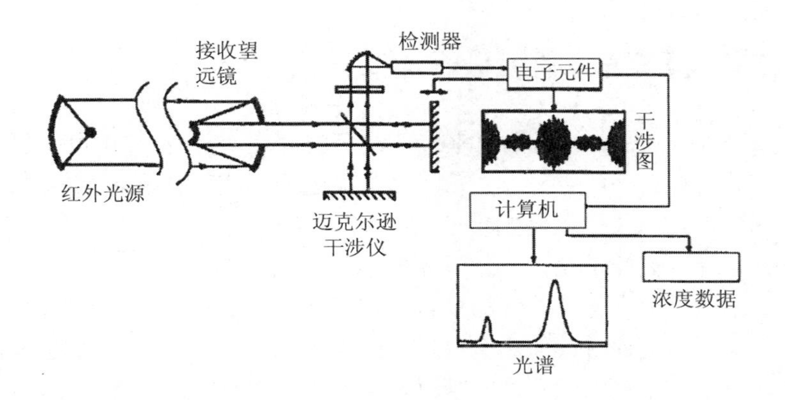

图 10.6 安光所一套 FTIR 多组分定量分析流程图

FTIR 主要由光源、干涉仪、检测器、监测和记录系统等组成，其核心部件为干涉仪。系统工作时，红外光源经准直后成平行光出射，通过密闭气体池，并在其中进行多次反射，透射光由入射光阑进入干涉仪后会聚到红外探测器上，由探测器测量得到干涉图，经傅立叶变换（FFT）将干涉图转换为光谱，由此得到整个测量区域的吸收光谱，吸收光谱包含了待测气体的浓度信息。与其他红外光谱分析方法相比，FTIR 具有明显的优势：一次可以获得全部光谱（2～15 μm）数据，不需要光谱扫描；光强利用效率高，没有分光元件（如光栅或棱镜）；可以对多种分子进行同时测量。该方法可测量多种微量和痕量气体成分，在红外窗口 3～5 μm 和 8～12 μm 有特征吸收光谱的气体都可采用 FTIR 方法测量，可以对大气中的 CO_2、N_2O、CH_4 等温室气体进行连续监测。

在大气监测中，使用长光程可以有效地提高吸光度。长光程可分为两类：敞开式长光程和封闭式长光程。敞开式长光程傅立叶变换红外光谱法也称遥感傅立叶变换红外光谱技术，它又可分为两大类，即主动式和被动式。主动遥感技术采用高强度红外辐射源，通过光谱仪光学系统观测大气对该红外辐射源的吸收特征来分析待测组分。被动遥感技术利用待测对象自身的发射或其对太阳光或月光的吸收，来对待测组分进行定性或者定量测定，我国安光所科研人员曾使用一套自行设计的基于长光程开放光路的 FTIR 技术的监测系统，对北京地区的 CO_2 和 CH_4 进行了测量。敞开式长光程测量的优点之一是可以直接得到区域内平均光程的测量值；封闭式长光程是利用气泵使环境空气进入气体池，再利用反射镜使红外光在气体池中多次反射得到的，常见的光程规格有 10、20 和 50 m 等，甚至更长。

FTIR 气体分析与其他技术相比有许多优点：它可以同时分析多种痕量气体成分；在线测量；非接触测量，不破坏待测物质结构，因此无需对样品进行化学转化；快速测量，可以在几秒钟内完成样品分析。FTIR 方法对很多气体的探测极限可达到 10^{-12} 数量级。但尽管如此，由于 FTIR 法为光谱测量法，在测量 CO_2 浓度时存在同位素效应，由此会导致测量结果存在一定程度的偏差。

三、温室气体主要监测网络介绍

为了确定并评估大气中 CO_2 等温室气体浓度的变化及其对全球环境及气候可能带来的影响，国际相关机构自20世纪60年代起开始对主要温室气体本底浓度进行连续监测与研究，限于当时的科技水平及监测侧重点，这些站点大多建立在偏僻的岛屿及海岸。时至今日，一些国家已建立起覆盖全球各纬度带的温室气体监测网络，并积累了较长时间序列的观测资料。目前国际上大气成分观测平台日益多样化、立体化，包括地基、船舶、飞机、高塔、浮标观测和卫星遥感等，而温室气体的浓度监测主要还是以玻璃瓶采样分析及在线连续观测为主，包括在典型气候和生态区以及人类活动影响较大的主要经济区域开展长期观测（图10.7）。

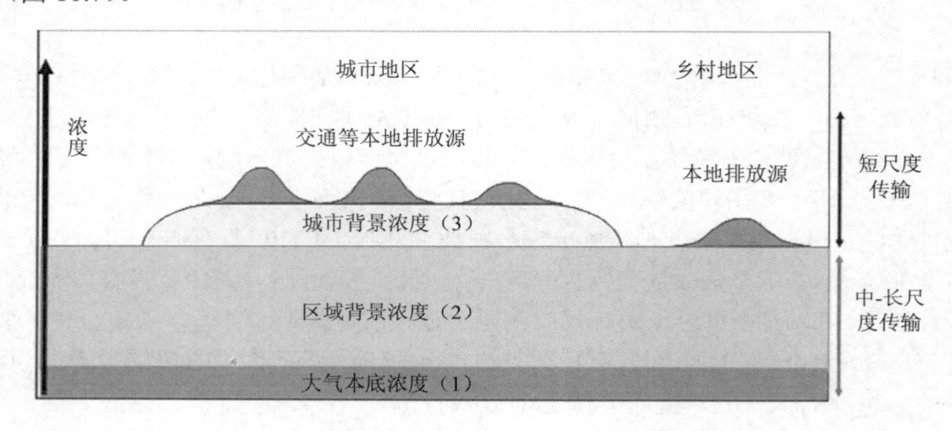

图10.7 不同区域的温室气体浓度监测

（一）国外温室气体浓度监测网络

1. 美国国家大气与海洋局瓶采样观测网络（NOAA/ESRL/CCGG）

NOAA碳循环温室气体实验室将世界上100多个观测点加以整合利用，通过近地面采样、高塔定点采样、飞机航行采样的方式，利用NOAA统一分发的玻璃瓶对环境空气进行采样，采集频率为每周一次，空气样品采集后被运送到位于美国博尔德的科罗拉多大学，用于集中分析其中的 CO_2、CH_4、CO、H_2、N_2O 以及 SF_6 浓度，并由美国北极与高山研究所分析样品中 CO_2 和 CH_4 的稳定同位素以及卤代烃类化合物。分析结果用于研究碳循环气体的长期变化趋势、季节变化及空间分布等。

2. 世界气象组织全球大气观测网（WMO/GAW）

20世纪70年代，世界气象组织（WMO）协调建设了背景大气本底污染监测网（BAPMON），开始对温室气体、反应性气体、气溶胶等进行观测。随着全球变化问题的日益突出，WMO于1989年开始组建全球大气观测网（GAW），该观测网目前由80个国家共同组成，旨在更系统地对温室气体、气溶胶、反应性气体等大气成分进行长期、精确观测，以获得可靠的科学数据，增进对全球变化科学以及大气、海洋和生物圈之间相互作用的认识。经过20多年的发展，GAW逐渐成为当前全球最大、观测物种最齐全的本底大气观测网，截至2012年，已有519个站点（包含28个全球本底站、410个区域本底站以及81个贡献站），为全球气候变化等相关研究和政策制定提供可靠的观测数据。在GAW计划中，大气 CO_2 是全球观测站的必测项目之一。为加强对各国温室气体观测数据的共享和应用，WMO/GAW于1990年在日本气象厅建立了世界温室气体数据中心（WDCGG），其主要功能是收集、保存大气和海洋中温室气体及其相关微量成分的观测数据。

自2006年开始，WMO每年发布温室气体公报，报道主要温室气体在大气中的浓度和变化趋势。

3．欧洲卤代烃类化合物综合观测网（SOGE）

SOGE是欧洲针对卤代烃类化合物（包括氟利昂、哈龙、四氯化碳等）的综合观测系统。该网络主要由爱尔兰、意大利、挪威和瑞士的四个背景站组成，并使用统一的质控规范，互相之间定期进行标准气比对，以保证数据的可比性。在观测基础上，SOGE还将观测结果与数值模拟相结合，用以核实卤代烃类化合物在区域尺度上的排放量，并利用全球模式估算观测物种对全球气候变化的影响。

4．改进的全球大气实验网（AGAGE）

AGAGE及其前身（ALE和GAGE）自1978年开始对大气成分进行连续观测，目前在美属萨摩亚、爱尔兰、巴巴多斯、澳大利亚和美国加利福尼亚建立了5个观测站。该网络的各成员站能以高分辨率监测蒙特利尔议定书中几乎所有物质（例如CFCs和HCFCs），以及《京都议定书》中规定限排的除 CO_2 之外的所有温室气体。AGAGE还与SOGE在标准气传递、技术共享等方面进行合作，使两个观测网络的监测数据在精度、准确度以及观测频率等方面具有可比性。

（二）国内温室气体监测网络

国内的温室气体监测与研究工作开展较晚，自20世纪80年代起，我国逐步开始对大气中主要温室气体浓度进行监测，并对温室气体源汇及其在大气中的循环及输送过程开始了初步研究。

1．中国科学院陆地生态系统碳通量观测网络

2002年中科院知识创新工程启动了“中国科学院野外台站网建设项目”。“大气本底观测网建设项目”作为其中子项目之一，确立了长白山、兴隆、鼎湖山、贡嘎山、阜康区域大气本底观测站的建设，采用国际通用的高精度大气本底观测仪器，对主要温室气体（CO_2、CH_4、N_2O、CFCs）等大气成分进行长期、持续、系统的观测。

另外，中科院于1988年开始组建成立生态系统研究网络（CERN），目前已拥有40个生态系统试验站，涵盖了农田、森林、草地、沙漠等8种生态系统。为应对温室气体诱发的全球环境问题，中科院启动了“中国陆地和近海生态系统碳收支研究”重大项目，该项目在CERN的基础上，利用静态箱法和微气象法，建立了中国陆地生态系统碳通量观测网络（ChinaFlux）。各站点采用统一的技术方案、分析仪器和观测质控流程等，对各生态系统进行主要温室气体的观测。

2．中国气象局温室气体本底观测网

中国气象局正在建设7个大气本底站，其中青海瓦里关、浙江临安、北京上甸子和黑龙江龙凤山站已成为GAW子站。该部门于1990年与美国国家海洋与大气管理局（NOAA）合作，开始在瓦里关站开展瓶采样分析，并于2006年开始在上甸子、临安、龙凤山和湖北金沙四个区域大气本底站开始每周一次的温室气体瓶采样分析，以获取我国典型气候区本底大气中的温室气体浓度及变化趋势。从1994年起，在瓦里关全球大气本底站开展了主要温室气体的长期在线观测。另外，中国气象局还与SOGE和AGAGE合作，于2006年开始在北京上甸子站开展华北区域卤代温室气体监测工作。

3．环境保护部温室气体监测网

根据环保部的建设规划，通过2008年中央财政污染物减排专项，中国环境监测总站开始建设全国温室气体试验监测网络。采取整体规划布局和分期分步建设的建设思路以及先试验再示范推广的技术路线，第一期首先建设3个温室气体区域背景监测试验站和31个温室气体源区监测试验站。其中，区域背景监测试验站选取在我国有代表性的背景地区，包括内蒙古呼伦贝尔、山东长岛、青海门源区域背景站，以对我国不同代表性区域的温室气体背景浓度进行监测。源区监测试验站选取在监测基础较好并具备不同城市源区代表性的4个直辖市和27个省会城市地区，在其现有的环境空气质量监测自动站中选择一个位于建成区中心的监测自动站，以了解我国城市地区的温室气体总体浓度状况及变化趋势。第二期及今后规划已建成的剩余11个背景站（福建武夷山、湖北神农架、四川海螺沟、广东南岭、云南丽江、山西庞泉沟、吉林长白山、海南五指山、新疆阿勒泰、西藏纳木错）和拟新建的西沙大气海洋综合背景站增加温室气体监测项目，形成我国环保部门的源区和背景温室气体监测网络体系。

四、温室气体监测数据应用

开展温室气体监测，可为国家应对气候变化提供系统的基础数据，为我国履行国际公约、应对全球气候变化、维护国家权益提供科学的技术支撑和服务，产生重大的经济社会环境效益。目前温室气体监测数据主要应用在以下几个方面：

1）分析掌握全球温室气体本底浓度和变化趋势。通过在全球多个本底站长期监测大气中的主要温室气体，掌握全球温室气体的本底浓度和变化趋势，观测资料可应用到全球温室气体源汇通量估算、源汇时空分布的反演数值模式等工作中，有助于深入了解碳循环过程及气候变化的影响因素，更为准确地预测温室气体的未来载荷，提高源汇平衡等模式结果的可靠性。

2）评估不同区域和城市源区温室气体浓度水平和碳减排成效。在不同代表性背景区域对主要温室气体进行长期监测，可有效地分析掌握不同区域的温室气体浓度及其变化趋势，从而评估碳减排的效果；对城市大气温室气体进行监测，可有助于了解人类活动对城市地区温室气体浓度变化的影响。目前我国环保部门已在全国31个省会城市建立了温室气体监测系统，监测数据可作为了解我国不同城市温室气体浓度水平、变化趋势及可能原因以及衡量我国减排措施成效的重要依据。

3）评估温室气体排放源的排放控制和减排成效。针对重点排放源开展温室气体排放监测，建立温室气体排放监测体系，实现部分行业和地区温室气体排放量和减排效果的直接测量，监督和管理企业温室气体排放量、核查温室气体减排情况，可为我国确定温室气体排放总量、制定减排方案、调整排放源清单以及在国际气候与环境变化事务谈判中争取主动权提供技术依据和基础数据。

第十一章　背景站监测网络

一、前言

（一）我国环境空气质量监测网现状及发展需求

环境监测的目的是了解环境质量状况、分析其形成的原因和预测其未来的发展变化趋势，最终为评价资源和社会影响、控制污染、管理环境、保护公众健康和保全自然资源提供科学依据。为达到上述目的，包括说清污染物的来源，区分人类活动和自然变化造成的环境质量状况的不同，需要合理布设环境监测点位，开展长期和例行的环境监测，获得全面的有代表性的监测结果。从实际需求、国内外的实践发展经验两个方面看，全面的有代表性的环境监测包括城市、乡村、区域背景和全球本底监测，它们分别代表了不同人口密度和人为影响以及不同尺度的监测。

目前，我国的城市环境空气质量监测工作已经开展了 30 多年，基本上建设了一套较为完善的城市环境空气质量自动监测系统。300 多个地级以上城市实现了环境空气质量自动监测，我国的环境空气质量监测从人工采样实验室分析的方法逐步转变为环境空气自动监测方法，监测数据的准确性和可比性大大提高。现有 120 个城市（包括全部 113 个国家环境保护重点城市和 7 个其他城市）向中国环境监测总站报送日报数据，500 多个城市向中国环境监测总站报送年报和公报数据。各省、市监测站也积极开展城市环境空气质量日报和预报工作，目前江苏、河北、河南、安徽、辽宁、山东、浙江、广东等省已定期发布省内地级城市的空气质量日报。更多的城市则在本地的新闻媒体上发布城市环境空气质量日报和预报。目前全国地级以上城市（含地区、州、盟所在地）中已建设环境空气自动监测站 1 000 多套，其中 113 个环境保护重点城市共建设环境空气质量自动监测站 600 套，初步形成了国家、省、市级环境空气自动监测网络。截至 2008 年年底，我国在全国城市及近郊地区共建设 1 800 多个空气自动监测站，其中设立在地级及以上城市的点位为 1 390 个，包括 113 个环境保护重点城市建设了 661 个空气质量自动监测站；其他建在县级或者县级市。在“十一五”建设完成后，全国地级及县级城市的环境空气监测自动站已达到 2 000 多个。酸雨（只有湿沉降）监测站点有 1 100 余个。在“十一五”建设完成之后，纳入国家酸雨监测网的酸雨监测点，分布在 358 个城市 439 个监测点位。由于上述环境空气及酸雨监测点位主要集中在城市和城市近郊区，其监测结果主要反映了城市区域污染状况。随着我国环境管理工作的深入，需要环境监测提供更加全面的空气质量数据，这些数据要能够说清楚大范围区域空气质量状况及空气污染物的输送情况，区分人类活动与自然过程对环境空气质量的影响。为达到上述目的，需要在城市以外的地区进行空气质量监测。

在第一期背景站建设之前，除了极其有限的零散科研观测结果，还不能对绝大多数城市以外区域空气质量状况进行评价。在这些广大的占我国陆地面积大部分的地域集中了我国主要的森林和其他自然生态资源以及农牧渔林业等陆地上最重要的生命支持系统，而工业化以来越来越严重的空气污染和酸沉降则随着扩散和传输影响或破坏这些资源。因此随着经济阶段的快速发展和国家管理的推进，在我国背景层次和区域层次的环境空气状况方面，监测将变得越来越急需和重要。

同时，在我国东部和中部人口密集地带，不同区域的城市群彼此之间存在着随天气系统变化的数百千米至上千千米尺度的长距离污染物传输的相互影响，而且影响的程度与城市局地的量级相比足够显著。由于城市群之间没有区域背景监测站，缺乏随天气系统及其风向变化获得的监测对照，还不能说明我国区域间空气污染物远距离输送和局地污染源排放各自对城市空气质量的影响。由于难以区分局地的和远距离输送造成的污染贡献比例，给各个城市各自的污染控制、管理效果判断和治理推进造成很大的困难。这种状况对我国区域层次的环境管理、政策实施和反馈完善，显然不利。

在对外方面，同样由于没有区域背景监测站，缺乏对区域的有代表性的空气质量状况说明。过去在涉及国际交流的方面，有关我国区域平均的空气质量和酸沉降状况很多只能从城市监测结果和变化来推测，将高估我国的污染状况，不利于我国的环境外交。例如，相对于国外的酸雨监测主要分布在远郊区和背景地区，我国酸雨网点位集中在城市，城市监测数据比远郊区数据偏高，在东亚酸雨监测等国际交往中处于不同等比较的被动状况。另一方面，目前在我国的国际合作监测项目多偏向中国污染传输对外国的影响，很少有项目调查国外排放随大气传输对我国的影响。如果不能同时兼顾了解国外污染源对我国的影响，难免失于片面和偏颇。长此以往，缺乏实际依据，难以维护环境外交方面的国家利益。因此作为国家环境背景监测，在邻近边界的区域设立的那些环境监测背景站，在满足其基本的区域本底监测的同时，有必要兼顾监测随大尺度气流从国外入境污染传输的影响，这是国家环境监测背景站应当起到的重要功能之一。

随着国家经济和社会的快速发展，我国综合国力显著增强，中央政府对环境生态效益的补偿力度显著加大，对环境管理和保护的力度不断增强，可持续发展和循环经济的发展理念开始实践。所有的发展都要求环境监测及时从有限的城市监测，逐步全面扩展覆盖到我国有代表性的所有地方。在城市环境空气质量监测系统基本完善后，我国已经有能力在城市以外地区建设背景站及区域站。

另外，随着自动监测技术的发展，在远离城市地区长期设立无人值守的自动监测站在技术上已成为可能，我国监测人员技术能力经过长期的实践和技术积累亦已具备背景监测基础能力。因而在“十一五”期间，我国开始建设代表大尺度环境空气质量状况的国家背景监测站和区域监测站不仅是必要的，也是技术经济上可行的。

（二）背景区域在国家环境保护与可持续发展中的地位和作用

背景大气监测是国家领土环境监测和环境保护的关键和主要组成部分。我国的陆地国土幅员辽阔，其中大部分是广大的背景地域。这些地域中分布着我国占陆地国土面积 15%（约 150 万 km^2）的森林中的大部分、占陆地国土面积 42%（约 400 万 km^2）的草原中的大部分、占陆地国土面积 10%（约 97 万 km^2）的自然湿地中的半数以上、占陆地国土面积 27%（约 260 万 km^2）的沙地荒漠中的大部分，以及这些森林、草原和湿地还有沙地荒漠所依托的崇山峻岭、盆地和荒原。在这些广大的占我国陆地面积大部分的地域集中了我国主要的森林、植被、生物种群以及农牧渔林业等最重要的陆地生物链系统，承担着我国最基本的生态资源及物种传续，也集中了我国很大部分各种的丰富矿产资源，提供了我国大部分生产建设所需材料，形成支持我国生活和社会发展的最根本底层基础。同样，我国的海洋线漫长，所属岛屿星罗棋布，南海、东海、黄渤海和北海的海洋专属经济区及其周边可供利用开发海洋的广阔面积不亚于陆地。这些岛屿和海洋，基本上都是广大的背景海域。丰富的海洋生物资源和海洋矿产资源，同样承续着我国重要的生态资源基础和巨大利益。因此，对占我国国土和海域面积大部分的背景地区的环境监测和研究，是国家环境保护与可持续发展不可或缺的重要部分和工作范围。

背景大气监测是系统综合环境监测的一个核心环节。占陆域和海域最主要面积的背景地区的背景大气，通过空气污染物和其他主要大气成分的干湿沉降等方式，与广阔背景地区的地表水（川流、湖泊、河海）相联系，构成大气圈与水圈之间的物质交换；与广阔背景地区的地表面相联系，构成与土壤圈之间的物质交换；并通过大气暴露方式以及水、土壤等介质传递的联系，直接和间接构成与生物圈的物质交换；再经由挥发、风刮、燃烧、动植物呼吸等排放方式，形成水、土壤、生物圈污染物和其他成分与大气圈之间的物质循环和相互影响。因此，对占我国国土和海域面积大部分的背景地区的环境大气监测和研究，不仅是从总体上反映我国整体层面和区域层次的环境大气质量状况和变化趋势的工作内容，还是包括大气、水、生态、海洋等完整的综合环境监测的主要组成部分，是了解掌握环境污染的来源、传输、迁移、循环及其对社会和生活发展以及生态系统维持的总体影响，进行环境状况、环境变化和环境风险总体评估必不可少的重要环节。

背景大气的监测和研究一直是区域和国际成员关注与合作解决大范围环境问题的主要工作内容。由于大气的大尺度流动性，自 20 世纪以来，工业和社会发展的大规模空气污染物排放的影响，常常反映为伴随空气气团移动的大范围区域和国际跨境污染传输现象。如同混杂在迷彩之间难以分辨特定颜色的分布一样，在城市地区由于其局地排放的干扰，往往难以分辨这些污染现象和影响程度；但是在素底空白的清洁背景地区，这些相对痕迹较重的大规模区域和国际跨境污染传输现象和影响常常显露无遗。而且，在基本保持原生态的背景地区，通常有着比人类活动影响频繁的城市、城郊和乡村地区更完整的生态系统和更敏感脆弱的物种，诸如部分苔藓类和部分贝类等生物仅存于清洁环境中，这些区域和国际跨境污染传输对背景地区的植被和敏感脆弱物种影响更明显，进而反映在森林、生物多样性和原生态生物链受到破坏等现象上。因此，背景大气以及关联的综合环境的监测和研究，是监控和评价大规模区域和国际跨境污染传输现象及其影响的基础手段。在区域尺度，承担着支撑国家区域污染联合控制和环境保护管理的基础功能；在国际尺度，担负着监控西部欧亚大陆、南亚、东南亚和东亚周边国家对我国跨境污染传输影响，全球环境保护和气候变化对我国影响的重任；另一方面，同时承系着支持我国作为一个负责任大国，开展环境外交，掌握污染物长距离传输实际影响程度，维护国家发展权益，推动制订和履行国际环境保护公约的技术保障任务。

（三）国内外有关环境空气背景站和监测状况

我国的背景监测起步较晚，2008 年之前我国还未形成背景站监测网络，一些科研院所近年建立了零星有限的大气野外科学观测研究站，主要用于科技部等部门和自然科学基金支持的阶段性科学研究项目。其中包括中国环境科学研究院的中挪合作“中国酸沉降综合影响观测研究项目（IMPACTS）”，在西南三省一市（贵州省、湖南省、广东省、重庆市）野外监测，已经开展了五年针对酸沉降对陆生生态系统影响等系列研究。北京大学在河北坝上建立了一个包括大气背景常规基本参数观测的环境和生态综合站。但是上述野外监测偏重于研究性质。中国气象局在青海瓦里关、黑龙江龙凤山、浙江临安和北京上甸子等地建立了较大规模的全球或区域大气本底观测站，主要以观测影响气候的本底大气为目的。中国科学院也在河北香河、兴隆等地建立了大气综合观测站。

目前环保部在全国范围内已设立 15 个国家环境空气质量背景监测站，其中已建成第一期具有代表性的包括山东长岛、福建武夷山、湖北神农架等 14 个背景站，第二期代表南海诸岛大片区域环境空气质量的西沙背景站正在建设中。

（四）建设环境空气质量背景站的目的和意义

背景站最基本的重要性在于无可争议的代表性、专业的基本数据、稳定的历史记录。在此基础上，发挥环境背景监测和支持环境管理和政策制定的作用。目前背景站建设借鉴国内外的背景监测经验教训、成功和先进的设计规范和运行体制、发展战略研究成果，从技术设计和可行性两方面，尊重科学、实事求是地进行研究和应用，支持国家背景站项目建设，实现我国国家背景站的现代化建设目标和监测功能。

建设环境空气质量背景站的目的（功能和用途）包括：

1）获取全国各代表性区域的环境空气质量背景数据，说清我国未受人类活动影响背景区域的空气质量和降水酸度状况，即大尺度范围内不受当地的局地污染源影响的空气质量和降水酸度及沉降的背景状况。

2）了解我国各代表区域长期环境空气的变化趋势，建立相关大气背景值数据库，及时准确说明我国各区域环境的空气质量问题，为其环境分析提供科学的依据，为检验我国区域大气质量控制措施的效果提供基础数据。

3）通过全国空气背景监测网络数据，系统说清我国区域层次和整体层次的环境空气质量状况。分析我国区域间污染物传输状况，说清空气污染物的远距离输送和局地污染源贡献对城市空气质量的影响。

4）为分析我国和其他国家之间的污染物远距离输送提供科研和环境管理数据。

5）分析自然状况下污染物的长期变化趋势，结合其他综合监测（水、生态），评价区域层面上的环境大气成分和酸沉降及其变化对自然生态资源和社会的影响，系统了解污染物在大尺度环境中的迁移转化规律。

6）根据长期监测评价我国区域层次和整体层次环境空气质量的变化和趋势。进行区域环境风险评估。支持环境风险管理、政策制定、环境标准修订、对公众信息分布的需要，支持区域污染治理的需要，支持有关环境科学和健康研究的数据需要。

7）支持我国全面的环境空气质量系统的专业调查、分析和模拟预测需要。支持重大环境事故状况发生的可能监测需要。

国家背景站的建设，是我国环境保护跃上一个新台阶的标志。作为国家现代化的先进环境监测体系建设的主要内容之一，国家背景站网络与城市监测网络、区域监测网络一起组成国家环境监测不可或缺的基础。国家背景站监测网络的建立，能够具体地支持国家的环境管理和保护，成为支持我国可持续发展和循环经济的保障手段之一。

二、研究总体思路及技术路线

（一）网络设计目标

1）为反映我国区域大尺度的环境空气质量状况，了解我国空气质量的背景状况，并掌握我国环境空气污染物的区域输送情况，以我国的经济支持条件为基础，根据需要在我国设置一定数量的环境空气背景监测站。

2）集中国内外的成功经验和技术资源，在关键背景区域建设现代化的国家环境空气背景监测站，填补国家背景地区的环境监测空白，获取国家环境空气质量重要的有代表性的背景监测基本数据和综合数据及其连续稳定历史记录。

3）通过背景站建设，同时获得现代化背景监测站点建设、技术应用和运行维护的示范经验，促进完善和形成一整套国家背景监测业务技术规范体系，在此基础上促进技术应用和扩展建设国家背景监测网络。

4）通过背景站建设，实现对有代表性背景区域空气质量状况和变化趋势的监控，实现对周边地区环境空气污染在大气环流的作用下对背景区域的影响的监控，判断该区域空气质量是否达标，评估所处区域生态系统的环境健康水平，评估该区域和周边地区污染控制和环境管理的成效，为制定区域环境管理政策提供科学依据。

5）通过背景站建设，为日益重要的区域环境合作和国际环境外交提供技术支撑基础，为全球环境变化和气候变化影响监测和政策制定提供技术支持。

（二）网络设计总体思路及技术路线

1．网络设计总体思路

1）满足国家发展形势需求，推进背景监测跨越式建设。随着国家经济和社会开始可持续性发展的历史转变，国家对能够反映和对照说明全国环境空气质量整体状况和变化趋势的背景地区的监测需求已经迫在眉睫。针对我国背景监测十分落后、基本上还是空白的现状，根据“统一设计、统一标准、统一建设、统一管理”原则和“一流台站，一流装备，一流运行，一流产出”水平要求，高起点地建设高效的现代化背景监测站。

2）借鉴国内外经验和发展趋势，重点建设综合性的多功能的环境空气质量背景监测站。适应发展需求，国内外的背景监测站经历了从较为单一的功能类型向综合性多功能类型的转变。适应国家对环境管理的多方面需要，总体设计建设现代化的综合性多功能类型背景监测站，由单一功能类型背景监测站形成初步监测站网络规模效应，并发展成为综合性多功能类型背景监测站。

3）总体设计，分期建设，阶段式实现国家背景监测网络。在现有经费有限的条件下，第一期建设集中建立目前优先需要的国家关键地区的常规背景监测能力，并铺设全国背景监测网络的关键节点。第一期建设所取得和积累形成的建设经验和技术规范，将有利于促进后续综合性多功能国家背景站的建设。计划从第二期建设起逐步铺设全国综合性多功能背景监测网络，将覆盖面从第一期关键节点扩展到其他主要背景地区，构建完成覆盖全国基本背景地区的国家背景监测网络。未来建设进度视经费支持条件而定。

4）遵循科学设计和实事求是原则，点位选择和布局符合技术规范和可行性。关键地区背景站的点位选择和布局优先考虑能够把握全局覆盖面的代表性区域，同时兼顾考虑能够联结城市网络和乡村网络，形成全国整体效应。由于背景地区的野外条件通常十分严酷，空气背景站的基础建设十分关键。根据国内外的经验，基础建设在很大程度上决定了背景站项目的成败。点位选择和布局优先考虑具备一定道路、交通、电力、通讯基础条件的代表性区域。

5）形成各种监测技术相互支持、优势互补的背景监测基础。根据综合性多功能需求确定基本和重点监测项目。遵循监测设备配置灵活、监测方法实效适用的原则，以保障背景监测长效稳定、监测运行和记录连续稳定。

6）综合利用设计，保障长期稳定基础。根据国内外成功经验，背景站同时是国家环境保护的共同利用设施，有利于背景站的长期稳定运行；背景站同时是地方站的利用设施，可以从国家要求的技术水平提升和支持地方站的业务技术发展；背景站同时是研究机构和大学以及环保部批准的国际合作项目的野外研究基地，带动背景站技术水平的更新提高和利用率；背景站同时是环境监测和环境管理其他包括生态、水、海洋环境、环境遥感等业务的综合利用基地，发挥更大的效益；背景站同时是环保部环境科普和宣传的开放窗口，形成环境保护的教育基地。将背景站建设成为国家、地方和社会共同利用的综合利益集合体，有利于形成保障背景站长期稳定基础。

7）促进制定背景监测标准和监测方法规范，建立实用基础。目前背景监测标准和评价方法极其有限。根据实际需要，通过项目建设同步开展背景监测标准和规范方法研究制定，填补国家空白，推动监测网络建设和技术规范平衡发展。

2．技术路线

1）根据我国的区域分布特征、背景站选址的技术条件、我国的财政支持条件以及国家目前环境管理和环境外交的需要，确定优先建设的背景站，形成初步的国家背景监测网络。

2）根据第一期背景站建设运行情况和国家环境管理的需要，提出今后背景站网络扩充和完善的技术原则。

3）根据目前财政支持情况，第一期建设首先在所有的背景站点实现常规监测项目。为了给达到长期目标的现代化背景监测站建设取得经验，同时选择示范站试验较全面的监测项目。

4）全面的监测指标按照综合性多功能类型背景监测站设计，分为如下6部分。

a．常规基本指标：SO_2、NO_x、CO、O_3、PM_{10}、$PM_{2.5}$；

b．酸沉降指标：降雨量、pH、电导率、氯离子、硝酸根、硫酸根、钙离子、镁离子、钾离子、钠离子、氨离子（根据需要可增加磷酸根、氟酸根等）；

c．气象参数指标：风向、风速、温度、湿度、气压、太阳总辐射、散射辐射和紫外辐射、能见度、数字摄影；

d．有机物指标：挥发性有机物VOCs、持久性有机物PAHs；

e．温室气体指标：主要监测指标为《京都议定书》中规定的六种温室气体，分别为二氧化碳（CO_2）、甲烷（CH_4）、氧化亚氮（N_2O）、六氟化硫（SF_6）、氢氟碳化物（HFCs）、全氟化碳（PFCs）；

f．颗粒物组分和特殊组分：TSP成分、颗粒物粒径谱、氨气、有机碳、黑炭。

5）在综合性多功能及示范站建设中，背景监测涉及不同的在线和离线（采样、前处理、分析）监测方法和仪器设备。面向不同功能的实际需求，兼顾在线和离线配置设备，发挥各种方法特定作用，实现相辅相成、优势互补和集约高效。以在线自动监测系统为主监测日常变化较大的指标，同时完善实验室分析，监测变化较为稳定的指标以及难于或不利于在线监测的指标。

6）总体设计的综合性多功能站将包括高难度的痕量温室气体（六氟化硫、氢氟碳化物、全氟化碳）和持久性有机物（PAHs）监测，将采用采样并集中到省级中心实验室分析的方式，解决相应技术和投入现实问题，有利于创造高效的费用产出效益。

7）按照国内外先进经验和国际通用的现代化背景站标准，将背景站建筑分为监测区、工作区和生活区三部分设计。第一期建设首先实现监测区部分功能。

8）按照适合严酷野外工作条件的标准建设背景站道路交通、电力、通讯、水和站房基础。

9）建立实用先进的网络数据传输和通讯机制。

10）发挥国家、省市区、地方各自优势资源，建立“总站—省站—托管站”保障机制，根据实际情况高效稳定可靠地保障国家背景站运行维护管理。

三、国家环境空气监测背景站的点位选址原则与规范

（一）国内外背景区域和点位选址研究

1．美国国家环境保护局有关环境监测网络设计的背景区域和选址的规定

1）背景站应代表一个区域尺度（半径50～100 km或以上）的空气质量，这个区域尺度的空气成分包括自然排放和从区域外面（甚至可能超过1 000 km以外）随大气气流传输来的自然或人为排放物。

2）这个区域应远离人口密集和其他显著排放源（距离应在50 km以上），由一个或多个没有城市排放、只有自然源的地区组成。

3）这些地区应是原始生态或干净清洁地带。通常国家公园、野生自然保护区、州立

公园和州立自然保护区等是美国背景站所在的合适地区。

4）背景站应定位在不受局地源影响的地点，应位于较高的高度。

2．欧盟在环境空气质量指令中有关背景区域和选址的规定

1）背景站的代表性尺度是区域以上的，其定位在 1 000～10 000 km^2 范围内。

2）是低密度人口地区，具备自然生态或森林系统。

3）远离城市和工业地区，不受所在地区局地排放源的影响。

4）区域背景站的定位高度应合适，避免位于近地面逆温层，也避免位于太高的山峰。在海滨地区设立的区域背景站要避免位于海陆风形成一个气流往返闭合循环的地点。

3．世界气象组织在全球本底站设置中有关背景区域和选址的规范

1）大气本底站监测的是区域大气环境混合均匀后的平均状况。

2）大气本底值的监测要求在“相对清洁”的大气环境中进行。

3）区域本底站要求较大的污染源距监测站 40 km 以上。

4）未来 50 年内，距监测站 30～50 km 内的周围各方向土地利用形式没有显著变化。

5）主要居住区、工业区和主要公路、机场应远离监测站等。

（二）背景站网络布局方法

区域背景站网络布局方法和点位选择与城市站的布局有所不同。城市监测站的布局，包括面向各个代表城区的点位确定。城市站点设置定位，需要加密的拉网观测，然后考虑所代表城区的平均一致性和变化一致性，选取其中一个与其他点位相关性最好的点位作为监测站点。除了常规观测以外，卫星遥感的反演资料和数值模式的模拟也可作为主要或补充数据。利用这些数据，可以使用计算机进行例行程序和完成监测点位的选择。在城市站点定位的原则方面，我国与发达国家没有大的差异。

而在背景站布局和点位选择方面，由于难以在很大的区域（约 100 km 半径）进行地面拉网观测，虽然理论上可以使用卫星遥感的反演资料和数值模式的模拟数据，但是在这些缺乏地面观测校准的边远地区，其反演或模拟数据的误差，比较城市地区相对较小的误差（模拟结果最好的 SO_2，发达国家如美国可以在有地面密集校对观测地区达到平均偏差 30%左右；其他主要成分的平均偏差约为 100%～300%），大上一个量级（平均偏差可能达到 300%）。其反演或模拟数据由于细节失真和整体轮廓偏差过大，基本上难以支持计算机程序化的选择。我国目前卫星反演和环境数值模拟的技术水平、资料密度和应用水平比较美国等发达国家尚有很大的差距，在严重缺乏源排放和地面观测资料的广大边远区域，其效果难以支持站点选择工作。同时，与基本上是地形较为平坦的城区定位有很大不同，区域背景站的站点受到很大的地形变化、道路条件、后勤支持、生活保障等条件的限制。所以在实际的背景站选点时，主要从具体情况出发，从满足区域特征代表性的设立目的出发，考虑适宜的地点位置，而不是根据计算结果进行选择。

因此，在我国的区域背景站布局方法上，采用面向全国整体综合考虑，划分不同代表区域、构造不同尺度组合的方法进行总体设计。

对于整体背景网络，首先考虑各个背景监测站在全国范围内尽可能均匀分布，使得构成的环境背景站网络能够反映不同的有代表性区域，尽可能全面地反映我国整体环境空气质量的背景状况。国家环境空气背景站监测网络的设计原则，包括区域选址和站点选址的原则和方法，综合参考了国内外先进经验，尤其是发达国家和国际观测组织的经验和方法，与发达国家的背景站网络布局和选点的原则与规范有很大的可比性。

在我国的区域背景站点位选择方法上，采用面向满足背景站设立目的，根据国家背景站网络总体设计进行区域预选，再根据区域的具体条件进行背景站点位预选的方式。在每个背景区域的点位代表性方面，首先考虑点位的区域特征代表性、本底水平代表性和区域相关程度（包括生态覆盖、大气环流等的共同性）。

在总体设计和区域预选过程中，把全国划分为城市群区、背景区域和过渡区域，基本上符合人口密度的分布（对应高密度、低密度和中密度人口）。一个或多个城市群区、背景区域和过渡区域组成大区域。位于背景区域的背景监测可以评价这个大区的背景状况和局地影响。在不同城市群之间的背景区域的背景监测则可以反映来自不同城市群的传输影响程度。

近年我国关于背景监测布网的项目有科技部的野外观测实验研究站网，包括部分水环境、生态、海洋和大气的野外观测实验研究站的设置或完善，站点分布比较零散。这些野外观测实验研究站的所在区域和点位选择，一般是直接根据地理和生态等方面的代表性选择区域，并直接根据设置条件选择站点。在网络布局方面，由于各种条件限制，只能做到对各自区域的了解，尚不能兼顾邻近点位联合共同说明问题。针对上述问题，在国家背景站点的网络布局方面应考虑达到更好的整体网络相关性，既能够做到各点位分别监测特征区域，又能够做到邻近点位联合说明区域间问题，整体网络能够系统说明全国的全面状况。此外，由于背景监测站点具有全国背景值代表性和不同重要区域本底水平代表性，还可以为重要项目和课题的科学研究服务。在上述设计基础上进行总体设计和分期建设，根据第一期背景站建设运行情况和国家环境管理的需要，逐步完善和扩充我国的背景监测网络。

（三）总体布局设计及其预期功能

总体布局设计，应使得环境背景站点的分布，在各区域内部、区域间和对外国家间三个层次实现不同尺度的监测功能，形成一个兼顾多功能的、能够相互对照比较的背景监测网络。

1. 在区域尺度上，背景监测站的监测数据将反映所在区域空气质量的代表值或本底值

依据国际上普遍通用的大气背景站设置条件，这些站点布设在适当的位置，不受当地局地污染源影响，位处所在区域的特征大气环流之下，反映区域盛行风影响，其监测结果一般应代表至少半径 50 km 范围内的空气质量状况。所选的环境背景区域，还能够代表我国不同生态和气候地区，使得大尺度网络的背景监测结果能够全面地反映我国不同的区域特征。背景站点应同时作为综合环境监测的基地，能够支持环保部在水、生态等其他方面的环境监测。

国家背景站应能够特别反映环境保护的行业需求特点，站点设置首先面向重要的具备完整自然生态系统的背景区域。比如在陆地上，由于森林和草原等植被系统是地球上重要的可更新资源，能调节气候、涵养水源、净化空气、防止荒漠化、为多种生物提供栖息环境，是人类生存的必要条件和陆地上最重要的生命保障系统，监测背景站将设立在森林和草原等植被地区，以反映最重要的自然环境和生态资源，起到支持环境资源保全和保护的主要基本功能。

其中，国家级自然保护区、世界生物圈保护区和范围较大且条件适合的省市级自然保护区是很好的背景预选地区。截至 2005 年年底，我国已建立共 2 349 处类型较齐全的各级各类全国自然保护区，总面积 150 多万 km^2（占陆地国土面积的 15%），其中湿地自然保护区 473 处，总面积 43 万 km^2（占自然湿地的 45%），集中了全国 85%的陆地生态系统类型、85%的野生动物种群和 65%的天然植物群落类型，有很好的自然环境和生态资源代表性。同时由于范围较大的国家级自然保护区、世界生物圈保护区和范围较大且条件适合的省市级自然保护区通常有更好的监测范围的长期稳定性和道路电力基础，能够更好地保障有人值守运行和后勤支持。

2．在全国尺度上，这些环境背景站将形成一个大尺度的网络，通过对照来自相邻的不同地区（包括城市群）的影响，支持说明周边污染地区的污染程度和变化，监测国内各背景监测站点之间的区域性环境空气变化和传输以及这些传输对各区域酸沉降的影响

根据不同的气象条件下（风向、风速、降水）的长期观测，背景站之间的监测数据的变化和关系将反映区域之间相互影响的程度。这个代表大尺度的网络的背景监测，可在很大程度上缓解目前我国无法说清区域之间污染影响的困扰，为国家层面的环境管理和政策制定提供必要的支持。

3．在国际尺度上，这个网络中沿边境地区的环境背景站将同时基本形成一个对外监测的大尺度网络，监测国外入境的污染传输

由于我国大气环流的基本特征是冬季盛行强劲偏北风，冬季我国在西部、北部和东北部分别受来自中亚、蒙古、俄罗斯等国家的污染物包括沙尘暴颗粒物的影响，其影响由北向南最大可深入我国华中和华东。夏季盛行偏南风，受来自南亚印度和东南亚诸国的大尺度季风影响，其影响由南向北最大可至我国华北和华东。春秋两季我国除了主要受到西风带影响，也时常受到途经日本的东部海洋暖湿气流影响，其污染排放传输的影响范围程度不明。因此在大尺度气流入境途经区域建立背景监测站，对于我国环境外交将有重要战略意义。包括在我国新疆和云南等监测站稀少的地区建立区域背景站，除可填补西北和西南区域空气背景本底监测空白之外，还可以兼顾掌握从这两个方向境外输送对我国大气环境的影响。

例如，南亚和东南亚大尺度污染（包括大气褐色云）随夏季西南季风对我国影响较大，但目前我国还没有相应的对外监测数据说明其影响。国际上对大气褐色云研究计划非常重视，我国已参加此项研究，并且已在环保部立项。其研究目的之一就是建立国际标准的连续观测站，位置选在不受局地污染的地区，开展加密观测获得高时空分辨率数据，为进一步开展污染机理和影响研究打下基础。因此我国设立的区域对照站在对外监测的同时，可兼顾为我国开展的环境科研项目包括大气褐色云研究计划等提供监测数据。

科技部在“十一五”规划中的工作重点从上一个五年计划的信息技术等方面转向环境资源保护和可持续发展等方面，而对地遥感是其中一个重要内容，为此科技部要求有关部门在靠近国境的地区设立必要的地面对照站，以提供必要的参数支持对国境周边地区准确的遥感观测，同时支持保障国家安全的需要。环境空气监测与我国对地遥感等密切相关，因此环保部建设的沿边境地区环境背景站，不仅是满足这些主要生态区域的监测需要，也是符合国家和科技部有关政策的发展需要。

（四）我国环境监测背景区域选择原则

1）区域代表性：预选区域的点位应尽可能反映我国周边及内地的地理分布代表性和整体背景监测网络的协调性。

2）大气代表性：区域背景站应处在影响我国的主要大气环流的路径上。

3）尺度代表性：在以监测点为中心半径 50 km 范围内，没有大的人为污染源如城市和热电厂等。

4）本底代表性：背景区域需设置在低密度人口地带、具备自然生态或森林系统、远离城市和工业带的清洁地区，以能客观反映我国环境背景空气状况和酸沉降的背景状况为原则。

5）环境稳定性：背景站所在监测范围地区的环境（半径 50 或 100 km 范围）应有长期的稳定性。

6）区域稳定性：在进行环境空气质量和酸沉降的区域背景站布局时，还应根据我国的工业能源开发和社会经济发展趋势（都市计划、区域计划或其他土地利用计划和变化）、大气污染发展趋势（污染源的分布、类型及污染物浓度分布动态）进行综合考虑，预留缓冲空间，以保持背景站的长期稳定。

7）生态代表性：考虑区域背景站应具备的典型生态系统和自然资源的代表性以及长期的运行稳定性，如果预选区域内有稳定性和维护条件较好的国家级自然保护区、世界生物圈保护区和范围较大且条件适合的省市级自然保护区，建议首先考虑在其中选择环境背景站所在的预选区域，以同时保障其监测范围的长期稳定性、道路交通基础、有人值守和后勤支持、综合其他（生态、遥感等）监测基地等多方面的功能和效益。

（五）初步监测网络布局设计

1. 背景站数量

根据我国的经济实力、在环境保护方面的投入情况，以及因我国广阔的国土面积、多样化的生态系统、特征各异的资源分布等环境监测需要，长期方案将建立约 30 个国家背景站。

2. 网络框架布局

作为环境背景站的网络框架和布局的基础，构成环境背景站网络的各个背景监测站在全国范围内应尽可能均匀分布，能够反映各省市区的地理分布的特点；能够兼顾反映边疆、海疆和内陆区域背景站点以及它们之间在各个方向的联系；能够达到担负设计目标的对内各区域、区域间和对外国家间三个层次不同尺度的监测功能；以及能够实现对上述选择因素的综合兼顾。

在我国台湾地区，当地环保部门在位于嘉义与南投交界的玉山国家公园边界的鹿林山

（海拔 2 862 m）设置了大气区域背景站。香港和澳门地区尚未设置大气区域背景站。

3．区域预选分析

区域预选按如下方法进行分析：

1）根据预选区域原则和规范，首先从人口密度较少分布地区寻找、分析和评价可能的可选区域。低密度人口地区，通常满足没有大的人为污染源条件。工业等污染源分布的评价待与各省市确定预选地点时具体补充和分析。

2）在这些低人口密度分布的可选地区中，寻找、分析和评价符合具备自然生态或森林系统、远离城市和工业带条件的清洁地区。

3）在符合条件的区域内分析自然保护区或其他条件合适的区域范围大小，即同时满足半径 50 km 范围和长期稳定性两个条件，进一步评价可选区域。

4）评价可选区域的大气环流的路径和气候区划类型。

5）按照总体设计，综合考虑网络布局的协调均匀和不同背景监测目标需求。

具体而言，背景监测区域的具体选择分析可以首先从全国人口密度分布着手。由于经济发展的关系和居住就业的一致性，全国人口密度分布带基本上也粗略反映了工业带的分布。虽然密度不同，但是两者的轮廓大部分一致。具体分布及其污染源调查资料将由预选区域所在省市提供。这两个方面的分布共同反映了大部分的人为污染源排放分布（包括生活、机动车、工业等部分）及其范围。区域背景监测站的设置，按规范需避开中高密度以上人口分布地带。

另一方面，从高密度人口分布地带，也反映出全国几个城市群，其轮廓可以为监测这些城市群的背景站设置提供位置参照。这几个城市群包括京津塘、长三角、珠三角、武汉及周边等地区。从中高密度以上人口带状分布，我国的居住开发地区还包括成都至重庆、郑州及周边、济南及周边等地区。相应对照这些城市群或人口密集地区的背景监测站应设置在这些带状地区轮廓的外面。

然后，根据总体设计原则和方法，区域预选综合考虑如下几个方面的因素：

1）对集中了主要自然生态系统资源的边远和边疆区域的监测需求；

2）对内地几个主要城市群地区的背景对照需求；

3）对反映区域之间传输的监测需求；

4）对陆地海洋背景的监测兼顾；

5）对不同生态区域的反映兼顾；

6）对不同气候地区的反映兼顾。

统合这些因素和网络分布均匀性，将反映预选地区的代表性和整体网络的全面性。背景监测站网络同时还与规划准备中的区域监测站点互为协调补充。

区域预选分析可使用卫星图像分析的手段进行。利用国家基础地理信息系统提供的较高分辨率的国土资源卫星图像，对汇集了直观的地表植被覆盖、地形地貌、河流湖泊、人口和开发分布、主要道路交通、省市县行政边界等综合信息的卫星图像进行分析，根据前述预选方法进行区域选择。在具体分析时，还可以利用 Google Earth 在线软件系统提供的 10～100 m 级高分辨率资源卫星图像，分析判别预选区域的人口密度和人为开发影响程度、周边的城市状况等细节。简要的区域预选分析和说明如下。

1）反映集中了主要自然生态系统资源的边远和边疆区域背景监测的分析。内蒙古、新疆、西藏、青海大部以及黑龙江、吉林、四川、甘肃部分地区因为人口密度稀少，可作为候选区域。这些地区分布着占我国相当大部分比例的有代表性的自然生态系统和资源。从这些候选区域除去不宜建设背景站的荒漠和高原峻岭，再考虑网络布局的协调均匀，可以在内蒙古、新疆、西藏、四川、甘肃、黑龙江、吉林的自然保护区或条件适合的地区中预选。

结合卫星图像的综合分析，根据背景监测范围（半径至少 50 km）的条件，黑龙江的可选区域为大兴安岭山脉、五大连池、小兴安岭山脉和三江湿地平原范围的自然保护区；内蒙古的可选区域为大兴安岭山脉、呼伦贝尔和锡林浩特草原范围的自然保护区；吉林的可选区域为长白山脉范围的自然保护区。考虑东北部的网络布局协调均匀性，预选区域为内蒙古的呼伦贝尔、吉林的长白山和黑龙江的三江平原等自然保护区。相应大兴安岭、锡林浩特等自然保护区可作为候选的国家区域站。

新疆阿勒泰区域的自然生态系统和资源代表性丰富，已经选定作为国家背景站并有前期准备工作。考虑在新疆天山山脉范围内的绿色生产区（农、牧、林区域）选点设置国家区域监测站。青海与甘肃等邻近的祁连山高原地区也选为均匀布局点。因为国家气象局在青海湖和西宁附近的瓦里关山建立了规模较大的基准气候观象台，所以青海背景监测区域应考虑在青藏交界的可可西里和三江源地区、青海、甘肃等交界的祁连山脉的自然保护区中选择，以避免与其他部门在相近地点的国家级建设的重复。西藏因为地貌的特殊性和后勤环境难度，其预选区域选择在拉萨纳木错地区。

2）反映内地几个主要城市群地区的背景对照的分析。在面向主要城市群即京津塘、长三角、珠三角、武汉及周边地区的邻近区域选择背景监测区域。其中人口密度较少的晋冀、浙赣徽、粤桂湘交界的部分地区可分别作为候选区域。

华东地区开发程度过大，半径 50 km 以上范围的低人口密度或森林地带很少，因此根据背景监测范围（半径至少 50 km）的条件，反映长三角城市群的可选背景对照区域不多。可选区域是植被和森林覆盖率较好的浙赣徽邻近新安江水库的自然保护区或条件合适的森林公园等地方。对于这个可选区域，当大尺度空气环流从东而来时，背景监测对照的是主要来自杭州湾人口密集地区的总体影响；当大尺度空气环流从东北而来时，背景监测对照的是主要来自上海及周边密集城市地区的总体影响；当大尺度空气环流从西而来时，背景监测对照的是主要来自鄱阳湖地区的总体影响；当大尺度空气环流从南而来时，背景监测对照的是主要来自浙赣闽交界山地的总体影响。因此这个可选区域的本底背景监测（空气停滞时）与环流变化（天气系统移动时）的比照可反映周边几个不同类型的地区影响。

类似华东长三角江浙地区人口密度程度的地方还有冀豫皖赣等省，由于在较高密度人口地区建设背景站受到更多复杂的因素影响，倾向第一期先集中建设较为单纯的低密度人口地区背景站，但在人口密度情况处于低密度和高密度之间的湖南衡山地区进行试点试验，以取得在较高密度人口地区的背景站建设经验。

在华中，湖北神农架地区选为国家背景站区域是很好的选择。神农架地区是我国内陆十分重要的有代表性的森林生态和自然资源地带，与三峡和南水北调工程有着密切的生态系统和水资源联系，这个区域可作为重要的内陆本底背景监测。同时，还可以对照其周边的武汉城市群以及河南、陕西和重庆等人口密集地区的影响和变化。在东南部，有着典型区域森林生态资源系统代表性的福建武夷山地区已经选定作为国家背景站区域，并有前期站点基础建设工作。这个区域可作为背景监测对照其周边的福建、江西和浙江不同开发地带的影响程度和变化。

在华南，面向珠三角的背景监测可选区域不多，候选区域为两广的候选区域，建议在包括方圆范围相对较大的南岭山脉的自然生态系统和资源条件适合的地区中选择。

在华北，由于人为开发程度过大，半径 50 km 以上范围的低人口密度或森林地带也很少，反映京津塘城市群的可选背景对照区域选择较为困难。考虑国家将在“十一五”期间重点治理山西的环境问题，同时考虑网络布局的协调均匀性，建议在晋冀京交界地区选择可能的监测区域。其中包括太行山脉的自然生态系统和资源条件适合的地区，其背景监测对照可以兼顾京津、河北中部、山西和内蒙古部分地区的影响和变化。作为背景监测支持，计划将在河北、山东、河南交界的华北大平原地区范围内的绿色生产区（农、牧、林区域）选点设置国家区域监测站。

在中部，人口密度稀少的四川、甘肃部分地区可作为候选背景区域，与其行政辖区内其他高人口密度地区部分形成显著对比。不仅能够以本底背景监测为相邻高人口密度地区提供对照，还可以利用环流风向的变化监测相邻高人口密度地区的传输幅度，说明相应污染排放地区对外扩散传输的影响程度。因为周边拉萨、丽江和神农架地区已经选定作为背景区域，考虑网络布局协调均匀性，四川的候选区域建议包括在川藏交界的川西地区范围的自然保护区或自然生态系统和资源条件适合的地区，甘肃的候选区域建议包括在甘肃和青海交界的甘南地区范围的自然保护区或条件适合的地区。

3）反映区域之间和国外入境传输的背景对照的分析。西部的新疆、北部的黑龙江、吉林和内蒙古的背景站和区域站可以兼顾来自中亚、蒙古、俄罗斯和朝鲜半岛的国外入境传输。在南部，具有良好自然生态系统和资源代表性的云南丽江和海南岛五指山地区已经选定作为国家背景站区域并有前期选点工作。丽江、拉萨、川西区域三角分布的监测站，以及五指山和两广交界南岭区域的监测站，除了作为本底和对照背景监测，还可以监测来自南亚和东南亚的大尺度季风传输的影响。

前述的背景监测区域，都同样具备反映区域之间传输的背景对照功能。例如吉林的可选区域，包括长白山自然保护区和恒仁水库所在自然保护区等，在其本底背景监测的基础上，可以根据大尺度气流的变化，监测反映其西部工业区的大气传输和变化以及来自朝鲜半岛的传输影响。同样，因为这些适合的区域不可多得，长白山自然保护区作为背景监测站，恒仁水库所在自然保护区可考虑作为国家区域站候选。

4）对陆地海洋背景的反映兼顾的分析。山东长岛群岛已经选定作为国家背景监测区域并有前期站点基础建设工作，海南岛五指山地区也已经选定作为背景监测区域。这两个区域，有着典型的北方和南方近海地带岛屿生态和自然资源的代表性。这些监测站可以提供我国近海环境的本底背景监测，并可以比照说明来自大陆的传输影响程度和变化。

5）对不同自然区划及气候区划地区的反映兼顾的分析。上述各省市的背景监测预选区域，代表了不同的自然区划，包括东部季风区温带、西北干旱区和青藏高原区三个大区。上述各省市的背景监测预选区域，也代表气候区划类型。其中黑龙江、吉林、内蒙古、新疆的预选区域分别代表了中温带湿润和干旱大区的四个亚区；西藏、四川、甘肃的预选区域分别代表中高原温带、亚温带和亚寒带；山西、河北、北京和内蒙古交界，山东预选区域代表了暖温带亚湿润大区；湖北神农架，浙江、江苏、江西交界的预选区域代表了北亚热带湿润大区；福建武夷山的预选区域代表了中亚热带湿润大区；广东、广西、湖南交界的预选区域代表了南亚热带湿润大区；海南岛五指山的预选区域代表了中热带湿润大区；云南丽江的预选区域代表了南亚热带亚湿润大区。

这些自然区划和气候区划类型基本上包括了我国很大部分的各类植物和生物的物种和资源所在地，因此这些背景监测区域也同时反映了对不同生态区域的兼顾。

6）根据区域大尺度大气环流和风向分布代表性评价的代表性分析。这些背景区域的必要预选条件之一，是其空气变化主要由大尺度大气环流控制。初步简要分析其日常天气资料，表明其气象气候因素变化和周边地区基本上一致，因此这些背景区域基本上具备典型的大气环流代表性。

7）综合考虑区域预选分析的国家背景站网络初步框架。综上所述，根据总体设计和区域选择的原则和规范，包括网络布局的协调均匀考虑，对不同自然生态和气候区域的本底代表性背景反映，将选择有代表性的山东、四川、福建、西藏、广东、海南、福建、湖北、山西、青海和北部的吉林、黑龙江、内蒙古、新疆等合适区域。对城市群的背景对照监测，将面向华北城市群（京津及周边城市）、长三角城市群（上海和江浙相邻城市），珠三角城市群（广州、深圳及其卫星城）、华中城市群（武汉至长沙一线）、成渝城市群（重庆至成都一线）、中原城市群（郑州周边）。监测的背景区域，也兼顾选择在不同的自然区划和气候区划带之间以及兼顾选择两省或三省交界地区，以兼顾不同的行政区域。对边远和边疆区域以及国外入境空气的背景监测，将在新疆、西藏、云南、内蒙古、吉林和黑龙江等省区的合适区域进行选择。对海疆以及海陆相互影响的背景监测，将在海南岛和山东长岛群岛已有基础上建设。

在前期背景站选址调查和与部分省市区协作工作的基础上，从我国环境保护需要出发，根据我国生态、气候、环流，亦即环境和自然区划分布的特点，综合考虑典型代表性（森林、草原、海洋、山地、高原）和均匀分布等整体监测网络需要以及财政支持条件，第一期、第二期预选背景区域见表 11.1。

表 11.1　我国监测网络预选背景区域

地点	类型	自然区划	行政区划
海南五指山	热带雨林自然保护区	东部季风区热带	华南 1
福建武夷山	东部森林自然保护区	东部季风区亚热带	华东 1
广东南岭	南部森林自然保护区	东部季风区亚热带	华南 2
云南丽江	西南森林自然保护区	东部季风区亚热带	西南 1
湖北神农架	中部森林自然保护区	东部季风区亚热带	华中 1
湖南衡山	中部森林生态保护区	东部季风区亚热带	华中 2
山东长岛	东部近海自然保护区	东部季风区暖温带	华东 2
山西庞泉沟	中部山地森林保护区	东部季风区暖温带	华北 1
内蒙古呼伦贝尔	北部草原自然保护区	东部季风区温带	华北/东北 2

地点	类型	自然区划	行政区划
吉林长白山	东北森林自然保护区	东部季风区温带	东北 1
新疆阿勒泰	西北森林自然保护区	西北干旱区温带	西北 2
青海门源	高原草甸生态保护区	青藏高原区高寒带	西北 1
四川海螺沟	高原森林自然保护区	青藏高原区高寒带	西南 2
西藏那木错	高原草原自然保护区	青藏高原区高寒带	西南 3
海南西沙群岛	南海岛屿海域	东部季风区热带	华南 3
浙江千岛湖	华东湿地自然保护区	东部季风区亚热带	华东 3
重庆黄水	西南山地森林保护区	东部季风区亚热带	西南 4
新疆喀什	西部草原自然保护区	西北干旱区温带	西北 3
黑龙江三江平原	东北湿地自然保护区	东部季风区温带	东北 3
河南北部	华中山地保护区	东部季风区暖温带	华中 3
内蒙古二连浩特	西北草原自然保护区	西北干旱区温带	西北 4
安徽东南部	华东森林自然保护区	东部季风区亚热带	华东 4
江西井冈山	华东森林自然保护区	东部季风区亚热带	华东 5

目前，我国广阔的南海诸岛环境保护监测监控薄弱，海域里没有环境监测基础设施为国家和地方实际工作的需要提供支撑服务，急需在南海建设国家大气背景综合监测站。因此，第二期将在我国西沙群岛，建立国家大气背景综合监测站，提供海洋大气、水和海洋生态综合业务监测以及研究工作。

（六）点位选址原则与规范

1．点位代表性标准

空间清洁条件：区域背景站的设置目的是监测大范围区域的空气质量，设置地点须不受局地污染影响，因此需设置在较少人为污染地区或周围污染总量控制区的盛行风路径的上风方。设立在自然保护区内的点位须离旅游点有较远的距离。

空间垂直条件：区域背景站的定位海拔高度应合适。在山区应位于局部高点，避免受到局地空气污染物的干扰和近地面逆温层等局地气象条件的影响。在平缓地区应保持在开阔地点的相对高地，避免空气沉积的凹地。

2．点位外部标准

空间水平条件：监测点位周边向外的大视野需 360°开阔，1～10 km 方圆距离内应没有明显的视野阻断。

场地通畅条件：监测点具体设立位置附近应较为开阔，没有影响风场的障碍物；采样点周围应无遮挡雨、雪的障碍物，包括房屋、桥梁、高大树木等；障碍物与采样器之间的水平距离不小于该障碍物高度的 2 倍；或从采样器至障碍物顶部与地平线夹角应小于 30°。

3．建筑地质标准

场地稳定条件：背景监测站为长期监测，需要有固定型的站房结构。从耐久性、防火、防水、室内管理角度考虑，混凝土块结构最为理想，地面材料需要承受单机重量达 100 kg 设备仪器的压力。预选站点所在地质条件需长期稳定和足够坚实，所在地点应避免受山洪、雪崩、山林火灾和泥石流等局地灾害影响。

4．后勤支持标准

维护可行条件：需考虑站位条件，包括地域特征、道路交通基础、电力和通讯等后勤支持基础，以实现长期稳定监测的可行性。

（七）点位选址方法与程序

1）评价点位对所在监测区域的代表性；

2）评价地形和地势状况；

3）评价站点对所在区域气象类型的代表性；

4）评价盛行风的方向、频率分布和变化与区域的一致性；

5）评价周边不同尺度人口密度分布、交通状况和空气质量类型；

6）定位本地的排放源（半径 0～150 m 范围）；

7）定位本地区的排放源（半径 150 m～10 km 范围）；

8）定位本区域的排放源（半径 10～100 km 范围）；

9）收集各种可供利用的本地或附近地方（一般是距离最近的监测站）的实测和估算资料（卫星遥感模式等）和比较各种可能收集到的监测项目浓度；

10）评价预期的空气监测的化学组分、时间序列、连续变化趋势和周边空间分布；

11）评价站点位置对国家整体网络空间均匀分布的适当性；

12）评价站点位置对整体网络的协调程度；

13）综合评价站点的长期稳定性、道路交通基础、有人值守和后勤支持、可作为综合监测基地（同时支持其他监测包括生态）等多方面的功能和效益；

14）评价站点位置的防山洪、防雪崩、防山林火灾和防泥石流的条件具备情况。

四、国家环境空气监测背景站站房建设

（一）监测区站房功能设计和要求

1．站房功能模块设计

第一期背景站建设首先实现监测区建设。工作区和生活区计划将在后续建设中分批进行。监测区站房设计以背景站监测功能需要为导向。站房及其附属设施建议使用功能模块化设计方法。

通常情况下，必要功能模块如下：

1）背景监测模块：自动监测实验室、采样监测实验室、采样平台（即楼顶，兼瞭望观察台）等部分。按照长期目标设计，其中关键的自动监测室的总面积应不少于 100 m^2（见站房机位布局）。

2）公共活动模块：值守监控通讯室、休息室、开放展示室等部分。

3）支持设施模块：配电间、水供给设备间、空调通风或暖气设备间、缓冲间（入门处兼作衣帽间，保持站房内温度和湿度的恒定，阻挡灰尘和泥土带入实验室）、卫生间等

必要辅助设施部分。

4）共同利用模块：通用实验室（预备国家、省市区和地方其他环保或科研项目的综合利用）。

可选功能模块如下：

1）系统支持模块：前方系统支持部及综合利用设施等部分，即能够同时支持国家背景站、省市区环保监测、所在地方环保监测的综合利用设施。

2）建议前方系统支持部及综合利用设施等部分的设计适当考虑现代化主体功能和地方民族特色细节装饰结合，内外简约大方，工作和服务设施舒适。

其他特殊情况的考虑：如果经费困难，可暂时不考虑采样监测实验室和通用实验室等部分；自动监测实验室面积及其相应站房机位布局可考虑减缩。但是请注意可能会影响到后期背景站配置计划。

2．站房主体结构

站房结构可选择钢管框架+钢板等内外墙面+保温集装箱房和钢筋水泥楼房两种类型。

监测区建筑内部设计半玻璃墙间隔各功能部分，方便设置远程视频安全消防监控和环境保护开放参观。

必须同时具备建筑内楼梯（如果是 2 层以上楼房）和消防楼梯。

站房建筑内楼梯和消防楼梯均要求宽大，适合 4 人同时运送较大尺度重设备上下楼。主体楼梯和消防楼梯均要求采用坡形楼梯设计，不能采用需要手脚并用的垂直爬梯。

无论站房采用何种类型，是一层或 2 层或 3 层建筑，其自动监测实验室都必须位于最高层。

如果有楼内楼梯的楼顶出口设计，其必须不能形成对采样头的气流阻挡和干扰影响。如果可能有影响，请考虑设计时使其尽量远离采样区域，或采用楼外消防楼梯到达楼顶的设计。

说明和建议：

1）站房结构类型和主体外观设计由各地根据当地实际和适宜情况自行决定和发挥。

2）考虑环保耐用材料，尽可能节能和增加自然采光。

3）台风影响地区（例如海南、广东、福建等地区）特别建议使用钢筋水泥楼房类型。

4）请注意在选用建筑和装饰材料时全面避免对监测仪器的长期干扰，必须全面防止包括挥发性有机物在内的污染物对背景监测的影响，不能使用缓慢挥发的装修材料。

（二）站房机位布局

自动监测实验室设计要求事先划分监测机位，必须逐一对应站房楼顶采样预留口位置（见站房楼顶采样预留口部分）。

实现全配置设计的在线自动监测机位应分组为：

1）常规基本监测 2 个机位（实现双配置后为 2 组，每组一个并联机柜，包括 SO_2、NO_2、O_3、CO 系统机柜和 PM_{10} 仪、校准仪、零气仪、O_3 标准源以及标气组群）；

2）气象参数监测 1 个机位（包括预留的能见度、太阳辐射等 1 组电脑和数据采集设备）；

3）在线温室气体指标监测 2 个机位（实现双配置后为 2 组，包括平均水平量级、气候变化量级的 CO_2、CH_4、N_2O 系统和校准仪以及在线氢气发生器和标气组群）；

4）在线有机物监测 1 个机位（挥发性有机物在线监测系统 1 组，包括在线氢气发生器、氮空一体机和标气）；

5）在线颗粒物粒径和特殊组分监测 1 个机位（颗粒物粒径谱、氡气、黑炭等仪器系统）。

其他必要支持机位分组为：

1）酸沉降监测 1 个机位（酸雨监测的数据采集电脑等）；

2）监控系统和实时数据传输分析和演示系统 1 个机位（数字摄影和数字监控传输、数据传输分析和演示系统电脑及设备等）；

3）预备机位 1 个。

上述机位分布设计可采用分列阵机位或星型机位或其他。全配置的自动监测机位共有 2+1+2+1+1+1+1+1=10 个机位。考虑 1 个机位（含间隔）约需 $2.5\ m^2 \times 3 = 7.5\ m^2$，10 个机位大约需 $10 \times 7.5\ m^2 = 75\ m^2$。考虑自动监测实验室需要配置的自动消防和空调设备占有面积，以及玻璃隔墙和参观通道面积，自动监测实验室大约需要 $100\ m^2$。

说明和建议：

1）机位分布类型由各地根据当地实际情况和站房设计自行发挥。

2）除山东长岛外，其他背景站本期建设只用到全部 10 个机位中的一部分。

3）有关交流：青海省站计划采用模块化的集装箱式拼装组件形成自动监测实验室和公共活动区等站房功能模块部分。

（三）背景站站房各部分的网络和摄像等数据线管道设计和预留

其中自动监测室的每个机位需要至少预留 2 个网络数据线端口（一个用于数据采集仪，一个用于数据实时传输系统）。同时请注意在自动监测室室内预留安保摄像系统的数据线管道，在楼顶预留足够的防水的 220V 的三口电源插座和室外摄像系统数据线管道（四个定向摄影和一个安保摄影）。

（四）站房楼顶采样预留口和侧墙排气预留口

1）自动监测实验室的楼顶（站房顶部）必须设计具备不影响主体钢筋结构的预留采样通道口（建议为 75～140 mm 内径，或参照主流厂家采样管安装尺寸需要）和防风雨雪不锈钢盖以及相应法兰固定装置，避免反复钻孔对建筑的影响（图 11.1）。

2）对应每个机位必须有至少 3 个楼顶采样预留口及其预制法兰接口，该 3 个采样预留口应设计纵向或横向平均分布在对应每个机位的面积单元内（请考虑常规基本五参数空气质量监测的仪器和采样设备作为参照）。

3）如果实施前述 10 个在线自动监测机位设计，必须有 10 个×3=30 个楼顶采样预留口及其预制法兰接口。

4）侧墙排气口示意图见图 11.2。

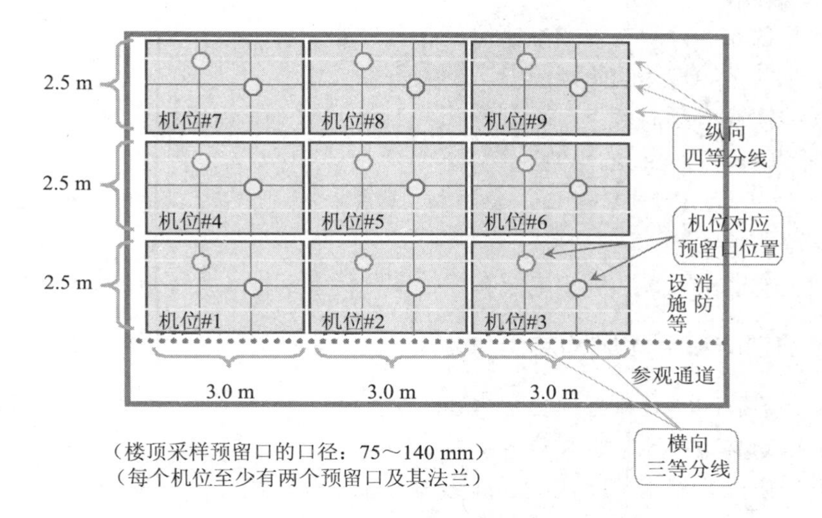

图 11.1　自动监测室机位与楼顶采样预留口对应位置参考示意图

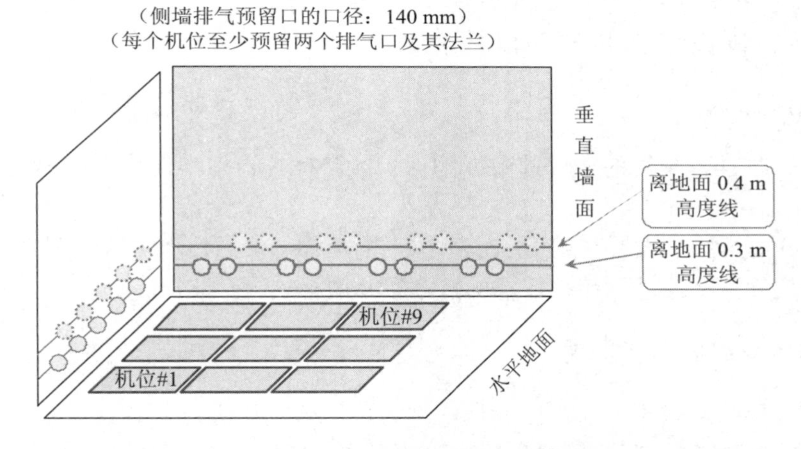

图 11.2　自动监测室侧墙排气预留口对应位置参考示意图

（五）站房楼顶防滑铁丝网走道

1）站房顶部必须为坚固的高强度平顶楼顶，能够安全支撑监测设备、采样设备以及人员活动。

2）高寒和大雪地区的站房楼顶必须具备防雪防滑铁丝网走道。兼作采样管支撑基座。

3）站房顶部外围必须有坚固栅栏杆。除非特殊需要，不能设置墙式围栏，以避免干扰气流对采样口的影响。

4）楼顶所有设施必须具备固定装置，能够防范强风。

（六）站房电气布线

1）设备线和照明线分开。

2）必须具备安全跳闸装置和确认保证安全接地。

3）注意电气布线管道的防潮防湿，避免隐患。

4）各功能模块必须有独立的分线配电控制板，避免站房个别区域跳电对站房整体供电以及稳定监测和运行维护的影响。

5）设计时必须备足220V三口电源插座。其中对应每个自动监测机位建议至少有6个220V三口电源插座。

6）必须在配电室配置准确的电气布线挂图并标明其他备份图位置。

（七）站房消防和空调及保暖

1）至少自动监测实验室必须具备自动消防系统（包括探测器和自动灭火装置）。

2）至少自动监测实验室必须装备室内空调系统。

3）如果需要，为站房配备电力供暖系统。根据新疆阿勒泰等地和总站楼顶监测实验室的运行经验，北方地区的钢管框架+钢板等内外墙面+保温集装箱房的冬季保温效果极好，仅仪器运行的发热就足够满足保温的需要。但是该类型冬季保温好的建筑夏季可能比较费空调。为了节能，在不影响和干扰采样气流的设计前提下，应在站房配备风扇通风系统以提高散热效率（注意具备冬季风扇封闭口）。

（八）站房标志

1）要求同时具备醒目的环保部徽标和保护区徽标、省地环保局标志和地方综合利用标志及其他标志。

2）站房标志可独立设置在站房前或站房正面墙体。注意比例适合美观大方。

3）总站大气室将促进设计和征求国家背景站徽标。

（九）站房开放展示和参观

1）国家背景站是国家、省市区和所在地方的综合利用设施，各建设单位应积极参与并促进所在自然保护区的环境保护科教和宣教工作。建议与省市区环保局宣教部门合作，制作相关环保生态和背景监测资料，具备环保开放的社会教育和科学教育功能。

2）按照发达国家背景站相关国际惯例和环保部相关信息公开政策，国家背景站是国有资产为公众服务，并在环保部批准和托管单位管理下对公众开放，要求具备开放展示厅，以及不干扰监测工作的参观通道和室内玻璃隔墙。

3）建议在各地环保局年鉴中增加国家背景站的相应大事记，记录相关建设单位和负责单位，记录建设者和工作者的贡献。

五、背景站监测网络及其运行维护

（一）国家背景站网络

根据上述预选背景区域，各省区监测中心（站）在广泛的实地点位选址调查、优选候选点位位置的基础上，提出第一批 14 个国家背景站点位。环保部批准了第一批包括山东长岛、福建武夷山、湖北神农架等 14 个背景站及第二批西沙背景站共 15 个背景站的建设，目前第一批 14 个背景站已全部建成，13 个站已正常运行，第二批西沙背景站正在建设中。

15 个背景站见表 11.2。

表 11.2　15 个国家背景站

地点	类型	自然区划	行政区划
海南五指山	热带雨林自然保护区	东部季风区热带	华南 1
福建武夷山	东部森林自然保护区	东部季风区亚热带	华东 1
广东南岭	南部森林自然保护区	东部季风区亚热带	华南 2
云南丽江	西南森林自然保护区	东部季风区亚热带	西南 1
湖北神农架	中部森林自然保护区	东部季风区亚热带	华中 1
湖南衡山	中部森林生态保护区	东部季风区亚热带	华中 2
山东长岛	东部近海自然保护区	东部季风区暖温带	华东 2
山西庞泉沟	中部山地森林保护区	东部季风区暖温带	华北 1
内蒙古呼伦贝尔	北部草原自然保护区	东部季风区温带	华北/东北 2
吉林长白山	东北森林自然保护区	东部季风区温带	东北 1
新疆阿勒泰	西北森林自然保护区	西北干旱区温带	西北 2
青海门源	高原草甸生态保护区	青藏高原区高寒带	西北 1
四川海螺沟	高原森林自然保护区	青藏高原区高寒带	西南 2
西藏那木错	高原草原自然保护区	青藏高原区高寒带	西南 3
海南西沙群岛	南海岛屿海域	东部季风区热带	华南 3

（二）背景站运行维护

背景站运行维护参见本书第五章相关章节。

第十二章　区域站监测网络

一、区域站监测网络概述

了解和掌握区域层面的大气污染物浓度水平和空气质量状况，是应对我国重点区域大气污染联防联控工作需求的前提。“区域”相对于“城市”而言，包括城市近郊区和广大农村地区。区域监测至少应覆盖 30～50 km 的尺度范围，能够代表区域范围内的污染物浓度水平。区域站监测网络基于区域环境空气质量自动监测站（以下简称区域站），旨在对区域范围内的环境空气质量进行监测，并分析评价区域内和区域间大气污染物的浓度水平、输送过程和变化趋势，在掌握大尺度范围内环境空气质量状况、为重点区域空气质量预报预警等环境管理和公共服务提供所需技术支撑、支持大气污染联防联控工作等方面具有重要意义。

（一）区域环境空气质量监测的概念提出由来已久

针对工业化和城市化进程中出现的区域复合型大气污染，美国、欧洲和日本等均已开展了区域复合型大气污染控制的科学研究和政策尝试，并建立了较成熟的区域空气质量监测网络。例如美国光化学评估监测网络（PAMS），是面向光化学烟雾污染比较严重的大城市区域间的臭氧及其前体物的监测网络；欧洲监测和评价网络（EMEP），主要面向区域酸沉降及其相关的区域污染物扩散和传输监测和研究；日本发起的面向东亚地区的跨边界空气质量监测网络（EANET），用于监测引起酸雨的二氧化硫和氮氧化物浓度以分析东亚地区酸沉降的迁移和演变过程。以上区域空气质量监测网，在区域空气质量监测、污染物输送研究和大气污染控制等方面均取得了显著成效。国内外的成功经验表明，仅依靠城市“各自为战”的方式难以解决区域大气污染问题，必须尽早采取区域联防联控措施，开展区域环境空气质量联动监测。

（二）扩大国家环境空气质量监测网络的覆盖面

环境空气质量监测正在由城市大气监测向区域和背景大气监测发展，以形成“城市—区域—背景”三级监测网络。区域环境空气质量监测网络的建设可扩大我国环境空气质量监测网络的覆盖面，突破了原有的城市大气监测的局限，从而获得城市和区域等不同层面的大气污染状况，区域环境空气质量监测网络已成为“天地一体化”空间立体监测的重要组成部分，有利于从多个层面说清全国空气质量状况和变化趋势。

（三）支持区域联防联控政策的制定

近年来，随着我国社会经济的快速发展以及工业化和城市化的高速进程，基数庞大的能源消耗排放所带来的复合型大气污染问题，在短短十数年间，跨越西方发达国家百年发展历程而迅速出现，其中酸雨、光化学烟雾和灰霾污染现象尤为突出。大气污染已经超越了单纯的点源局部性污染阶段，臭氧和细颗粒物等污染物会伴随气象条件进行长距离输送，造成跨省市、跨区域的大气污染现象，呈现快速蔓延性、污染综合性和影响区域性等复合型污染特征，因此，建立区域环境空气质量监测网络势在必行。

面对重点区域内城市群间相互影响、污染物相互传输的区域性污染特征，通过在区域大气主要输送通道上设置区域站可以有效反映区域性污染的特征，具体包括大气污染物排放的相互影响、污染物浓度水平、空气质量变化趋势等，是区域大气污染联防联控政策制定的关键技术依据。另一方面，区域站对于广大农村地区有较好的代表性，有利于客观评价区域联防联控工程的实施效果。

（四）促进区域环境空气质量预报预警系统的建设

布设在城市建成区外围和区域大气输送通道上的区域站的重要目的之一是服务于区域整体的空气质量预报预警。区域站监测数据是空气质量预警预报系统的重要初始场数据，对于沙尘暴等区域性污染过程有较好的指示性和灵敏性，可为区域空气预报预警等环境管理和公共服务提供技术支撑。

二、我国区域站监测网络建设和发展

2011 年 5 月 11 日，国务院办公厅转发了环境保护部、发展改革委、科技部等 9 个部门联合发布的《关于推进大气污染联防联控工作改善区域空气质量的指导意见》（以下简称《意见》），成为国内开展大气污染区域联防联控的综合性政策文件。《意见》中指出大气污染联防联控的重点污染物是二氧化硫、氮氧化物、颗粒物、挥发性有机物等，需解决的重点问题是酸雨、灰霾和光化学烟雾污染等；同时提出大气污染联防联控的工作目标，即到 2015 年，酸雨、灰霾和光化学烟雾污染明显减少，区域空气质量大幅改善。《意见》第七部分“完善区域空气质量监管体系”中明确指出要“加强重点区域空气质量监测”，即“提高空气质量监测能力，优化重点区域空气质量监测点位，开展酸雨、细颗粒物、臭氧监测和城市道路两侧空气质量监测，制定大气污染事故预报、预警和应急处理预案，完善环境信息发布制度，实现重点区域监测信息共享。到 2011 年年底前，初步建成重点区域空气质量监测网络”。

为落实《意见》中关于区域空气质量监测网络的建设要求，提升区域环境空气质量监测的业务能力，根据大气污染联防联控工作要求，中国环境监测总站参考国外区域空气质量监测网络建设的先行经验，在“十一五”期间，重点实施建设了国家区域环境空气质量监测网络，并沿着业务和技术两条路线不断对监测网络进行完善。

（一）区域环境空气质量监测网络业务发展

自2009年起，环境保护部在各省、自治区和直辖市组织建立了31个具有代表性的区域站，初步形成了国家区域环境空气质量监测网。同时，京津冀、长三角和珠三角等重点区域在北京奥运会、上海世博会和广州亚运会的推动下，建立了更加完善的重点区域空气质量监测网。以珠三角地区为例，从2003年开始，广东省和香港特别行政区政府合作建设了粤港珠江三角洲区域空气监测网络，该网络由16个空气监测站组成，监测项目包括二氧化硫、二氧化氮、氮氧化物、可吸入颗粒物（PM_{10}）、臭氧、一氧化碳和细颗粒物（$PM_{2.5}$）。以此区域空气质量监测网络为基础，珠三角地区开展了一系列大气观测和复合型污染研究工作，并在2010年广州亚运会空气质量保障计划中起到了重要作用，成为目前国内实现区域环境空气污染物联动监测的成功案例。

（二）区域环境空气质量监测网络技术发展

在逐步建立并完善区域环境空气质量监测网的同时，其相应的监测技术也在不断发展。

1．监测项目日益丰富

相对于一般城市站，区域站的监测项目将增加，例如对区域大气中的温室气体、挥发性有机物（VOCs）、炭黑颗粒物等将开展不同程度的监测。

2．仪器性能不断提高

用于区域环境空气质量监测的仪器设备的监测性能不断提高。区域站通常设置在城市群边缘等区域大气污染物输送通道上，相对于城市内部监测点位，大气污染物浓度较低，对监测仪器的监测性能（如精度）的要求相对较高，促进了适用于极低污染物浓度监测的仪器设备的发展。

3．公众服务能力加强

区域环境空气质量监测的监测范围较大，为对区域环境空气监测进行统一管理，并更好地为公众服务，建立区域环境空气质量监测数据实时发布和网络化质控平台以及区域环境空气质量预报预警系统成为其技术发展的热点。

总之，作为我国环境空气质量监测网络的重要组成部分，区域环境空气质量监测将监测范围从单个城市扩大到城市群及周边区域，有利于从大尺度范围上了解我国区域层面的污染物浓度水平、分布状况和变化趋势，可为重点区域和城市群间的大气污染联防联控工作提供关键的技术基础和管理依据。

三、区域站监测网络点位选址

区域范围内大气污染的相互影响、污染物相互传输特征等区域性污染问题，通过在区域内大气污染物主要输送通道上设置区域站，对大气污染物进行时间和空间的连续监测，可有效反映区域尺度的大气污染物排放的相互影响、污染物浓度水平、空气质量变化趋势等区域性大气污染特征。区域站的建设，点位选址是关键。区域站不仅要对本区域的空气质量进行监测，还需连同周围区域站构成更大范围、甚至全国的区域空气质量监测网络。

因此，区域站应按照以下选址原则，做到统筹兼顾，合理布局。

（一）大尺度的代表范围

区域站要能够代表 30～50 km 大尺度区域范围内的污染物浓度水平。相对于城市站，区域站具备更加全面的综合观测能力，如增加了针对光化学烟雾、灰霾、酸雨和温室气体等在内的多目标污染物的监测，而上述复合型污染现象的影响范围较大，因此要求区域站必须具备大尺度区域范围的代表性。

（二）合理设置站点位置

区域站应综合考虑污染源分布、污染物排放格局，应设置在城市间的交界处和区域间大气污染传输的主要通道上，以反映本区域内城市污染物排放之间的相互影响。同时，区域站应处在本区域主要大气环流的路径上，以代表和反映本区域内空气充分混合状态下的区域大气背景状况，并监控区域尺度内的污染物背景水平的变化。

（三）统筹规划站点分布

区域站布点时，应力求在区域边缘形成点位圈，能够包围本区域以代表区域整体的环境空气质量状况，同时应与相邻区域的站点分布形成统筹兼顾、均匀合理的监测网格局。

四、区域站站房建设要求

（一）充足的站房面积

区域站的站房面积需能够容纳所有规划涉及的监测仪器设备，并预留人员操作和仪器维修的空间。“十二五”期间，区域站配置的仪器设备包括 4 种反应性气体（SO_2、NO_2、O_3、CO）监测仪、气体质控设备、两种颗粒物（PM_{10}、$PM_{2.5}$）监测仪、能见度监测仪、环境摄影仪、酸沉降监测设备、颗粒物采样器、中控电脑、配套采样系统和稳压电源辅助设备、通讯和数据传输设备。上述设备至少需要三组机柜，考虑到采样头相距应该 2 m 以上（避免相互干扰），每组机柜应有 4 m^2 的空间。

同时考虑自动监测室、缓冲间、系统实验室（质控维护）、酸沉降处理室、空调、消防、通讯设施以及人员操作等空间需求。区域站面积应以 100 m^2 以上为宜，其中自动监测室的面积应在 50 m^2 以上。

（二）良好的周边环境

区域站周边环境需有良好植被覆盖，保障大气颗粒物的监测不受周边地面扬尘、浮尘干扰。站房周边环境最好是生态草甸或者低矮灌木丛，如果有林木，需是不妨碍采样流场的稀松分布树木。

站房及其附属设施应为独立院落，有围栏。有必要的地区，站房应有小型院墙防护。区域站应尽可能设置附属的小型野外监测场地，用于酸沉降等采样器的例行监测或备份场地以及加密监测和科研等功能所需。

（三）合理的站房结构

站房需设置为平顶结构，以保障房顶采样流场的畅通。站房楼梯需为坡梯，站房房顶需设置必要的护栏，在北方地区应考虑在房顶上架设钢丝板防滑通道，以保障操作人员的安全和设备维护的便利。房顶需预先设置有用于固定采样装置的辅助物件。

站房应为双层密封窗或无窗结构，墙体应有良好的保温性能。新建站房需考虑在门与仪器房之间设置缓冲间，原有站房的改建视条件决定，尽可能设置缓冲间，以保持站房内温湿度恒定并防止灰尘和泥土带入站房。

新建站房的房顶需预先设置采样进气的预留口，参考孔径为 75 mm 或主流采样管安装尺寸。预留口需在建筑时使用不锈钢或工程塑料钢管同时建造，钢管的两端需预留法兰（房顶一侧的法兰需留有足够高度，避免雨雪影响），用于采样管的固定或接入，以免反复在房顶打孔，破坏防水层和隔热层。零气的进气需从外界接入时，采样口应设置在墙壁的上方，或通过采样预留口接入。采样装置的抽气风机排气口和监测仪器的排气口位置，应设置在靠近站房下部的墙壁上，排气口离站房内地面的距离应保持在 20 cm 以上。

在站房房顶上设置用于固定气象传感器的气象杆或气象塔时，气象杆、塔与站房房顶的垂直高度应大于 3 m，并且气象杆、塔和子站房的建筑结构应能经受 10 级以上的风力（南方沿海地区应能经受 12 级以上的风力）。站房需配置必要的仪器桌、资料柜、办公桌椅等设施。

（四）完善的温湿度控制措施

站房视环境条件安装温湿度控制设备（例如来电自启动体式空调、暖气、加湿器、换气扇等），使站房室内温度控制在（25±5）℃，相对湿度在 80%以下。应安装有温湿度传感显示器。

站房内的空调功率应由该站房面积确定，在站房密封较好的情况下，可选用功率为 1.5 匹以上的空调机，建筑面积较大区域，可使用 2 匹以上的空调机。空调和换气扇应视环境条件变化合理使用，夏、冬季可视站房温度关闭空调改开排风机或暖气加热装置。在北方地区，应当选用带有防止冬季冷凝水结冰装置的空调设备，以免冷凝水结冰后对空调造成损坏。

站房需有防水、防潮措施，一般站房地层应离地面（或楼顶）有 25 cm 的距离。站房周围需有疏通雨水渠道，防止因雨水排泄不及时而漫淹站房。

站房需根据建筑和消防条例装备必要的消防及火警警报设施，如有易燃易爆品，须有警示标示。站房内或机柜上需有防火和温度检测装置。为了便于查找可能的事故原因，温度检测装置必须有 1 路模拟信号或数字信号输到子站计算机，用于记录站房环境温度状态。当站房温度超过警戒值时，温度检测装置能够向电源保护装置发出信号并立即自动切断站房内所有电源，防止事故扩大。

（五）全面的电力系统设计

设备和照明的供电应分路独立设置和控制，避免掉电对全部系统的影响。站房供电系统需考虑空调所需要的大电流配电设施。电源布设应符合国家用电相关安全要求，并满足设计和规划中总用电功率的需要。

站房供电系统应配有电源过压、过载和漏电保护等稳压电源装置，电源电压波动不超过 220（1±10%）V。配电柜应有断电后延缓一定时间重新供电的电源延时智能装置，避免短时间内反复停电对仪器造成的冲击影响。有条件时，尽可能配置含蓄电池 UPS 设备，以确保断电情况下，仪器能正常使用 1 h 以上。

为保证仪器正常使用和稳定运行，区域站站房电源应配备变压器设施。有条件时，可考虑增加使用太阳能供电，通过蓄电池系统整合提供电源保障。站房内的配电设施需考虑分路供电，至少分为四路以上，包括照明供电、空调用电、仪器用电、备用等，分别由不同的保险熔断装置进行保护。

站房房体、仪器电路线必须全部为负荷大于 16A 的电缆线路，空调和仪器电源输出使用“16A 三孔+双控”插座，照明与工作使用“10A 三孔+双控”插座。

站房的电源插座应尽可能设置在墙壁上，不要设置在地板上，以避免漏水的影响。站房需配置足够的电源插座板，并根据机位和其他设备的位置合理分布。

站房需有三级防雷装置。站房的防雷系统需覆盖气象杆、自动设备采样头、手工采样装置等高出房顶的设施。站房房体、仪器设备、电源总线需要有深埋接地装置，需有良好的接地线路，接地电阻＜4 Ω，接地装置要深埋 1～2 m，使房体与仪器接地电阻尽可能小。站房内仪器设备需配有信号防雷设施。站房的防雷系统需由专业公司设计安装，并通过当地主管部门的检测。如果接地线断路，必须对站房内所有配电箱、接地设施重新检查或改造。

仪器、机柜和电源部分都需有接地装置，三部分应尽可能共用接地，减少跨线高压引起仪器内部感应高电势发生的概率。

站房需有防电磁波干扰的措施。站房应尽可能设置在远离无线基站、大型变压器、高压线的地点。如果有上述干扰时，需在站房建造时增加金属网屏蔽。

站房需配置直击雷防护装置。在雷暴较多的地区，需配置区域防雷装置。

（六）通讯及其他要求

站房周边应有良好的有线和无线电接入设施，保障通讯的稳定和畅通。有条件时，尽可能使用光纤通讯，以支持安保和监控视频、环境能见度视频、数据实时传输、网络在线质控的需要。

站房建成后，建筑、消防、供电、防雷等必须按照相关主管部门要求进行年检。

建议站房安装安保系统，如门禁、视频监控等设备，确保站房和设备安全。

五、区域监测网络发展规划

目前我国区域环境空气质量监测网络已初具规模，但现有区域监测点位较少，区域监测网络还不足以满足分析和了解空气污染物在区域内的迁移、耦合和反应以及分析城乡空气质量差异的需求，因此需要增加建设区域站，形成更高密度的区域环境空气质量监测网络，从而更加深入地了解京津冀、长三角、珠三角等重点区域的环境空气质量，详细反映全国环境空气质量整体状况和变化趋势，全面提升我国区域环境空气质量的监测能力。

根据环境空气质量监测能力建设要求，“十二五”期间区域环境空气质量监测网络将扩大到辽宁中部、山东半岛、武汉及其周边、长株潭、成渝、海峡西岸、陕西关中、山西中北部、甘宁和乌鲁木齐城市群的“十群”，并完善建设京津冀、长三角和珠三角的“三区”现有区域监测网络，逐步提升国家区域环境空气质量监测网对区域复合型大气污染的监测能力。

区域环境空气质量监测网络的建设，不单单是区域站的建设和环境空气质量的长期监测，最终目的是对监测数据进行集合汇总、统计处理和深入分析，从而掌握区域大气污染的变化趋势和污染物输送过程，并对区域环境空气质量进行预报预警，说清潜在的环境风险，使大量的环境监测数据能够及时有效地为环境管理、污染防治、公众知情服务。因此，建立区域监测数据实时传输系统和预报预警平台是区域环境空气质量监测网未来发展的重要方向。

参考文献

[1] 魏复盛．空气和废气监测分析方法指南（上册）[M]．北京：中国环境科学出版社，2006：1-31.

[2] 刘方，王瑞斌，李钢．中国环境空气质量监测现状与发展[J]．中国环境监测，2004，20（6）：9-11.

[3] 孟晓艳，王瑞斌，李健军，等．国家环境空气质量监测网络发展历史与展望[A]//罗毅．环境监测科技新进展——第十次全国环境监测学术论文集[C]．北京：化学工业出版社，2011：903-906.

[4] 王帅，王瑞斌，刘冰，等．重点区域环境空气质量监测方案与评价方法探讨[J]．环境与可持续发展，2011，36（5）：24-27.

[5] 钟流举，郑君瑜，雷国强，等．空气质量监测网络发展现状与趋势分析[J]．中国环境监测，2007，23（2）：113，118.

[6] US EPA. SLAMS Networks [EB/OL]. [2013-03-27]. http://www.epa.gov/ttnamti1/slams.html.

[7] US EPA. NCore Multipollutant Monitoring Network [EB/OL]. [2013-03-27]. http://www.epa.gov/ttnamti1/ncore/index.html.

[8] US EPA. Photochemical Assessment Monitoring Stations（PAMS）[EB/OL]. [2013-03-27]. http://www.epa.gov/ttn/amtic/pamsmain.html.

[9] US EPA. Air Toxics-National Air Toxics Trends Stations [EB/OL]. [2013-03-27]. http://www.epa.gov/ttnamti1/natts.html.

[10] US EPA. CASTNET HOME [EB/OL]. [2013-03-27]. http://epa.gov/castnet/javaweb/index.html.

[11] http://vista.cira.colostate.edu/improve/.

[12] European Environment Agency. Criteria for EuroAirnet-The EEA Air Quality Monitoring and Information Network [EB/OL].（1999-04-14）[2013-02-20]. http://www.eea.europa.eu/publications/TEC12.

[13] 李礼，翟崇治，余家燕，等．国内外空气质量监测网络设计方法研究进展[J]．中国环境监测，2012，28（4）：54-61.

[14] USEPA. Appendix D to Part 58-Network Design Criteria for Ambient Air Quality Monitoring [EB/OL]. 2010. [2013-03-28]. http://www.gpo.gov/fdsys/pkg/CFR-2010-title40-vol5/xml/CFR-2010-title40-vol5-part58-appD.xml.

[15] The European Parliament and the Council of the European Union. Directive 2008/50/EC [EB/OL]. 2008. [2013-03-28]. http://eur-lex.europa.eu/LexUriServ/LexUriServ.do?uri=OJ：L：2008：152：0001：01：EN：html.

[16] 国家环保总局公告（2007 年第 4 号）．环境空气质量监测规范（试行）[S].

[17] 王帅，丁俊男，王瑞斌，等．关于我国环境空气质量监测点位设置的思考[J]．环境与可持续发展，2012，37（4）：21-25.

[18] US EPA. Appendix E to Part 58-Probe and Monitoring Path Siting Criteria for Ambient Air Quality

Monitoring [EB/OL]. 2010. [2013-03-28]. http://www.gpo.gov/fdsys/pkg/CFR-2010-title40-vol5/xml/CFR-2010-title40-vol5-part58-appE.xml.

[19] 环境空气质量标准（GB 3095—2012）.

[20] 环境空气质量指数（AQI）技术规定（HJ 633—2012）.

[21] WHO. Air Quality Guidelines for Particulate Matter，Ozone，Nitrogen，2005.

[22] US EPA. Air Quality Criteria for Particulate Matter，2004.

[23] US EPA. Air Quality Criteria for Ozone and Related Photochemical Oxidants，2004.

[24] 中国环境监测总站．灰霾试点监测报告．2010.

[25] 中国环境监测总站．臭氧试点监测报告．2010.

[26] US EPA. National ambient air quality standards [EB/OL]. Washington DC：US EPA，office of air quality planning and standards. 2012[2013-02-18]. http://www.epa.gov/air/criteria.html.

[27] World Health Organization. Air Quality Guidelines-global update 2005 [R]. Bonn：WHO Regional office for Europe，2005.

[28] New Zealand Parliamentary Counsel Office. Resource Management（National Environmental Standards for Air Quality）Regulations 2004 [EB/OL]. New Zealand：New Zealand Parliamentary Counsel Office. 2004 [2013-02-18]. http://www.legislation.govt.nz/regulation/public/2004/0309/latest/whole. html#DLM286892.

[29] European commission. Air quality standards[EB/OL]. Belgium：European Commission. 2008 [2013-02-18]. http://ec.europa.eu/environment/air/quality/standards.htm.

[30] Australian Government，Department of Sustainability，Environment，Water，Population and Communities. National standards for criteria air pollutants in Australia [EB/OL]. Canberra：Department of Sustainability，Environment，Water，Population and Communities. 2005 [2013-02-18]. http://www.environment.gov.au/atmosphere/airquality/publications/standards.html.

[31] UK，Department of Environment，Food and Rural Affairs. Air quality objectives [EB/OL]. London：Department of environment，food and rural affairs. 2007 [2013-02-18]. http://aqma.defra.gov.uk/objectives.php.

[32] Ministry of the Environment Government of Japan. Environmental Quality Standards in Japan-Air Quality [EB/OL]. Tokyo：Ministry of the Environment Government of Japan. 1973 [2013-02-18]. http://www.env.go.jp/en/air/aq/aq.html.

[33] Ministry of Environment and Forests，Indian. National ambient air quality standards [EB/OL]. New delhi：Ministry of Environment and Forests. 2009 [2013-02-18]. http://www.indiaenvironmentportal.org.in/files/826.pdf.

[34] Smith A R. Air and rain：the beginnings of a chemecal climatology[M]. London：Longmans，Green，and Co.，1872：17-24.

[35] Ottar B. Organization of long range transport of air pollution monitoring in Europe [C]//Dochinger L S，Selica T A. 1st. Internet symp on acid precipitation and the forest ecosystem. Pennsylvania：Springer Netherlands，1976：105-117.

[36] Sweden's Case Study for the United Nations Conference on the Human Environment，1972. Air Pollution Across National Boundaries-The Impact on the Environment of Sulfur in Air and Precipitation. Stockholm，Sweden.

[37] United Nations/Economic Commission for Europe（UN/ECE），Air Pollution Across Boundaries. Report Prepared Within the Framework of the Convention on Long-Range Transboundary Air Pollution. Air Pollution Studies 2. United Nations，New York，1985.
[38] Schofield C L. Acid precipitation：effects on fish. Ambio 5，1976：228-230.
[39] Kuylenstierna J，Rodhe H，Cinderby S，Hicks K. Acidification in developing countries，ecosystem sensitivity and the critical load approach on a global scale. Ambio，30，2001：20-28.
[40] Winkler P. Tellus，35B，25（1983）
[41] 刘嘉麒．降水背景值与酸雨定义研究[J]．中国环境监测，1996，12（5）：5-9.
[42] NAPAP，Annual report to the president and Congress，13，1983.
[43] Delmas R J，Gravenhorst G. in ‘Acid Depos’. 1983：82-107.
[44] 王文兴．中国酸雨成因研究[J]．中国环境科学，1994，14（5）：323-329.
[45] 唐孝炎，张远航，邵敏．大气环境化学[M]．北京：高等教育出版社，2006：67.
[46] Zhao D W，Xiong J L，Xu Y，et al. Acid rain in southwestern China [J]. Atmos Environ，1988，22（2）：349-358.
[47] 何纪力，陈宏文，胡晓华，等．江西省严重酸雨地带形成的影响因素[J]．中国环境科学，2000，20（5）：477-480.
[48] 陈复，柴发合．我国酸沉降控制策略[J]．环境科学研究，1997，10（1）：27-31.
[49] 刘宝章，李金龙，王敬云，等．青岛酸雨天气边界层气象特征[J]．中国环境科学，1997，17（2）：103-107.
[50] 吴丹，王式功，尚可政．中国酸雨研究综述[J]．干旱气象，2006，24（2）：70-77.
[51] 王文兴，许鹏举．中国大气降水化学研究进展[J]．化学进展，2009，21（2/3）：266-280.
[52] 中华人民共和国大气污染防治法．
[53] 空气和废气监测分析方法（第四版增补版）．北京：中国环境科学出版社，2010.
[54] 魏复盛，钱铁宗，等．降水平均 pH 值计算方法的比较研究[J]．中国环境科学，1989，9（6）：465-469.
[55] Cogbill C V. Wat Air Soil Pollut. 6，407（1976）.
[56] 俞绍才．关于 pH 平均值算法的研究[J]．中国环境监测，1993，9（1）：28-29.
[57] 沙尘暴天气等级（GB/T 20480—2006）.
[58] 沙尘暴天气监测规范（GB/T 20479—2006）.
[59] 环境保护部．2006—2010 中国环境质量报告．北京：中国环境科学出版社，2012.
[60] 环境保护部．2011 中国环境质量报告．北京：中国环境科学出版社，2012.
[61] 政府间气候变化专门委员会（IPCC）．IPCC 第四次评估报告——气候变化 2007（AR4）.
[62] 蔡运龙，等．全球气候变化下中国农业的脆弱性与适应对策．地理学报，1996，51（3）.
[63] 国家环境保护总局．“中国温室气体浓度和排放监测体系”建设规划（讨论稿），2007.
[64] 环境保护部．2008 年度中央财政主要污染物减排专项资金项目建设方案（中央实施）——附件 1 温室气体部分．环办[2008]91 号，2008.
[65] 中国环境监测总站．温室气体监测发改委试验项目实施方案，2008.
[66] 周凌晞，张晓春，郝庆菊，等．温室气体本底观测研究．气候变化研究进展，2006，2（2）.
[67] http://www.wmo.int/pages/prog/arep/gaw/gaw_home_en.html.

[68] http://gaw.kishou.go.jp/wdcgg/.
[69] http://www1.nilu.no/soge/.
[70] http://agage.eas.gatech.edu/index.htm.
[71] 任小波，王跃思．中国科学院区域大气本底观测研究网络现状及未来发展思考．中国科学院院刊，2009，24（2）．
[72] 周凌晞，刘立新，张晓春，等．我国温室气体本底浓度网络化观测的初步结果．应用气象学报，2008，19（6）．
[73] 王明星，张仁健，郑循华．温室气体的源与汇．气候与环境研究，2000，5（1）．
[74] 丁学智，龙瑞军，米见对，等．非分光红外技术测定反刍动物甲烷和二氧化碳研究．光谱学与光谱分析，2010，30（6）．
[75] 陈晓宁，刘建国，司福祺，等．非分散红外 CO 气体检测系统研究．大气与环境光学学报，2007，2（3）．
[76] 孙友文，刘文清，汪世美，等．非分散红外多组分气体检测技术及其在 CEMS 中的应用．红外，2011，32（5）．
[77] 温玉璞，徐晓斌，邵志清，等．用非色散红外气体分析仪进行大气 CO_2 本底浓度的测量．应用气象学报，1993，4（4）．
[78] 武汉大学化学系．仪器分析．2001．
[79] 周凌晞，汤洁，张晓春，等．气相色谱法观测本底大气中的甲烷和二氧化碳．环境科学学报，1998，18（4）．
[80] 方双喜，周凌晞，张芳，等．双通道气相色谱法观测本底大气中的 CH_4、CO、N_2O、SF_6．环境科学学报，2010，1（1）．
[81] 李利锋，杨青，朱林泉．TDLAS 技术在环境大气检测中的应用．机械管理开发，2009，24（2）．
[82] 王晓梅，张玉钧，刘文清，等．大气中甲烷含量监测方法研究．光电子技术与信息，2005，18（4）．
[83] 阚瑞峰，刘文清，张玉钧，等．高灵敏激光光谱温室气体监测仪性能测试．中国激光，2006，33．
[84] 阚瑞峰，刘文清，张玉钧，等．高灵敏激光吸收光谱仪监测北京城区甲烷浓度变化．大气与环境光学学报，2007，2（3）．
[85] 何莹，张玉钧，阚瑞峰，等．基于激光吸收光谱开放式大气 CO_2 的在线监测．光谱学与光谱分析，2009，29（1）．
[86] 王铁栋，刘文清，张玉钧，等．基于可调谐半导体激光技术的机动车尾气中 CO、CO_2 遥测．红外与激光工程，2007，36（增刊）．
[87] 宋雪梅，刘建国，张玉钧，等．可调谐半导体激光吸收光谱遥测二氧化碳通量的研究．光谱学与光谱分析，2011，31（3）．
[88] 董凤忠，阚瑞峰，刘文清，等．可调谐二极管激光吸收光谱技术及其在大气质量监测中的应用．量子电子学报，2005，22（3）．
[89] 张瑞峰，王晓洋．可调谐激光遥测甲烷浓度的研究．电子测量技术，2011，3（6）．
[90] 宓云，王晓萍，詹舒越．光腔衰荡光谱技术及其应用综述．光学仪器，2007，29（5）．
[91] 杨秋霞，李尊实，李志全，等．利用光腔衰荡光谱技术测量痕量气体分子浓度综述．红外与激光工程，2009，38．

[92] 李玉全，曲晓英．光腔衰荡光谱技术的理论分析．贵州大学学报，2007，24（6）．

[93] 徐亮，刘建国，高闽光，等．FTIR 监测北京地区 CO_2 和 CH_4 及其变化分析．光谱学与光谱分析，2007，27（5）．

[94] 徐亮，刘建国，高闽光，等．FTIR 遥测北京城区大气中的 CO 和 CO_2 浓度．大气与环境光学学报，2007，2（3）．

[95] 谢品华，刘文清，魏庆农．大气环境污染气体的光谱遥感监测技术．量子电子学报，2000，17（5）．

[96] 王俊德，康建霞，王天舒．大气中痕量气体污染物的傅立叶变换红外光谱分析．分析化学，1995，23（3）．

[97] 康建霞，黄梅，王俊德．傅立叶变换红外光谱法在大气污染分析中的应用．南京理工大学学报，1995，19（1）．

[98] 胡兰萍，李燕，张琳，等．遥感 FTIR 在大气环境监测中的新发展．光谱学与光谱分析，2006，26（10）．

[99] 环境保护部，发展改革委，科技部，工业和信息化部，财政部，住房和城乡建设部，交通运输部，商务部，能源局．关于推进大气污染联防联控工作改善区域空气质量的指导意见，2010.

[100] 常纪文．域外借鉴与本土创新的统一：《关于推进大气污染联防联控工作改善区域空气质量的指导意见》之解读（上）．环境保护，2010.

[101] 钟流举，郑君瑜，雷国强，等．空气质量监测网络发展现状与趋势分析．中国环境监测，2007.

[102] 师建中，谢敏．粤港珠江三角洲区域空气质量联动监测系统质控技术．环境监控与预警，2011.